浙江省十四五博士点授权建设学位点"化学"建设教材
浙江省十四五"化学"一流学科建设教材
浙江省一流专业"应用化学"建设教材
绍兴文理学院重点教材

无机化学教与学

主　编：刘雪松　杨林钢　沈　骐
副主编：刘海玲　郭　敏　廖　庆　陈朝贵

厦门大学出版社
XIAMEN UNIVERSITY PRESS
国家一级出版社
全国百佳图书出版单位

图书在版编目（CIP）数据

无机化学教与学/刘雪松,杨林钢,沈骐主编.厦门：
厦门大学出版社,2025.3.--ISBN 978-7-5615-9533-6

Ⅰ.O61

中国国家版本馆 CIP 数据核字第 2025WH0700 号

责任编辑　眭　蔚
美术编辑　李嘉彬
技术编辑　许克华

出版发行　厦门大学出版社
社　　址　厦门市软件园二期望海路 39 号
邮政编码　361008
总　　机　0592-2181111　0592-2181406(传真)
营销中心　0592-2184458　0592-2181365
网　　址　http://www.xmupress.com
邮　　箱　xmup@xmupress.com
印　　刷　厦门市明亮彩印有限公司

开本　　787 mm×1 092 mm　1/16
印张　　10.75
字数　　268 千字
版次　　2025 年 3 月第 1 版
印次　　2025 年 3 月第 1 次印刷
定价　　36.00 元

厦门大学出版社
微信二维码

厦门大学出版社
微博二维码

前　言

　　无机化学课程作为高等院校化学、环境、制药、材料、冶金、石油、农业、食品等专业必修的化学类基础课,其重要性不言而喻。它是学生接触和理解无机世界的一把钥匙,是相关专业后续学习和研究的基础。由于无机化学课程涉及的知识点众多,学生要完全掌握且灵活运用并不容易。编写《无机化学教与学》是为了帮助学生克服在无机化学学习过程中存在的困难,促进学生对知识的掌握和运用。本书通过核心内容加深学生对无机化学基本原理和基础知识的理解,利用习题巩固学生对知识点的应用,检验其学习效果,从而提高学生分析问题和解决问题的能力。

　　本书共 18 章,内容依次为热力学,化学平衡,化学动力学基础,酸碱平衡,难溶电解质的沉淀平衡,氧化还原反应,原子结构,分子结构,配位化合物,卤素,氧族元素,氮族元素,碳族元素,硼族元素,碱金属和碱土金属,铜、锌副族,过渡金属(Ⅰ),过渡金属(Ⅱ)。每章包括核心内容、例题解析、习题、习题参考答案4 部分。其中,核心内容主要包括基本概念、原理、计算公式和化学反应方程式等,使学生能够在众多知识点中理清思路,掌握各个章节的重难点;例题解析选择具有代表性和典型性的例题进行分析,难易适中,覆盖面广;习题是无机化学主讲教师根据多年教学经验总结的学生易错难懂的重要知识点的提炼;习题参考答案中有详细解析。

　　本书各章节的编写分工如下:第 1 章、第 2 章、第 3 章由沈骐编写;第 4 章、第 5 章由郭敏编写;第 6 章、第 10 章、第 13 章由杨林钢编写;第 7 章、第 8 章、第 9 章由刘海玲编写;第 11 章、第 12 章由廖庆编写;第 14 章、第 15 章、第 16 章由刘雪松编写;第 17 章、第 18 章由陈朝贵编写。全书由刘雪松统稿整理,全体编者参与审校。在此,对各位撰稿人以认真负责的态度完成书稿,表示由衷的感谢。本书的出版得到了厦门大学出版社的帮助与支持,在此也表示衷心的感谢。

　　鉴于编者水平有限,本书可能存在不足之处,敬请广大读者批评指正。

编　者

2024 年 12 月

目 录

第1章　热力学

核心内容

一、热力学基本概念

1. 系统和环境

热力学中称所研究的对象为系统,除系统以外的其他部分为环境。按照系统和环境间有无物质和能量的交换,常将系统分为敞开体系、封闭体系和孤立体系。

2. 状态和状态函数

当一系列表征体系的物理量唯一确定时,称体系处于某一状态,而这些确定体系状态的物理量则称为状态函数。体系的状态一定时,状态函数也唯一确定。根据状态函数与物质的量的关系,可将状态函数分为:(1)广度性质(容量性质)的状态函数,这类状态函数与物质的量成一次齐函数关系,如 V、U、H 等;(2)强度性质的状态函数,这类状态函数与物质的量成零次齐函数关系,如 p、T 等。

3. 过程和途径

在一定条件下,系统由始态变化到终态,称为经历了一个过程。完成该过程所经历的具体一个或多个步骤,称为途径。常见的过程有等温、等压、等容、绝热和循环过程。状态函数的变化值仅取决于系统的始末态,与变化的途径无关,即"殊途同归,值变相等"。

二、热力学第一定律

1. 热

热(Q)是系统和环境之间由于温度不同而交换的能量。其正负号表示热量的传递方向。系统获得热量,则 $Q>0$;系统放出热量,则 $Q<0$。Q 是个过程量,不是状态函数。

2. 功

除热以外,系统和环境间其他能量的变化,都称为功(W)。外界对系统做功,$W>0$;系统对外界做功,则 $W<0$。W 也是个过程量,不是状态函数。功可分为体积功和非体积功(电功、表面功等)。简单的恒外压膨胀过程,其体积功 $W=-p_{外}\Delta V$。若 p 为变量,则通过积分计算。

3. 热力学能

热力学能(U)是体系内部所有能量的总和,包括内部原子核、核外电子、原子以及分子的势能和动能等。U 是具有广度性质的状态函数,其绝对值不可测,只能测得其变化值 ΔU。其中,理想气体的 U 只是温度的函数,即理想气体等温变化过程中,$\Delta U = 0$。

4. 热力学第一定律

体系热力学能的改变量等于体系与环境之间 Q 和 W 交换的能量之和,即能量守恒定律。数学表达式为 $\Delta U = Q + W$。计算时需注意 Q 和 W 的符号。

三、化学反应的热效应

1. 恒容反应热

在恒容过程中完成的化学反应,其热效应称为恒容反应热(Q_V)。恒容过程的体积功为 0;当不存在非体积功时,$Q_V = \Delta U$。一些有机化合物燃烧反应的 Q_V 可用弹式量热计测得,$Q_V = -C \Delta T$(C 为量热装置的热容)。

2. 恒压反应热

在恒压过程中完成的化学反应,其热效应称为恒压反应热(Q_p)。当不存在非体积功时,$Q_p = \Delta H$。$H = U + pV$,为体系所具有的焓,是具有容量性质的状态函数。一些有机化合物燃烧反应的 Q_V 可用杯式量热计测得。$Q_p = Q_V + \Delta n RT$,其中,Δn 为化学反应前后气体物质的量之差。

3. 热化学方程式

热化学方程式是标示反应热效应的化学方程式。书写时应标明反应温度、压强,反应物和生成物的聚集状态,以及化学反应的焓变 $\Delta_r H_m$。化学反应热可根据盖斯定律、标准摩尔生成焓、标准摩尔燃烧焓等来计算。

4. 盖斯定律

任一个化学反应无论是一步完成,还是分几步完成,其总反应的热效应是相等的。其本质是 H 为状态函数,与路径无关。因此,可以利用已知化学反应热来求某些未知反应的热效应。

5. 标准摩尔生成焓

在一定温度、标准压力(100 kPa)下,处于标准状态的指定单质生成 1 mol 标准状态的物质 B 的热效应,称为 B 的标准摩尔生成焓 $\Delta_f H_m^{\ominus}(B)$。物质 B 的标准摩尔生成焓的反应方程式是唯一的。因此可知,处于标准状态的指定单质的标准摩尔生成焓为 0。根据盖斯定律可知,反应的热效应可以表示为

$$\Delta_r H_m^{\ominus} = \sum_i v_i \Delta_f H_m^{\ominus}(生成物) - \sum_i v_i \Delta_f H_m^{\ominus}(反应物)$$

6. 标准摩尔燃烧焓

在一定温度、标准压力(100 kPa)下,1 mol 物质 B 完全燃烧的热效应,称为物质 B 的标准摩尔燃烧焓 $\Delta_c H_m^{\ominus}(B)$。物质 B 的标准摩尔燃烧焓的反应方程式也是唯一的。完全燃烧

规定:碳的完全燃烧产物为 $CO_2(g)$,氢的完全燃烧产物为 $H_2O(l)$,硫的完全燃烧产物为 $SO_2(g)$,而氮和氯的完全燃烧产物为 $N_2(g)$ 和 $HCl(aq)$。完全燃烧产物的标准摩尔燃烧焓为 0。根据盖斯定律可知,反应的热效应可以表示为

$$\Delta_r H_m^{\ominus} = \sum_i v_i \Delta_c H_m^{\ominus}(反应物) - \sum_i v_i \Delta_c H_m^{\ominus}(生成物)$$

四、化学反应的方向

1. 自发变化

在一定条件下,不需要环境做功,系统可以自动发生的过程称为自发过程。自发过程往往可以通过一定的装置对环境输出功。大量实验证明,自发过程可以归结为功和热之间转换的不可逆性,可用热力学第二定律来描述。

2. 热力学第二定律

(1)克劳修斯表述:不可能使热自发地从低温物体传到高温物体,而不引起其他变化。
(2)开尔文表述:不可能从单一热源取出热使之完全变成功,而不发生其他变化。

3. 熵

熵(S)是系统微观状态数的一种量度,是系统具有广度性质的状态函数。系统的微观状态数越多,体系的混乱度越大。当热力学温度 T 为 0 K 时,任何完美晶体的熵值都为 0,即热力学第三定律。以 0 K 为起点,一定温度和标准压力状态时,1 mol 物质 B 所得的熵值,称为标准熵($S_m^{\ominus}$)。其计算过程如下:

$$S_m^{\ominus} = S_{0K} + \int_0^T \frac{C_p}{T} dT$$

若在 $0 \sim T$ 之间物质存在相变,则针对不同相态的 C_p 需要分段积分。

4. 化学反应的熵变

如果化学反应在 298 K、标准压力下进行,则其熵变由下式计算:

$$\Delta_r S_m^{\ominus} = \sum_i v_i S_m^{\ominus}(生成物) - \sum_i v_i S_m^{\ominus}(反应物)$$

$\Delta_r S_m^{\ominus}$ 受温度影响较小,在一定温度范围内可用 298 K 的数据替代。

5. 吉布斯自由能(G)

吉布斯自由能(Gibbs free energy)的定义式为 $G = H - TS$,是系统具有广度性质的状态函数。在等温等压、不做非体积功的条件下,化学反应往往朝着吉布斯自由能减小的方向进行。在给定的条件下,$\Delta G < 0$,反应自发进行;$\Delta G = 0$,反应可逆进行;$\Delta G > 0$,则反应不能发生,或逆向自发进行。

6. 标准摩尔生成 Gibbs 函数

在一定温度、标准压力(100 kPa)下,处于标准状态的指定单质生成 1 mol 标准状态的物质 B 的 Gibbs 函数,称为物质 B 的标准摩尔 Gibbs 函数($\Delta_f G_m^{\ominus}$)。因此,处于标准状态的指定单质的标准摩尔 Gibbs 函数为 0。

7. 反应的标准摩尔 Gibbs 函数变

在一定温度、标准压力（100 kPa）下，化学反应的 Gibbs 函数变可以表示为

$$\Delta_r G_m^{\ominus} = \sum_i v_i \Delta_f G_m^{\ominus}(\text{生成物}) - \sum_i v_i \Delta_f G_m^{\ominus}(\text{反应物})$$

根据 Gibbs 自由能的定义式，亦可得到如下表达式：

$$\Delta_r G_m^{\ominus} = \Delta_r H_m^{\ominus} - T\Delta_r S_m^{\ominus}$$

在一定温度范围内，$\Delta_r H_m^{\ominus}$ 和 $\Delta_r S_m^{\ominus}$ 均可以用 298 K 时的数据代替，$\Delta_r G_m^{\ominus}$ 随温度的变化较大。由上式可知，在恒温恒压下，当 $\Delta_r H_m^{\ominus} < 0$，$\Delta_r S_m^{\ominus} > 0$ 时，$\Delta_r G_m^{\ominus} < 0$，反应在任何温度下都可以进行；当 $\Delta_r H_m^{\ominus} > 0$，$\Delta_r S_m^{\ominus} < 0$ 时，$\Delta_r G_m^{\ominus} > 0$，反应在任何温度下都不能进行；当 $\Delta_r H_m^{\ominus} < 0$，$\Delta_r S_m^{\ominus} < 0$ 时，$\Delta_r G_m^{\ominus}$ 在温度较低时才可能小于 0，因此反应在低温下进行；当 $\Delta_r H_m^{\ominus} > 0$，$\Delta_r S_m^{\ominus} > 0$ 时，$\Delta_r G_m^{\ominus}$ 在温度较高时才可能小于 0，因此反应在高温下进行。

8. 转化温度

对于低温下 $\Delta_r G_m^{\ominus} > 0$，高温下 $\Delta_r G_m^{\ominus} < 0$ 的反应，随着温度的升高，反应由不发生转化为正向进行。当 $\Delta_r G_m^{\ominus} = 0$，可得反应的转化温度为

$$T_{转} = \frac{\Delta_r H_m^{\ominus}}{\Delta_r S_m^{\ominus}}$$

▶ 例题解析

例 1 对于理想气体的热力学能，以下理解正确的是（　　）。

(1)状态确定时，热力学能的值就确定了

(2)热力学能的绝对值可以测量

(3)始态和终态确认之后，热力学能的改变量就确定了

(4)状态发生改变时，热力学能一定跟着改变

A.(1)(2)　　　　B.(3)(4)　　　　C.(2)(4)　　　　D.(1)(3)

答：D。热力学能是状态函数，符合状态函数的所有特点。热力学能的绝对值无法测量。状态发生变化时，热力学能可以不变，即 $\Delta U = 0$。

例 2 下列等式中正确的是（　　）。

A. $\Delta_f H_m^{\ominus}(H_2O,l) = \Delta_c H_m^{\ominus}(O_2,g)$　　　　B. $\Delta_f H_m^{\ominus}(H_2O,g) = \Delta_c H_m^{\ominus}(O_2,g)$

C. $\Delta_f H_m^{\ominus}(H_2O,l) = \Delta_c H_m^{\ominus}(H_2,g)$　　　　D. $\Delta_f H_m^{\ominus}(H_2O,g) = \Delta_c H_m^{\ominus}(H_2,g)$

答：C。由标准摩尔生成焓以及标准摩尔燃烧焓的定义可知 C 项正确。

例 3 一定量的液态水在沸点 100 ℃ 下经历：(1)等压可逆蒸发；(2)真空蒸发，变成 100 ℃ 的气态水蒸气。这两个过程中功和热的关系为（　　）。

A. $W_1 < W_2, Q_1 > Q_2$　　　　B. $W_1 < W_2, Q_1 < Q_2$

C. $W_1 = W_2, Q_1 = Q_2$　　　　D. $W_1 > W_2, Q_1 < Q_2$

答：A。等压可逆蒸发过程系统要对外做功，相变所吸的热较多。

例 4 凡是在孤立系统中进行的变化，其 ΔU 和 ΔH 的值一定（　　）。

A. $\Delta U > 0, \Delta H > 0$　　　　B. $\Delta U = 0, \Delta H = 0$

C. $\Delta U < 0, \Delta H < 0$　　　　D. $\Delta U = 0, \Delta H$ 不确定

答：D。孤立系统中能量守恒，热力学能保持不变。而 $\Delta H = \Delta U + \Delta(pV)$，孤立系统可

以发生 pV 变化的反应,因此 H 不守恒。

例 5 在 298 K 和标准压力下,石墨和金刚石的标准摩尔燃烧焓分别为 -393.4 kJ·mol^{-1} 和 -395.3 kJ·mol^{-1},则 298 K 下石墨转变成金刚石的标准摩尔生成焓 $\Delta_f H_m^{\ominus}$ 为( )。

A. -393.4 kJ·mol^{-1} B. -395.3 kJ·mol^{-1}

C. -1.9 kJ·mol^{-1} D. 1.9 kJ·mol^{-1}

答:D。根据盖斯定律,石墨转变成金刚石的标准摩尔生成焓等于石墨的标准摩尔燃烧焓减去金刚石的标准摩尔燃烧焓。

例 6 水在 101.3 kPa 时的正常沸点为 100 ℃,现将水放入与 100 ℃ 的热源接触的真空容器中,使其迅速汽化为同温、同压的水蒸气。下列变量正确的是( )。

A. $\Delta_{vap}U=0$ B. $\Delta_{vap}H=0$ C. $\Delta_{vap}S=0$ D. $\Delta_{vap}G=0$

答:D。本过程的始态、终态与可逆相变化的始态、终态相同,因此 $\Delta G=0$。蒸发吸热,ΔU 和 ΔH 都不为 0;由液态变成气态,体系的 S 增加。

例 7 一定量的水在 373 K,100 kPa 的条件下汽化为同温、同压的水蒸气(ΔU_1、ΔH_1 和 ΔG_1);若将其放在 373 K 恒温的真空箱中,使系统终态蒸气压也为 100 kPa(ΔU_2、ΔH_2 和 ΔG_2),则这两组热力学函数的关系为( )。

A. $\Delta U_1 > \Delta U_2,\Delta H_1 > \Delta H_2,\Delta G_1 > \Delta G_2$

B. $\Delta U_1 < \Delta U_2,\Delta H_1 < \Delta H_2,\Delta G_1 < \Delta G_2$

C. $\Delta U_1 = \Delta U_2,\Delta H_1 = \Delta H_2,\Delta G_1 = \Delta G_2$

D. $\Delta U_1 = \Delta U_2,\Delta H_1 > \Delta H_2,\Delta G_1 = \Delta G_2$

答:C。热力学状态函数的变化只与状态有关,系统的始态与终态都相同,所有变量都相同。

例 8 在 273.15 K 和 100 kPa 条件下,水凝结为冰的过程中,下列热力学量一定保持不变的是( )。

A. U B. H C. S D. G

答:D。发生可逆相变时,Gibbs 自由能保持不变。

例 9 在 373 K 等温变化过程中,试计算并比较 1 mol 理想气体由始态 25 dm^3 膨胀至终态 100 dm^3 的膨胀功:(1)自由膨胀;(2)等温可逆膨胀;(3)恒外压膨胀;(4)先恒外压膨胀至体积等于 50 dm^3,再恒外压膨胀至 100 dm^3。

解:(1)自由膨胀,所以 $W_1=0$。

(2)等温可逆膨胀:

$$W_2 = nRT\ln\frac{V_1}{V_2} = 1\ mol \times 8.314\ J·mol^{-1}·K^{-1} \times 373\ K \times \ln\frac{25}{100} = -4299\ J$$

(3)恒外压膨胀:

$$W_3 = -p_e(V_2-V_1) = -p_2(V_2-V_1) = -\frac{nRT}{V_2}(V_2-V_1)$$

$$= -\frac{1\ mol \times 8.314\ J·mol^{-1}·K^{-1} \times 373\ K}{0.1\ m^3} \times (0.1-0.025)\ m^3 = -2326\ J$$

(4)分两步恒外压膨胀:

$$W_4 = -p_{e,1}(V_2-V_1) - p_{e,2}(V_3-V_2) = -\frac{nRT}{V_2}(V_2-V_1) - \frac{nRT}{V_3}(V_3-V_2)$$

$$= nRT\left(\frac{V_1}{V_2}-1+\frac{V_2}{V_3}-1\right) = nRT\left(\frac{25}{50}+\frac{50}{100}-2\right) = -nRT$$

$$= -1\ \text{mol}\times 8.314\ \text{J}\cdot\text{mol}^{-1}\cdot\text{K}^{-1}\times 373\ \text{K} = -3101\ \text{J}$$

功是一个过程量,膨胀次数越多,做功也越多。等温可逆膨胀过程对外做功最多。

例 10 在 300 K 时,0.10 mol 理想气体的压力为 506.6 kPa。在等温状态下经过:(1)可逆过程;(2)等外压膨胀,膨胀至终态压力为 202.6 kPa。试计算两种过程的 Q、W、ΔU 和 ΔH。

解:(1)理想气体的等温可逆膨胀过程:

$$\Delta U = \Delta H = 0$$

$$Q_R = -W_R = nRT\ln\frac{p_1}{p_2} = 0.10\ \text{mol}\times 8.314\ \text{J}\cdot\text{mol}^{-1}\cdot\text{K}^{-1}\times 300\ \text{K}\times\ln\frac{506.6}{202.6} = 228.6\ \text{J}$$

(2)始、终态一样,故

$$\Delta U = \Delta H = 0$$

$$Q_R = -W_R = p_2(V_2-V_1) = p_2\left(\frac{nRT}{p_2}-\frac{nRT}{p_1}\right) = nRT\left(1-\frac{p_2}{p_1}\right)$$

$$= 0.10\ \text{mol}\times 8.314\ \text{J}\cdot\text{mol}^{-1}\cdot\text{K}^{-1}\times 300\ \text{K}\times\left(1-\frac{202.6}{506.6}\right) = 149.7\ \text{J}$$

例 11 在 273 K 下,1 mol 理想气体从 1000 kPa 等温可逆膨胀到 100 kPa,试计算此过程气体的 ΔU、ΔH、ΔS、ΔG、ΔA 以及 Q、W。

解:理想气体等温过程:

$$\Delta T = 0,\ \Delta U = 0,\ \Delta H = 0$$

可逆膨胀:

$$W = -nRT\ln\frac{V_2}{V_1} = nRT\ln\frac{p_2}{p_1} = 1\ \text{mol}\times 8.314\ \text{J}\cdot\text{mol}^{-1}\cdot\text{K}^{-1}\times 273\ \text{K}\times\ln\frac{100}{1000} = -5.23\ \text{kJ}$$

$$Q = -W = 5.23\ \text{kJ}$$

$$\Delta S = \frac{Q_R}{T} = \frac{5.23\times 10^3\ \text{J}}{273\ \text{K}} = 19.16\ \text{J}\cdot\text{K}^{-1}$$

$$\Delta G = \Delta A = -T\Delta S = W = -5.23\ \text{kJ}$$

习题

1. 在 298 K 下,稳定态单质的 $S_m^{\ominus}$(   )。

A. 等于零   B. 大于零

C. 小于零   D. 以上三种情况均可能

2. 若升高温度后,反应的 $\Delta_r G_m^{\ominus}$ 值升高,则此反应(   )。

A. $\Delta_r H_m^{\ominus} > 0$ B. $\Delta_r H_m^{\ominus} < 0$

C. $\Delta_r S_m^{\ominus} > 0$ D. $\Delta_r S_m^{\ominus} < 0$

3. 在 298 K 下,下列 $\Delta_r G_m^{\ominus}$ 等于 AgCl(s)的 $\Delta_f G_m^{\ominus}$ 的反应为(   )。

A. $2Ag(s) + Cl_2(g) = 2AgCl(s)$ B. $Ag(g) + \frac{1}{2}Cl_2(g) = AgCl(s)$

C. $Ag(s) + \frac{1}{2}Cl_2(g) = AgCl(s)$ D. $Ag^+(aq) + Cl^-(aq) = AgCl(s)$

4. 已知 298 K 时, 有

$$Zn(s)+\frac{1}{2}O_2(g)=\!=\!=ZnO(s), \Delta_r H_m^{\ominus}=-351.5\ kJ\cdot mol^{-1}$$

$$Hg(l)+\frac{1}{2}O_2(g)=\!=\!=HgO(s), \Delta_r H_m^{\ominus}=-90.8\ kJ\cdot mol^{-1}$$

则反应 $Zn(s)+HgO(s)=\!=\!=Hg(l)+ZnO(s)$ 的 $\Delta_r H_m^{\ominus}$ 为(　　)。

A. 442.3 kJ·mol⁻¹ 　　　　　　B. 260.7 kJ·mol⁻¹

C. −442.3 kJ·mol⁻¹ 　　　　　D. −260.7 kJ·mol⁻¹

5. 下列物质中标准熵值最大的是(　　)。

A. Hg(l)　　　　B. Na₂SO₄(s)　　　　C. Br₂(l)　　　　D. H₂O(g)

6. 某反应在 298 K 标准状态下不能自发进行, 但当温度升高到一定值时, 反应能自发进行, 则符合的条件是(　　)。

A. $\Delta_r H_m^{\ominus}>0, \Delta_r S_m^{\ominus}>0$ 　　　B. $\Delta_r H_m^{\ominus}>0, \Delta_r S_m^{\ominus}<0$

C. $\Delta_r H_m^{\ominus}<0, \Delta_r S_m^{\ominus}>0$ 　　　D. $\Delta_r H_m^{\ominus}<0, \Delta_r S_m^{\ominus}<0$

7. 如果体系经过一系列变化, 最后又变回初始状态, 则体系的(　　)。

A. $Q=0, W=0, \Delta U=0, \Delta H=0$ 　B. $Q\neq 0, W\neq 0, \Delta U=0, \Delta H=Q$

C. $Q=-W, \Delta U=Q+W, \Delta H=0$ 　D. $Q\neq W, \Delta U=Q+W, \Delta H=0$

8. 根据热力学知识, 下列定义正确的是(　　)。

A. $H_2(g)$ 的 $\Delta_f G_m^{\ominus}=0$ 　　　B. $H^+(aq)$ 的 $\Delta_r G_m^{\ominus}=0$

C. $H_2(g)$ 的 $\Delta_r G_m^{\ominus}=0$ 　　　D. $H_2(g)$ 的 $\Delta_r H_m^{\ominus}=0$

9. 在下列反应中, 焓变等于 AgBr(s) 的 $\Delta_f H_m^{\ominus}$ 的反应是(　　)。

A. $Ag^+(aq)+Br^-(aq)=\!=\!=AgBr(s)$ 　B. $2Ag(s)+Br_2(g)=\!=\!=2AgBr(s)$

C. $Ag(s)+\frac{1}{2}Br_2(l)=\!=\!=AgBr(s)$ 　D. $Ag(s)+\frac{1}{2}Br_2(g)=\!=\!=AgBr(s)$

10. 在标准条件下石墨的摩尔燃烧反应焓为 −393.6 kJ·mol⁻¹, 金刚石的摩尔燃烧反应焓为 −395.5 kJ·mol⁻¹, 则标准条件下, 石墨转变成金刚石反应的焓变为(　　)。

A. −789.3 kJ·mol⁻¹ 　　　　　B. 0 kJ·mol⁻¹

C. +1.9 kJ·mol⁻¹ 　　　　　　D. −1.9 kJ·mol⁻¹

11. 25 ℃时, NaCl 晶体在水中的溶解度约为 6 mol·L⁻¹, 若在 1 L 水中加入 1 mol NaCl, 则 $NaCl(s)+H_2O(l)\longrightarrow NaCl(aq)$ 的(　　)。

A. $\Delta S>0, \Delta G>0$ 　　　　　B. $\Delta S>0, \Delta G<0$

C. $\Delta G>0, \Delta S<0$ 　　　　　D. $\Delta G<0, \Delta S<0$

12. 关于对 $\Delta_c H_m^{\ominus}$ 的描述, 错误的是(　　)。

A. 所有物质的 $\Delta_c H_m^{\ominus}$ 值小于零或等于零

B. $CO_2(g)$ 的 $\Delta_c H_m^{\ominus}$ 等于零

C. 石墨的 $\Delta_c H_m^{\ominus}$ 值就是 $CO_2(g)$ 的 $\Delta_f H_m^{\ominus}$ 值

D. $H_2(g)$ 的 $\Delta_c H_m^{\ominus}$ 的值就是 $H_2O(l)$ 的 $\Delta_f H_m^{\ominus}$ 值

13. 在等温等压下, 某一反应的 $\Delta_r H_m^{\ominus}<0, \Delta_r S_m^{\ominus}>0$, 则此反应(　　)。

A. 低温下才能自发进行 　　　　B. 正向自发进行

C. 逆向自发进行 　　　　　　　D. 处于平衡态

14.热力学第一定律的数学表达式为（　　　）。

A. $H = U + pV$　　　　　　　　　　B. $\Delta S = Q/T$

C. $G = H - TS$　　　　　　　　　　D. $\Delta U = Q + W$

15.下列各组符号所代表的性质均属于状态函数的是（　　　）。

A. U、H、W　　　　B. S、H、Q　　　　C. U、H、G　　　　D. S、H、W

16.下列性质中不属于广度性质的是（　　　）。

A. 自由能　　　　　　B. 焓　　　　　　　C. 压力　　　　　　D. 熵

17.下列各项与变化途径有关的是（　　　）。

A. 自由能变　　　　　B. 焓变　　　　　　C. 温度变化　　　　　D. 功

18.按热力学规定,以下物质的标准生成焓为零的是（　　　）。

A. $F_2(l)$　　　　　　B. $Br_2(g)$　　　　　C. $O_2(g)$　　　　　D. $N_2(l)$

19.在相同条件下,下列物质的熵值最高的是（　　　）。

A. 石墨　　　　　　　B. $H_2O(l)$　　　　　C. $O_2(g)$　　　　　D. 金刚石

20.任何完美的晶体物质的熵在 0 K 时均（　　　）。

A. 等于零　　　　　　B. 小于零　　　　　C. 大于零　　　　　D. 不确定

21.下列反应中, $\Delta_r H_m^{\ominus}$ 与产物的 $\Delta_f H_m^{\ominus}$ 相同的是（　　　）。

A. $2H_2(g) + O_2(g) = 2H_2O(l)$　　　　　　B. $NO(g) + \frac{1}{2}O_2(g) = NO_2(g)$

C. $C(金刚石) = C(石墨)$　　　　　　D. $H_2(g) + \frac{1}{2}O_2(g) = H_2O(l)$

22.下列反应中, $\Delta_r S_m^{\ominus}$ 最大的是（　　　）。

A. $C(s) + O_2(g) = CO_2(g)$

B. $2SO_2(g) + O_2(g) = 2SO_3(g)$

C. $3H_2(g) + N_2(g) = 2NH_3(g)$

D. $CuSO_4(s) + 5H_2O(l) = CuSO_4 \cdot 5H_2O(s)$

23.下列反应在任何温度下均为非自发反应的是（　　　）。

A. $Ag_2O(g) = 2Ag(s) + \frac{1}{2}O_2(g)$

B. $Fe_2O_3(s) + \frac{3}{2}C(s) = 2Fe + \frac{3}{2}CO_2(g)$

C. $N_2O_4(g) = 2NO_2(g)$

D. $6C(s) + 6H_2O(l) = C_6H_{12}O_6(s)$

24.已知反应 $CaCO_3(s) = CaO(s) + CO_2(g)$,在 298 K 时, $\Delta_r G_m^{\ominus} = 130$ kJ·mol^{-1}; 1200 K 时, $\Delta_r G_m^{\ominus} = -15.3$ kJ·mol^{-1},则该反应的 $\Delta_r H_m^{\ominus}$ 和 $\Delta_r S_m^{\ominus}$ 分别为（　　　）kJ·mol^{-1}。

A. 178、161　　　　　B. -178、-161　　　　C. 178、-161　　　　D. -178、161

25.下列情况下,结论正确的是（　　　）。

A. 当 $\Delta H > 0$, $\Delta S < 0$ 时,反应自发

B. 当 $\Delta H < 0$, $\Delta S < 0$ 时,反应自发

C. 当 $\Delta H < 0$, $\Delta S < 0$ 时,低温非自发,高温自发

D. 当 $\Delta H > 0$, $\Delta S > 0$ 时,低温非自发,高温自发

26. 298 K，101.3 kPa 下，置换反应 $Zn + CuSO_4 \Longrightarrow Cu + ZnSO_4$ 在可逆电池中进行，若该过程做电功 200 kJ，放热 6 kJ，求该反应的 ΔU、ΔH、ΔA、ΔS、ΔG。

27. 在 $-5\,℃$ 和 100 kPa 下，1 mol 过冷液苯发生完全凝固，试求该过程的熵变和吉布斯自由能变。已知 $-5\,℃$ 时，固态苯和液态苯的饱和蒸气压分别为 2.25 kPa 和 2.64 kPa；$-5\,℃$ 及 100 kPa 时，苯的摩尔熔化焓为 $9.86\ \text{kJ} \cdot \text{mol}^{-1}$。

28. 生石膏的脱水反应为

$$CaCO_3 \cdot 2H_2O(s) \Longrightarrow CaCO_3(s) + 2H_2O(g)$$

试计算在 600 K、100 kPa 压力下，反应进度为 1 mol 时的 Q、W、$\Delta_r U_m^{\ominus}$、$\Delta_r H_m^{\ominus}$、$\Delta_r S_m^{\ominus}$、$\Delta_r A_m^{\ominus}$ 和 $\Delta_r G_m^{\ominus}$。已知各物质 298.15 K、100 kPa 时的热力学数据如下：

物质	$\Delta_f H_m^{\ominus}/(\text{kJ} \cdot \text{mol}^{-1})$	$S_m^{\ominus}/(\text{J} \cdot \text{mol}^{-1} \cdot \text{K}^{-1})$	$C_{p,m}/(\text{J} \cdot \text{mol}^{-1} \cdot \text{K}^{-1})$
$CaCO_3 \cdot 2H_2O(s)$	-2021.12	193.97	186.20
$CaCO_3(s)$	-1432.68	106.70	99.60
$2H_2O(g)$	-241.82	188.83	33.58

29. 在 101.325 kPa 时，甲苯的沸点为 383 K，1 mol 液体甲苯在该条件下可逆蒸发为同温同压的蒸气，计算该过程的 Q、W、ΔU、ΔH、ΔS、ΔA 和 ΔG。如果是向真空蒸发变为同温、同压的蒸气，计算该过程的 Q、W、ΔU、ΔH、ΔS、ΔA 和 ΔG，并用熵判据说明真空蒸发的可逆性和自发性（已知，甲苯在 383 K 时的摩尔气化焓 $\Delta_{vap} H_m = 13.343\ \text{kJ} \cdot \text{mol}^{-1}$，设甲苯蒸气为理想气体，且液态甲苯体积与气体体积相比可忽略不计）。

📖 习题参考答案

1. B　2. D　3. C　4. D　5. D　6. A　7. C　8. A　9. C
10. C　11. B　12. A　13. B　14. D　15. C　16. C　17. D
18. C　19. C　20. A　21. D　22. A　23. D　24. A　25. D

26. 解：$W_{f,max} = -200\ \text{kJ}$，$W_e = 0$，$W = W_{f,max} + W_e = -200\ \text{kJ}$

$\Delta_r U = Q + W = -6\ \text{kJ} - 200\ \text{kJ} = -206\ \text{kJ}$

$\Delta S = \dfrac{Q_R}{T} = -\dfrac{6 \times 10^3\ \text{J}}{298\ \text{K}} = -20.13\ \text{J} \cdot \text{K}^{-1}$

$\Delta_r G = W_{f,max} = -200\ \text{kJ}$

$\Delta_r H = \Delta_r G + T\Delta_r S = \Delta_r G + Q_R = -200\ \text{kJ} - 6\ \text{kJ} = -206\ \text{kJ}$ 或 $\Delta_r H = \Delta_r U = -206\ \text{kJ}$

$\Delta_r A = \Delta_r G = -200\ \text{kJ}$

27. 解：设系统经 5 步可逆过程完成该变化，保持温度都为 $-5\,℃$，

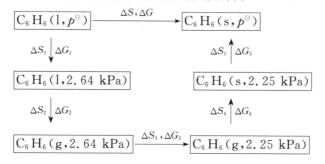

恒温、恒压可逆相变,$\Delta G_2 = \Delta G_4 = 0$。

因为液体和固体的可压缩性较小,摩尔体积相差不大,可近似认为 $\Delta G_1 \approx \Delta G_5 = 0$,则有

$$\Delta G = \Delta G_3 = nRT\ln\frac{p_2}{p_1} = 1 \text{ mol} \times 8.314 \text{ J} \cdot \text{mol}^{-1} \cdot \text{K}^{-1} \times 268 \text{ K} \times \ln\frac{2.25}{2.64} = -356.2 \text{ J}$$

$$\Delta S = \frac{\Delta H - \Delta G}{T} = \frac{(-9.860 + 0.356) \text{ kJ}}{268 \text{ K}} = -35.46 \text{ J} \cdot \text{K}^{-1}$$

28. 解:$CaCO_3 \cdot 2H_2O(s) \Longrightarrow CaCO_3(s) + 2H_2O(g)$

$$W = -p_e\Delta V = -p(V_2 - V_1) = -n_gRT = -2 \times 8.314 \times 600 = -9.98 \text{ kJ}$$

$$Q_P = \Delta H = \Delta_r H_m^\ominus(298\text{K}) + \int_{298\text{ K}}^{600\text{ K}} \sum v_B C_{p,m}\mathrm{d}T$$

$$= 2\Delta_f H_m^\ominus(H_2O,g) + \Delta_f H_m^\ominus(CaCO_3,s) - \Delta_f H_m^\ominus(CaCO_3 \cdot 2H_2O,s) +$$
$$12[2C_{p,m}(H_2O,g) + C_{p,m}(CaCO_3,s) - C_{p,m}(CaCO_3 \cdot 2H_2O,s)] \times (T_2 - T_1)$$
$$= 104.8 \times 10^3 - 5870.88$$
$$= 98.93 \text{ kJ} \cdot \text{mol}^{-1}$$

$$\Delta_r U_m = Q + W = 98.93 - 9.98 = 88.95 \text{ kJ} \cdot \text{mol}^{-1}$$

$$\Delta S_m(600\text{ K}) = \Delta_r S_m^\ominus(298\text{ K}) + \int_{298\text{ K}}^{600\text{ K}} \frac{\sum v_B C_{p,m}\mathrm{d}T}{T}$$
$$= (2 \times 188.83 + 106.7 - 193.97) + (2 \times 33.58 + 99.60 - 186.20) \times \ln(600/298)$$
$$= 290.39 - 13.60$$
$$= 276.79 \text{ J} \cdot \text{mol}^{-1} \cdot \text{K}^{-1}$$

$$\Delta A_m = \Delta_r U_m - T\Delta S_m = 88.95 \times 10^3 - 276.79 \times 600 = -77.12 \text{ kJ} \cdot \text{mol}^{-1}$$

$$\Delta G_m = \Delta_r H_m - T\Delta S_m = 98.93 \times 10^3 - 276.79 \times 600 = -67.14 \text{ kJ} \cdot \text{mol}^{-1}$$

29. 解:(1)正常可逆相变化:

$$W_1 = -p\Delta V = -p[V(g) - V(l)] \approx -pV(g) = -nRT = -1 \times 8.314 \times 383 = -3.184 \text{ kJ}$$

$$Q_1 = \Delta H_1 = n\Delta_{vap}H_m = 1 \times 13.343 = 13.343 \text{ kJ}$$

$$\Delta U_1 = \Delta H_1 - p\Delta V = 13.343 - 3.184 = 10.159 \text{ kJ}$$

等温、等压可逆相变,$\Delta G = 0$。

$$\Delta A_1 = W_1 = -3.184 \text{ kJ}$$

$$\Delta S_1 = \frac{Q_1}{T} = \frac{13.343 \times 10^3}{383} = 34.84 \text{ J} \cdot \text{K}^{-1}$$

(2)两者始态和终态相同,则状态函数的变化量与(1)相同:

$$\Delta H_2 = 13.343 \text{ kJ}, \Delta U_2 = 10.159 \text{ kJ}, \Delta G_2 = 0, \Delta A_2 = -3.184 \text{ kJ}, \Delta S_2 = 34.84 \text{ J} \cdot \text{K}^{-1}$$

$$W_2 = 0, Q_2 = \Delta U_2 = 10.159 \text{ kJ}$$

(3) $\Delta S_{sur} = \frac{-Q_2}{T} = -\frac{10.159 \times 10^3}{383} = -26.525 \text{ J} \cdot \text{K}^{-1}$

$\Delta S_{iso} = \Delta S_{sys} + \Delta S_{sur} = 34.84 - 26.52 = 8.32 \text{ J} \cdot \text{K}^{-1} > 0$,故该过程自发。

第2章　化学平衡

一、化学反应的可逆性和化学平衡

任一个化学反应,在一定的条件下,反应方程式既可以从左向右进行,又可以从右向左进行,叫作化学反应的可逆性。随着化学反应的进行,正反应的反应速率会逐渐变慢,而逆反应的反应速率则会逐渐加快。待正反应速率与逆反应速率相等时,反应物的浓度和生成物的浓度不再随着时间而变化,此时达到化学平衡。

二、平衡常数

对任一可逆反应$(aA+bB \rightleftharpoons gG+hH)$,在一定温度下达到平衡时,体系中的各物质浓度具有以下关系:

$$K = \frac{[c(G)]^g [c(H)]^h}{[c(A)]^a [c(B)]^b}$$

式中,K 称为经验平衡常数。上式中 K 以平衡浓度计算,也称为浓度平衡常数,用 K_c 表示。若反应为气相反应,则物质的浓度可用气体的压力表示,平衡常数用 K_p 表示。若反应为复相,则液相物质采用浓度表示,气相物质采用压力表示。化学反应的 K 值越大,则反应进行得越完全。

化学反应的平衡常数符合多重平衡规则,若某一反应方程式可由其他两个反应方程式相加获得,则其平衡常数则为该两个反应平衡常数相乘。若反应$(1)+(2)=(3)$,则有 $K_3=K_1K_2$;若反应$(1)=(3)-(2)$,有 $K_1=K_3/K_2$。

若 K 中的浓度和压力除以标准浓度$(1\ mol \cdot L^{-1})$和标准压强$(p^\ominus)$,即用相对浓度或相对压力来表示的平衡常数,称为标准平衡常数 $K^\ominus$,

$$K^\ominus = \frac{\left[\frac{c(G)}{c^\ominus}\right]^g \left[\frac{c(H)}{c^\ominus}\right]^h}{\left[\frac{c(A)}{c^\ominus}\right]^a \left[\frac{c(B)}{c^\ominus}\right]^b} \ 或 \ K^\ominus = \frac{\left[\frac{p(G)}{p^\ominus}\right]^g \left[\frac{p(H)}{p^\ominus}\right]^h}{\left[\frac{p(A)}{p^\ominus}\right]^a \left[\frac{p(B)}{p^\ominus}\right]^b}$$

三、化学反应的方向

将反应过程中任一时刻的浓度或压力代入上述公式,可得该时刻反应的反应商 Q,即

$$Q = \frac{\left[\dfrac{c(\mathrm{G})}{c^{\ominus}}\right]^{g} \left[\dfrac{c(\mathrm{H})}{c^{\ominus}}\right]^{h}}{\left[\dfrac{c(\mathrm{A})}{c^{\ominus}}\right]^{a} \left[\dfrac{c(\mathrm{B})}{c^{\ominus}}\right]^{b}}$$

此时,化学反应的 $\Delta_r G_m$ 可由化学反应等温式表示:

$$\Delta_r G_m = \Delta_r G_m^{\ominus} + RT \ln Q$$

当反应达到平衡时,$\Delta_r G_m = 0$,$\Delta_r G_m^{\ominus} = -RT \ln K$,则有

$$\Delta_r G_m = RT \ln \frac{Q}{K}$$

因此,通过比较 Q 和 $K^{\ominus}$ 的大小,可判断非标准态下化学反应的方向。当 Q 等于 $K^{\ominus}$ 时,$\Delta_r G_m^{\ominus} = 0$,化学反应达到平衡;当 Q 小于 $K^{\ominus}$ 时,$\Delta_r G_m^{\ominus} < 0$,化学反应向正向进行;当 Q 大于 $K^{\ominus}$ 时,$\Delta_r G_m^{\ominus} > 0$,化学反应向逆向进行。

四、化学平衡的移动

一定条件下,当一个可逆反应达到平衡后,浓度、压强、温度等反应条件的改变会破坏原来的平衡,从而使反应在新的条件下达到新的平衡,这叫作化学平衡的移动。化学平衡的移动符合勒夏特列原理,即如果改变影响平衡的一个条件,平衡就向能够减弱这种改变的方向移动。

(1)浓度对平衡移动的影响:反应达到平衡后,增大反应物的浓度或减小生成物的浓度时,平衡发生正向移动,以减小这种改变;反之,平衡则逆向移动。

(2)压强对平衡移动的影响:在有气体参加的可逆反应中,当增大压强时,平衡朝着气体分子的化学计量数减小的方向进行,以减小体系的压强;当减小压强时,平衡则朝着气体分子的化学计量数增加的方向进行。若反应前后气体分子的化学计量数保持不变,则改变压强不会引起平衡的移动。值得注意的是,这里的压强指的是气体的分压。

(3)温度对平衡移动的影响:升高温度,平衡向吸热反应方向移动,降低温度,平衡向放热方向移动,以减弱体系温度的变化。

平衡常数 K 是温度的函数,当温度恒定时,改变体系的浓度和压强,虽然体系的平衡会发生移动,但反应的平衡常数保持不变。温度对化学平衡的影响主要是使平衡常数发生变化。已知:

$$\Delta_r G_m^{\ominus} = -RT \ln K^{\ominus} = \Delta_r H_m^{\ominus} - T \Delta_r S_m^{\ominus}$$

$$\ln K^{\ominus} = -\frac{\Delta_r H_m^{\ominus}}{RT} + \frac{\Delta_r S_m^{\ominus}}{R}$$

当温度变化不大时,一般可认为 $\Delta_r H_m^{\ominus}$ 和 $\Delta_r S_m^{\ominus}$ 的值为常数,则 T_1、T_2 时的 K_1、K_2 有如下关系:

$$\ln \frac{K_2^{\ominus}}{K_1^{\ominus}} = \frac{\Delta_r H_m^{\ominus}}{R} \frac{T_2 - T_1}{T_1 T_2}$$

因此,对于 $\Delta_r H_m^{\ominus} > 0$ 的反应,升高温度,K 增大,反应向正向吸热方向进行;降低温度,K 减小,反应向逆向放热方向进行。对于 $\Delta_r H_m^{\ominus} < 0$ 的反应,则相反。

⟐ 例题解析

例 1　已知在某一温度、压力下,水分解反应 $2H_2O \Longrightarrow O_2\uparrow + 2H_2\uparrow$ 的标准平衡常数为 0.25,那么在相同条件下,$\frac{1}{2}O_2 + H_2 \Longrightarrow H_2O$ 的标准平衡常数为(　　)。

A. 8　　　　　　B. 0.5　　　　　　C. 2　　　　　　D. 4

答:C。$K^\ominus(2) = [K^\ominus(1)]^{-\frac{1}{2}} = (0.25)^{-\frac{1}{2}} = 2$。

例 2　1 mol HI(g)在一密闭刚性容器中达到分解平衡。若往容器中充入一定量的惰性气体氦气,则 HI 的解离度将会(　　)。

A. 增加　　　　　B. 减少　　　　　C. 不变　　　　　D. 不一定

答:C。往恒容容器中充入惰性气体,反应中各气体的分压保持不变,因而平衡不发生移动,解离度保持不变。

例 3　在 298 K 下,两个相同的密闭容器 A 和 B 中均发生 $NH_4HCO_3(s)$ 分解反应:$NH_4HCO_3(s) \Longrightarrow NH_3(g) + CO_2(g) + H_2O(g)$。若反应前 A 和 B 中的 $NH_4HCO_3(s)$ 分别为 1 kg 和 20 kg,达到平衡后,下列说法正确的是(　　)。

A. 容器 A 和 B 中压力相等

B. 容器 A 中的压力大于 B 中的压力

C. 容器 B 中的压力大于 A 中的压力

D. 无法判断

答:A。温度不变时,平衡常数恒定。因为 $NH_4HCO_3(s)$ 为纯固体,平衡常数与其无关,所以气体的压力一定,因此两个体积相等的容器内压力相等。

例 4　已知分解反应 $NH_2COONH_4(s) \Longrightarrow 2NH_3(g) + CO_2(g)$ 在 298 K 时的平衡常数 $K = 6.55 \times 10^{-4}$,则此时体系的压力为(　　)。

A. 16.63×10^3 Pa　　　　　　　　B. 594.0×10^3 Pa

C. 5.542×10^3 Pa　　　　　　　　D. 2.928×10^3 Pa

答:A。由 $K^\ominus = [p(NH_3) \div p^\ominus]^2 [p(CO_2) \div p^\ominus] = (2p \div 3p^\ominus)^2 (p \div 3p^\ominus) = 6.55 \times 10^{-4}$ 可得 $p \div p^\ominus = 5.47 \times 10^{-2}$,则 $p = 3p(CO_2) = 3 \times 5.47 \times 10^{-2} \times 10^5$ Pa $= 16.41 \times 10^3$ Pa。

例 5　在 298 K 时,酯化反应 $CH_3COOH(l) + C_2H_5OH(l) \longrightarrow CH_3COOC_2H_5(l) + H_2O(l)$ 的平衡常数 K 为 4.0,若反应前,CH_3COOH 及 C_2H_5OH 各为 1 mol,则平衡时乙酸乙酯的最大产率为(　　)。

A. 0.334%　　　　　　　　　　B. 33.4%

C. 66.7%　　　　　　　　　　D. 50.0%

答:C。由 $K^\ominus = \frac{n^2}{(1-n)^2} = 4.0$ 可得 $n = \frac{2}{3}$。

例 6　某一反应的 $\Delta_r G_m^\ominus$ 与温度 T 的关系为 $\Delta_r G_m^\ominus = -21660 + 52.92T$。某一温度下该反应的平衡常数 $K > 1$,则反应温度(　　)。

A. 必定低于 409.3 ℃　　　　　　　B. 必定高于 409.3 K

C. 必定低于 409.3 K　　　　　　　D. 必定等于 409.3 K

答:C。$K > 1$,则 $\Delta_r G_m^\ominus = -21660 + 52.92T < 0$,因此 $T < 409.3$ K。

例 7 已知分解反应 $PCl_5(g)\!=\!\!=\!\!PCl_3(g)+Cl_2(g)$，在 450 K 时，$PCl_5(g)$ 的分解率为 48.5%，在 550 K 时，$PCl_5(g)$ 的分解率为 97%，则此反应为（　　）。

A. 放热反应 　　　　　　　　　　 B. 吸热反应

C. 既不放热也不吸热 　　　　　　 D. 这两个温度下的平衡常数相等

答：B。温度升高，$PCl_5(g)$ 的分解率增加，平衡正向移动，故此反应为吸热反应。

例 8 在 298 K 时，反应 $3O_2(g)\!=\!\!=\!\!2O_3(g)$ 的 $\Delta_r H_m = -280\ \text{J}\cdot\text{mol}^{-1}$，若要促进该反应的发生，则有利的条件是（　　）。

A. 升温升压 　　　　　　　　　　 B. 升温降压

C. 降温升压 　　　　　　　　　　 D. 降温降压

答：C。反应为放热反应，降低温度有助于反应正向移动；同时反应中气相的化学计量数降低，因此增加压力有助于平衡正向移动。

例 9 用 NH_3 制备 HNO_3 的工业方法如下：将氨与空气混合物通过高温下的 Pt 催化剂，发生反应：$4NH_3(g)+5O_2(g)\!=\!\!=\!\!4NO(g)+6H_2O(g)$。试求 1073 K 时该反应的平衡常数，假定 $\Delta_r H_m^{\ominus}$ 不随温度的改变而改变。已知 298 K 时的数据如下：

物质	$NH_3(g)$	$H_2O(g)$	$NO(g)$	$O_2(g)$
$\Delta_f H_m^{\ominus}/(\text{kJ}\cdot\text{mol}^{-1})$	-46.19	-241.8	90.37	0
$\Delta_f G_m^{\ominus}/(\text{kJ}\cdot\text{mol}^{-1})$	-16.63	-228.59	86.69	0

解：在 298 K 时，

$\Delta_r H_m^{\ominus} = -904.6\ \text{kJ}\cdot\text{mol}^{-1}$，$\Delta_r G_m^{\ominus} = -958.26\ \text{kJ}\cdot\text{mol}^{-1}$，则

$$\ln K_p^{\ominus}(298\ \text{K}) = -\frac{\Delta_r G_m^{\ominus}}{RT} = 386.8$$

由 $\ln K_p^{\ominus}(T_2) = \ln K_p^{\ominus}(T_1) + \Delta_r H_m^{\ominus}\dfrac{T_2-T_1}{RT_1T_2} = 386.8+(-263.5) = 123.3$ 得

$K_p^{\ominus}(1073\ \text{K}) = 2.85\times10^{53}$

例 10 在高温下，水煤气反应是水蒸气通过灼热的煤层发生的反应：$C(石墨)+H_2O(g)\!=\!\!=\!\!H_2(g)+CO(g)$。已知在 1000 K，该反应的 $K_p^{\ominus}$ 为 2.472，12000 K 时该反应的 $K_p^{\ominus}$ 为 37.58，试求 1000~12000 K 范围内的平均反应焓 $\Delta_r H_m^{\ominus}$（可视为常数），以及 1100 K 时反应的平衡常数 $K_p^{\ominus}(1100\ \text{K})$。

解：由 $\ln(K_{p,2}^{\ominus}/K_{p,1}^{\ominus}) = \dfrac{\Delta_r H_m^{\ominus}}{R}\times\dfrac{T_2-T_1}{T_2 T_1}$ 得

$$\Delta_r H_m^{\ominus} = \frac{12000\times1000}{12000-1000}\times(8.314\ \text{J}\cdot\text{K}^{-1}\cdot\text{mol}^{-1})\times\ln\frac{37.58}{2.472} = 24.683\ \text{kJ}\cdot\text{mol}^{-1}$$

由 $\ln K_p^{\ominus}(1100\ \text{K}) = \ln K_p^{\ominus}(1000\ \text{K}) + \dfrac{\Delta_r H_m^{\ominus}}{R}\times\dfrac{1100-1000}{1100\times1000} = 2.390$ 得

$K_p^{\ominus}(1100\ \text{K}) = 2.742$

➲ 习题

1. 在 298 K 时，某反应的 ΔG 小于零，则此时反应平衡常数（　　）。

A. $K=0$ 　　　　 B. $K<0$ 　　　　 C. $K>1$ 　　　　 D. $0<K<1$

2.298 K 时水的饱和蒸气压为 3.168 kPa,此时水的 $\Delta_f G_m^{\ominus} = -237.19$ kJ·mol^{-1},则水蒸气的标准生成吉布斯自由能为(　　)。

A. -245.76 kJ·mol^{-1} B. -229.34 kJ·mol^{-1}

C. -245.04 kJ·mol^{-1} D. -228.60 kJ·mol^{-1}

3.某固体氧化物分解反应是吸热反应,当温度升高时,反应的分解压力将(　　)。

A. 降低   B. 增大   C. 不变   D. 不能确定

4.298 K 时,某一反应 A(g)+B(g)══C(g)在刚性密闭容器中进行,达到平衡时,往容器中加入一定量的惰性气体,则平衡将(　　)。

A. 向右移动   B. 向左移动   C. 不移动   D. 无法确定

5.$N_2O_5(g)$的分解反应为 $N_2O_5(g)$══$N_2O_4(g) + \dfrac{1}{2}O_2(g)$,已知该反应的 $\Delta_r H_m^{\ominus} = 41.84$ kJ·mol^{-1},$\Delta C_p = 0$,以下能够增加 N_2O_4 产率的条件是(　　)。

A. 降低温度   B. 提高温度

C. 提高压力   D. 等温等容加入惰性气体

6.已知反应 $C(s)+O_2(g)$══$CO_2(g)$的平衡常数为 K_1,$CO(g)+\dfrac{1}{2}O_2(g)$══$CO_2(g)$的平衡常数为 K_2,$2C(s)+O_2(g)$══$2CO(g)$的平衡常数为 K_3,则 K_3 与 K_1、K_2 的关系为_____。

7.在 1100 ℃时有下列反应发生

(1)$C(s)+2S(s)$══$CS_2(g)$ $K_1^{\ominus} = 0.258$

(2)$Cu_2S(s)+H_2(g)$══$2Cu(s)+H_2S(g)$ $K_2^{\ominus} = 3.9 \times 10^{-3}$

(3)$2H_2S(g)$══$2H_2(g)+2S(g)$ $K_3^{\ominus} = 2.29 \times 10^{-2}$

试计算在 1100 ℃时,$C(s)+2Cu_2S(s)$══$4Cu(s)+CS_2(g)$的平衡常数 $K_4^{\ominus} = $_____。

8.在 298 K 时,某化学反应的平衡常数 $K^{\ominus} = 4.17 \times 10^7$,$\Delta_r H_m^{\ominus} = -45.1$ kJ·mol^{-1},则求 298 K 时反应的 $\Delta_r S_m^{\ominus} = $_____ J·K^{-1}·mol^{-1}。

9.某一反应 A(g)+B(g)══3C(g)在一具有活塞的容器中进行,维持体系总压不变,向体系中加入惰性气体,平衡_____移动;若将容器换成刚性容器,则平衡_____移动。

10.已知某一反应在 298 K 时平衡常数为 0.5,在 308 K 时反应的平衡常数为 1,该反应的 $\Delta_r H_m^{\ominus}$ 为_____ kJ·mol^{-1}(设其与温度无关)。

11.在 298 K 时,某一反应的平衡常数 $K^{\ominus} = 540$,测定反应的焓变是 -87.8 kJ·mol^{-1},若假定 $\Delta_r H_m^{\ominus}$ 与温度无关,则在 310 K 时该反应的平衡常数的值是_____。

12.对反应 $CO(g)+2H_2(g)$══$CH_3OH(g)$体系增加压力,则反应的平衡转化率将_____。

13.已知反应 A(g)+2B(g)══C(g)为吸热反应,反应前将 A、B 以 1∶2 的体积比封入一真空容器,200 ℃和 600 ℃达到平衡时系统总压力分别为 p_1 和 p_2,那么 p_1 _____ p_2(填"大于""小于"或"等于")。

14.在温度为 1000 K 时的理想气体反应 $2SO_3(g)$══$2SO_2(g)+O_2(g)$的平衡常数 $K_p = 29.0$ kPa,则该反应的 $\Delta_r G_m^{\ominus} = $_____ kJ·mol^{-1}。

15.已知反应 $CO(g)+H_2O(g)\Longrightarrow CO_2(g)+H_2(g)$ 在 700 ℃时的 $K_p^\ominus=0.71$,若

(1)反应体系中各组分的分压都是 1.52×10^5 Pa,试判断反应的方向。

(2)反应体系中,$p_{CO}=1.013\times10^6$ Pa,$p_{H_2O}=5.065\times10^5$ Pa,$p_{CO_2}=p_{H_2}=1.52\times10^5$ Pa,试判断反应的方向。

16.试计算乙苯脱氢 $C_6H_5C_2H_5(g)\longrightarrow C_6H_5CHCH_2(g)+H_2(g)$ 和乙苯氧化脱氢 $C_6H_5C_2H_5(g)+\dfrac{1}{2}O_2(g)\longrightarrow C_6H_5CHCH_2(g)+H_2O(g)$ 两个反应在 298 K 时的标准平衡常数 $K_p^\ominus$。已知 298 K 时,乙苯、苯乙烯、氢气和水蒸气的标准生成吉布斯自由能如下:

物质	乙苯(g)	苯乙烯(g)	$H_2(g)$	$H_2O(g)$
$\Delta_f G_m^\ominus /(J\cdot mol^{-1})$	130574	213802	0	-228597

17.在一个容积为 10^{-2} m^3 的抽空容器中放入过量的 $AB_2(s)$,并充以 0.1 mol $D_2(g)$。同时发生下列两个反应:

(1)$AB_2(s)\Longrightarrow A(s)+B_2(g)$

(2)$B_2(g)+D_2(g)\Longrightarrow 2BD(g)$

测得在 300 K 下,上述反应达到同时平衡时,体系压力为 44583 Pa,计算反应(2)在 300 K 时的 K_p[已知反应(1)在 300 K 达到平衡时,压力为 2026.5 Pa]。

18.已知 $CuSO_4\cdot5H_2O(s)$ 在一定温度下会脱去结晶水:$CuSO_4\cdot5H_2O(s)\Longrightarrow CuSO_4(s)+5H_2O(g)$,当水蒸气压力为 1333.2 Pa 时,反应的温度有多高?已知 298 K 时各物质的热力学数据如下:

物质	$CuSO_4(s)$	$CuSO_4\cdot5H_2O(s)$	$H_2O(g)$
$\Delta_f H_m^\ominus /(kJ\cdot mol^{-1})$	-769.9	-2278	-241.8
$\Delta_f G_m^\ominus /(kJ\cdot mol^{-1})$	-661.9	-1880	-228.6

19.已知反应:$SO_2(g)+\dfrac{1}{2}O_2(g)\Longrightarrow SO_3(g)$,在 801 K、900 K 和 1000 K 时的 $K_p^\ominus$ 分别为 31.3、6.55 和 1.86。设反应热与温度的关系为

$$\Delta_r H_m^\ominus=(a+bT/K)\ J\cdot mol^{-1}$$

试求 a、b 的值。

20.在 630 K 时,反应 $2HgO(s)\Longrightarrow 2Hg(g)+O_2(g)$ 的 $\Delta_r G_m^\ominus=44.3$ $kJ\cdot mol^{-1}$。

(1)求上述反应的标准平衡常数 $K_p^\ominus$;

(2)求 630 K 时 HgO(s)的分解压力;

(3)若往 630 K,1.013×10^5 Pa 的纯 O_2 的刚性容器中投入 HgO(s),求达到平衡时,气相中 Hg 的分压。

📖 习题参考答案

1.C 2.D 3.B 4.C 5.B

6.$K_3=(K_1/K_2)^2$

7.8.99×10^{-8} 8.-5.53

9.向右;不 10.52.9

11.137　12.增大

13.大于

14.10.293

15.解:(1)由 $(\Delta_r G_m)_{T,p}=-RT\ln K_p^{\ominus}+RT\ln Q_p$ 得

$Q_p=[(p_{CO_2}/p^{\ominus})(p_{H_2}/p^{\ominus})]/[(p_{CO}/p^{\ominus})(p_{H_2O}/p^{\ominus})]=1>0.71=K_p^{\ominus}$

即反应从右向左进行。

(2)由 $Q_p=0.45<0.71=K_p^{\ominus}$ 可知,反应可从左向右进行。

16.解:乙苯脱氢反应:$C_6H_5C_2H_5(g)\longrightarrow C_6H_5CHCH_2(g)+H_2(g)$

$\Delta_r G_m^{\ominus}=\Delta_f G_m^{\ominus}(苯乙烯)+\Delta_f G_m^{\ominus}(氢)-\Delta_f G_m^{\ominus}(乙苯)=83228\ J\cdot mol^{-1}$

$K_p^{\ominus}=\exp(-\Delta_r G_m^{\ominus}/RT)=2.6\times10^{-14}$

表明反应即使达到平衡,苯乙烯的产率也是很小的。

乙苯氧化脱氢反应:$C_6H_5C_2H_5(g)+\dfrac{1}{2}O_2(g)\longrightarrow C_6H_5CHCH_2(g)+H_2O(g)$

$\Delta_r G_m^{\ominus}=-145369\ J\cdot mol^{-1}$

$K_p^{\ominus}=\exp\{-[-145369/(8.314\times298)]\}=3.0\times10^{25}$

表明反应达平衡时,反应几乎可以进行到底。

17.解:$B_2(g)+D_2(g)\Longrightarrow 2BD(g)$

平衡时:

$p(B_2)=2026.5\ Pa$

$p(BD)=2[p_0(D_2)-p(D_2)]$,$p_0(D_2)$ 为 D_2 的起始压力。

$p_0(D_2)=nRT/V=24921\ Pa$

$p=44583\ Pa=p(B_2)+p(D_2)+p(BD)$

$\quad=2026.5\ Pa+p(D_2)+2[24941\ Pa-p(D_2)]$

解得:$p(D_2)=7325\ Pa$

又得:$p(BD)=35232\ Pa$

所以,反应(2)的 $K_p=[p_2(BD)]^2/[p(B_2)p(D_2)]=83.6$

18.解:$\Delta_r G_m^{\ominus}=[-228.6\times5-661.9-(-1880)]\ kJ\cdot mol^{-1}=75.1\ kJ\cdot mol^{-1}$

$\Delta_r H_m^{\ominus}=[-241.8\times5-769.9-(-2278)]\ J\cdot mol^{-1}=299.1\ kJ\cdot mol^{-1}$

$\ln K_p^{\ominus}(298\ K)=-\Delta_r G_m^{\ominus}/RT=-30.31$

设 T 时水蒸气气压达到 $1333.2\ Pa$,则

$K_p^{\ominus}(T)=[p(H_2O)/p^{\ominus}]^5=(1333.2/100000)^5=3.95\times10^{-10}$,$\ln K_p^{\ominus}(T)=-21.65$

设 $\Delta_r H_m^{\ominus}$ 不随温度而改变,则

$\ln K_p^{\ominus}(T)-\ln K_p^{\ominus}(298\ K)=(\Delta_r H_m^{\ominus}/R)(1/298\ K-1/T)$

$-21.65-(-30.31)=(299.1\times10^3/8.314)(1/298\ K-1/T)$

解得:$T=321.1\ K$

19.解:$\partial \ln K_p^{\ominus}/\partial T=\Delta_r H_m^{\ominus}/RT^2=(a+bT/K)\ J\cdot mol^{-1}/RT^2$

$\ln[K_p^{\ominus}(T_2)/K_p^{\ominus}(T_1)]=\displaystyle\int_{T_1}^{T_2}[(a+bT/K)\ J\cdot mol^{-1}/RT^2]dT$

$\qquad\qquad=(a/R)[(T_2-T_1)/(T_2 T_1)]+(b/R)\ln(T_2/T_1)$

则 $\ln(6.55/31.3)=(900\text{ K}-801\text{ K})a/(8.314\text{ J}\cdot\text{K}^{-1}\cdot\text{mol}^{-1}\times801\text{ K}\times900\text{ K})+$
$$(b/8.314\text{ J}\cdot\text{K}^{-1}\cdot\text{mol}^{-1})\ln(900/801)$$

$\ln(1.86/6.55)=(1000\text{ K}-900\text{ K})a/(8.314\text{ J}\cdot\text{K}^{-1}\cdot\text{mol}^{-1}\times900\text{ K}\times1000\text{ K})+$
$$(b/8.314\text{ J}\cdot\text{K}^{-1}\cdot\text{mol}^{-1})\ln(1000/900)$$

将上两式联立求解,得 $a=-103706$,$b=10.619$

$\Delta_r H_m^{\ominus}=(-103706+10.619T/\text{K})\text{ J}\cdot\text{K}^{-1}\cdot\text{mol}^{-1}$

20. 解:(1)$K_p^{\ominus}=\exp(-\Delta_r G_m^{\ominus}/RT)=2.12\times10^{-4}$

(2)设平衡分压为

$$2HgO(s)\Longrightarrow2Hg(g)+O_2(g)$$
$$2p\qquad p$$

由 $K_p^{\ominus}=4p^3\cdot(p^{\ominus})^{-3}$ 得 $p=3800\text{ Pa}$,则 $p_{总}=3p=1.1\text{ kPa}$

(3) $K_p^{\ominus}=2.12\times10^{-4}=(2p)^2(p+101325\text{ Pa})$

解得:$p=739.7\text{ Pa}$

$p(\text{Hg})=2p=1.5\text{ kPa}$

第3章　化学动力学基础

📥 核心内容

一、反应速率概念

一定条件下,反应物转化为生成物的速率,常见单位有 $mol \cdot L^{-1} \cdot s^{-1}$,$mol \cdot L^{-1} \cdot min^{-1}$,$mol \cdot L^{-1} \cdot h^{-1}$。

以化学反应 $aA + bB \Longrightarrow gG + hH$ 为例,在时间间隔为 Δt 内,其平均反应速率可表示为

$$\bar{v} = -\frac{1}{a}\frac{\Delta c(A)}{\Delta t} = -\frac{1}{b}\frac{\Delta c(B)}{\Delta t} = \frac{1}{g}\frac{\Delta c(G)}{\Delta t} = \frac{1}{h}\frac{\Delta c(H)}{\Delta t}$$

当 $\Delta t \to 0$ 时,可得反应的瞬时速率

$$v = -\frac{1}{a}\frac{dc(A)}{dt} = -\frac{1}{b}\frac{dc(B)}{dt} = \frac{1}{g}\frac{dc(G)}{dt} = \frac{1}{h}\frac{dc(H)}{dt}$$

用任一种反应物或生成物的浓度变化表示的化学反应速率均相等。

二、化学反应速率理论简介

化学反应速率理论主要包括以气体分子运动论为基础的碰撞理论和以量子力学和统计力学为基础的过渡状态理论。

1. 碰撞理论

反应发生的先决条件为反应物分子间的相互碰撞。以双分子气相反应为出发点,将反应分子视为刚性硬球,在碰撞过程中只有少数能量足够的剧烈碰撞才有可能克服分子间的电子云排斥力,促进原子的重排,故而引发反应。大多数的碰撞过程由于分子能量的不足,并不引发反应。动力学中将这部分具有足够能量的分子称为活化分子。并非所有活化分子间的碰撞都能引发反应,还需要考虑到分子发生碰撞时的方向。因此,只有足够能量的活化分子,在特定的方向进行的有效碰撞才能引发反应。有效碰撞次数可表示为

$$Z^{**} = Z \times e^{-\frac{E_a}{RT}} \times P$$

式中,Z 为碰撞次数;$e^{-\frac{E_a}{RT}}$ 为满足能量要求的分子占有的分数;P 为取向因子,其范围可在 $1 \sim 10^{-9}$ 之间。有效碰撞次数越多,反应的反应速率也越大。

2. 过渡状态理论

化学反应发生过程中,反应物分子必须经过一个形成高能量活化络合物的过渡状态再转化成生成物,而不是通过简单碰撞一步形成产物,并且形成这个过渡状态需要的一定的活化能。对于反应 A+BC $\longrightarrow$ AB+C,其需要经过一个过渡状态[A···B···C],如图 3-1 所示。

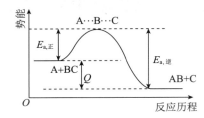

图 3-1 反应历程-势能

其中反应物的平均势能和活化络合物之间的势能差为正反应的活化能,而产物的平均势能和活化络合物之间的势能差为逆反应的活化能。正逆反应活化能之间的差值则为反应热。若正反应活化能大于逆反应活化能,则反应吸热;反之,反应放热。

三、化学反应速率方程

瞬时反应速率与反应物浓度之间存在如下关系:

$$v = k\left[c(\mathrm{A})\right]^m\left[c(\mathrm{B})\right]^n$$

该方程式称为化学反应速率方程。式中,k 为反应速率常数,m 和 n 是 A 和 B 的反应级数,$m+n$ 为反应的总级数。反应级数可以是整数、分数,也可以为 0。反应速率常数 k 为温度的函数,且其单位与反应级数相关。反应速率和浓度的单位确定后,可根据 k 的单位来判断反应的级数。若反应为基元反应,即反应由反应物分子一次碰撞完成,则 m 和 n 为反应中反应物的化学计量数,也称为反应分子数。

四、反应物浓度与时间的关系

反应物和生成物浓度与时间的关系是化学动力学中重要的问题。以下讨论简单级数反应:零级反应、一级反应、二级反应和三级反应。

1. 零级反应

反应速率与反应物浓度的零次幂成正比,即反应速率与反应物的浓度无关。根据速率的定义以及速率方程可得

$$-\frac{\mathrm{d}c(\mathrm{A})}{\mathrm{d}t} = k$$

积分可得

$$c(\mathrm{A}) - c_0(\mathrm{A}) = -kt$$

当反应物消耗一半时,$c(\mathrm{A}) = \frac{1}{2}c_0(\mathrm{A})$,则反应的半衰期 $t_{1/2}$ 为

$$t_{1/2} = \frac{c(A)}{2k}$$

零级反应 k 的单位为 $mol \cdot L^{-1} \cdot s^{-1}$。在有限的反应时间 $[c_0(A)/k]$ 内,反应可以完成。

2. 一级反应

反应速率与反应物浓度的一次幂成正比。对于一级反应,则有

$$-\frac{dc(A)}{dt} = kc(A)$$

积分可得

$$\ln c(A) - \ln c_0(A) = -kt$$

当反应物消耗一半时,反应的半衰期 $t_{1/2}$ 为

$$t_{1/2} = \frac{\ln 2}{k}$$

一级反应 k 的单位为 s^{-1}。一级反应的半衰期 $t_{1/2}$ 与初始浓度无关,仅与 k 有关,即在一定条件下,反应物消耗一半的时间恒定。因此,一级反应无法完全反应。

3. 二级反应

反应速率与反应物浓度的二次幂成正比。对于简单的二级反应,则有

$$-\frac{dc(A)}{dt} = kc(A)^2$$

积分可得

$$\frac{1}{c(A)} - \frac{1}{c_0(A)} = kt$$

当反应物消耗一半时,反应的半衰期 $t_{1/2}$ 为

$$t_{1/2} = \frac{1}{kc_0(A)}$$

4. 三级反应

反应速率与反应物浓度的三次幂成正比。对于简单的三级反应,则有

$$-\frac{dc(A)}{dt} = kc(A)^3$$

积分可得

$$\frac{1}{c(A)^2} - \frac{1}{c_0(A)^2} = 2kt$$

当反应物消耗一半时,反应的半衰期 $t_{1/2}$ 为

$$t_{1/2} = \frac{3}{2kc_0(A)^2}$$

五、影响化学反应速率的因素

一般情况下,反应物的浓度、温度、催化剂等都会影响化学反应的速率。

由化学反应速率方程可知,反应物浓度对反应速率的影响主要体现在反应级数上。反

应级数越大,反应物浓度对反应速率的影响越大。一般情况下,反应物的浓度越高,反应速率越快。若某反应物的级数为负,则浓度增加,反应速率降低。

温度和催化剂对反应速率的影响,主要体现在反应速率常数 k 上。大量的实验事实证明,反应速率常数与温度和催化剂的定量关系符合阿伦尼乌斯公式

$$k = A\mathrm{e}^{-\frac{E_a}{RT}}$$

式中,A 为指前因子;E_a 为反应活化能。当反应确定时,在一定温度范围内,A 和 E_a 可近似为常数。温度与反应速率常数呈指数关系,其对反应速率的影响远大于浓度的影响。微小的温度变化能够引起速率常数较大的变化。对阿伦尼乌斯公式两边取自然对数,可得

$$\ln k = -\frac{E_a}{RT} + \ln A$$

根据该公式,反应的活化能 E_a,温度 T_1 时的速率常数 k_1,温度 T_2 时的速率常数 k_2,已知其中 4 个变量,可求任一个其他未知量,即

$$\ln \frac{k_2}{k_1} = -\frac{E_a}{R}\left(\frac{1}{T_2} - \frac{1}{T_1}\right)$$

在阿伦尼乌斯公式对数形式中,对温度 T 微分可得

$$\frac{\mathrm{d}\ln k}{\mathrm{d}T} = \frac{E_a}{RT^2}$$

因此可知,活化能 E_a 越大,温度对反应速率的影响越大。升高温度,活化能大的反应,其速率常数增加更快。

催化剂对反应速率的影响主要体现在改变了反应的活化能。催化剂本身在反应前后的质量和化学组成均保持不变。但在反应过程中催化剂参与了反应,改变了反应途径和反应的活化能。如图 3-2 所示,加入催化剂前后,反应物和产物的状态不变,催化剂不能改变化学反应的方向和限度,即催化剂不能使 $\Delta_r G_m > 0$ 的反应发生,也不能改变平衡位置。催化剂可以同时改变正反应和逆反应的反应速率。

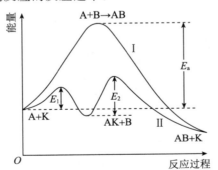

图 3-2　反应过程-能量

根据阿伦尼乌斯公式,若已知温度 T 时的速率常数 k_1 和活化能 E_{a1},测得加入催化剂后的速率常数为 k_2,活化能为 E_{a2},则有

$$\ln \frac{k_2}{k_1} = -\frac{E_{a2} - E_{a1}}{RT}$$

🔊 例题解析

例 1　某化学反应的动力学方程式为 $2A \longrightarrow P$,则表明该反应为(　　)。

A. 二级反应　　　　　B. 基元反应　　　　　C. 双分子反应　　　　　D. 无确切意义

答:D。反应级数不能通过方程式获得,需根据实验得到;基元反应也不能直接从方程式中获得;只有基元反应才有反应分子数的概念。

例 2　有一化学反应 $A + 2B \xrightarrow{k} C + D$,实验测定反应速率常数 $k = 0.25 \text{ mol} \cdot L^{-1} \cdot s^{-1}$,则该反应的级数为(　　)。

A. 零级　　　　　B. 一级　　　　　C. 二级　　　　　D. 三级

答:A。根据其速率系数的单位可得。

例 3　某化学反应,已知反应转化 $\dfrac{5}{9}$ 所用时间是转化 $\dfrac{1}{3}$ 所用时间的 2 倍,则反应是(　　)。

A. 1.5 级反应　　　　　B. 二级反应　　　　　C. 一级反应　　　　　D. 零级反应

答:C。根据一级反应公式 $\ln \dfrac{1}{1-y} = kt$ 可知 $y = \dfrac{5}{9}$ 所用时间是 $y = \dfrac{1}{3}$ 所用时间的 2 倍。

例 4　某化学反应,当反应物初始浓度为 $0.04 \text{ mol} \cdot dm^{-3}$ 时,消耗一半所用时间为 360 s;当反应物初始浓度为 $0.024 \text{ mol} \cdot dm^{-3}$ 时,消耗一半所用时间为 600 s,此反应为(　　)反应。

A. 零级　　　　　B. 1.5 级　　　　　C. 二级　　　　　D. 一级

答:C。该反应符合二级反应的特点:$t_{1/2} = \dfrac{1}{kc_0}$。

例 5　某放射性元素的初始质量为 8 g,10 天后发现其质量降低至 4 g,那么经过 40 天后,该放射性元素的质量为(　　)。

A. 4 g　　　　　B. 2 g　　　　　C. 1 g　　　　　D. 0.5 g

答:D。根据 $t_{1/2} = \dfrac{\ln 2}{k}$ 和 $\ln \dfrac{a_0}{a_t} = kt$,有 $a_t = \dfrac{1}{16} a_0 = \dfrac{1}{16} \times 8 \text{ g} = 0.5 \text{ g}$。

例 6　对于反应 $A \xrightarrow{k} C + D$,当 A 的起始浓度减半时,发现反应的半衰期也缩短了一半,则该反应为(　　)反应。

A. 一级　　　　　B. 二级　　　　　C. 零级　　　　　D. 1.5 级

答:C。该反应符合零级反应的特征:半衰期与起始物浓度成正比。

例 7　当温度升高时,一般化学反应(　　)。

A. 活化能明显降低

B. 平衡常数一定变大

C. 平衡常数保持不变

D. 能够更快地达到平衡

答:D。一般而言,反应速率随温度升高而增大,故能快速达到反应平衡。

例 8　对于某一化学反应,如果反应温度升高 1 ℃,反应速率系数增加 1%,则该反应的活化能约为(　　)。

A. $100RT^2$　　　　　B. $10RT^2$　　　　　C. RT^2　　　　　D. $0.01RT^2$

答:D。根据阿伦尼乌斯经验公式 $\ln\dfrac{k_2}{k_1}=\dfrac{E_a}{R}\left(\dfrac{1}{T_1}-\dfrac{1}{T_2}\right)$，有 $E_a=T\times(T+1)R\ln\dfrac{1.01}{1}\approx$ $0.01\,RT^2$。

例 9 存在一平行反应(1)$A\xrightarrow{k_1,E_{a1}}B$；(2)$A\xrightarrow{k_2,E_{a2}}D$。已知活化能 $E_{a1}>$ 活化能 E_{a2}，以下措施中 B 和 D 的比例保持不变的是( )。

A. 提高反应温度　　　B. 延长反应时间　　　C. 加入适当催化剂　　D. 降低反应温度

答:B。延长反应时间不能改变反应速率系数和反应的活化能,所以 B 和 D 的比例保持不变。

例 10 根据碰撞理论,以下碰撞属于有效碰撞的是( )。

A. 碰撞分子的总能量超过 E_c

B. 碰撞分子的相对总动能超过 E_c

C. 碰撞分子的相对平动能在碰撞方向上的分量超过 E_c

D. 碰撞分子的内部动能超过 E_c

答:C。根据硬球碰撞模型,只有分子在碰撞方向上的相对平动能超过阈能 E_c 时,碰撞才是有效的。

例 11 由碰撞理论获得的速率系数远远小于真实值的主要原因是( )。

A. 反应体系是非理想的　　　　　　　B. 碰撞的方向性

C. 分子碰撞的激烈程度不够　　　　　D. 分子间的作用力

答:B。在一定方向上的有效碰撞才能够使反应发生,由于将分子看作硬球而忽略了分子的结构,无法预测碰撞的方向性,往往使校正因子 P 远小于 1。

例 12 氮氧化物破坏臭氧层的反应机理为
$$NO+O_3\longrightarrow NO_2+O_2$$
$$NO_2+O\longrightarrow NO+O_2$$
其中,可以将 NO 视为( )。

A. 总反应的产物　　B. 总反应的反应物　　C. 催化剂　　　　D. 上述都不是

答:C。NO 参与破坏臭氧的反应,但反应前后保持不变,起了催化剂的作用。

例 13 在一定条件下,某一化学反应的转化率为 70%,当往体系中加入催化剂后,反应的转化率( )。

A. 大于 70%　　　　B. 小于 70%　　　　C. 等于 70%　　　　D. 不确定

答:C。催化剂只改变反应的速率,不改变反应的平衡位置。

例 14 在 298 K 时,某一化学反应的速率常数为 $3.46\times10^5\,s^{-1}$,当温度上升 40 K 后,速率常数增加至 $4.87\times10^7\,s^{-1}$,求该反应的活化能和反应在 318 K 时的速率常数,假设活化能与温度无关。

解:将 $\begin{cases}T_1=298\,K,\\k_1=3.46\times10^5\,s^{-1}\end{cases}$ 和 $\begin{cases}T_2=338\,K,\\k_2=4.87\times10^7\,s^{-1}\end{cases}$ 代入公式 $\ln\dfrac{k_2}{k_1}=\dfrac{E_a}{R}\left(\dfrac{T_2-T_1}{T_2T_1}\right)$,得 $E_a=103.56\,kJ\cdot mol^{-1}$,

将 $\begin{cases}T_1=298\,K\\k_1=3.46\times10^5\,s^{-1}\end{cases}$ 和 $T_3=318\,K$ 代入公式 $\ln\dfrac{k_3}{k_1}=\dfrac{E_a}{R}\left(\dfrac{T_3-T_1}{T_3T_1}\right)$,得 $k_3=4.79\times10^6\,s^{-1}$,

即 318 K 时的速率常数为 $4.79\times10^6\,s^{-1}$。

例 15　某一级反应的活化能为 $100 \text{ kJ} \cdot \text{mol}^{-1}$,已知其在 40 ℃时,15 min 的转化率为 20%,若要使反应在 15 min 内转化率达到 50% 以上,反应温度应控制在多少?

解:对于一级反应,有

$$k_1 = \frac{1}{t} \ln \frac{1}{1-y} = \frac{1}{15 \text{ min}} \times \ln \frac{1}{1-0.2} = 0.0149 \text{ min}^{-1}$$

因此,该温度下的速率系数为

$$k_2 = \frac{\ln 2}{t_{1/2}} = \frac{0.693}{15 \text{ min}} = 0.0462 \text{ min}^{-1}$$

由 $\ln \frac{k_2}{k_1} = \frac{E_a}{R} \left(\frac{1}{T_1} - \frac{1}{T_2} \right)$ 得 $\ln \frac{0.0462}{0.0149} = \frac{100 \times 10^3}{8.314} \left(\frac{1}{313} - \frac{1}{T_2} \right)$,则 $T_2 = 344 \text{ K}$。

所以,反应温度应控制在 344 K 以上。

习题

1.已知反应 $NO(g)$ 和 $Br_2(g)$ 的反应历程要经过以下两步基元反应:

(1) $NO(g) + Br_2(g) \Longrightarrow NOBr_2(g)$　　　　　　快

(2) $NOBr_2(g) + NO(g) \Longrightarrow 2NOBr(g)$　　　　慢

则该反应对 NO 的级数为(　　　)。

A. 零级　　　　　　B. 一级　　　　　　C. 二级　　　　　　D. 三级

2.下列对零级反应的速率描述正确的是(　　　)。

A. 为零　　　　　　　　　　　　B. 与反应物浓度成正比

C. 与反应物浓度无关　　　　　　D. 与反应物浓度成反比

3.已知某反应的速率常数为 $0.5 \text{ dm}^3 \cdot \text{mol}^{-1} \cdot \text{s}^{-1}$ 时,则该反应是(　　　)反应。

A. 二级　　　　　　B. 一级　　　　　　C. $\frac{1}{2}$ 级　　　　　　D. $\frac{3}{2}$ 级

4.某一可逆反应的 E_a(正)大于 E_a(逆),则正反应热效应 ΔH(　　　)。

A. > 0　　　　　　　　　　　　B. < 0

C. $= \dfrac{E_a(\text{正}) - E_a(\text{逆})}{2}$　　　　D. 不能判断

5.已知 $N_2(g) + 3H_2(g) \Longrightarrow 2NH_3(g)$ 为放热反应,那么当温度升高时,正反应速率 v 和逆反应速率 v' 的变化为(　　　)。

A. v 增大,v' 减小　　　　　　B. v 减小,v' 增大

C. v 增大,v' 增大　　　　　　D. v 减小,v' 减小

6.对某一化学反应而言,(　　　),反应速率越快。

A. ΔG 越负　　　B. ΔH 越负　　　C. ΔS 越负　　　D. 活化能 E_a 越小

7.下列对于催化剂特性的描述,不正确的是(　　　)。

A. 催化剂可以缩短反应平衡的时间,但不改变平衡的位置

B. 催化剂反应过程中物理、化学性质都不变

C. 催化剂不改变平衡常数

D. 热力学上不可能进行的反应,催化剂也不能实现

8.已知 $A_2 + B_2 \Longrightarrow 2AB$ 的反应速率方程为 $v = k \cdot c(A_2) \cdot c(B_2)$ 时,那么此反应(　　　)。

A. 是基元反应 　　　　　　　　　B. 是非基元反应

C. 无法肯定是否为基元反应 　　　D. 对 A 来说是基元反应

9. 下列对速率常数 k 的阐述正确的是(　　)。

A. 始终保持不变 　　　　　　　　B. 受浓度的影响

C. 单位为 $mol^2 \cdot dm^{-3} \cdot s^{-1}$ 的参数 　　D. 单位随反应级数而改变

10. 升高温度可引起反应速率明显增加的本质原因是(　　)。

A. 分子碰撞机会增加 　　　　　　B. 反应物压力增加

C. 活化分子百分数增加 　　　　　D. 反应活化能降低

11. 如图所示的反应历程中,升高温度时,正反应速率相比于逆反应速率(　　)。

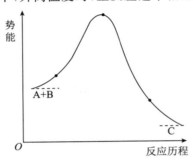

A. 增大 　　　　　　　　　　　　B. 减小

C. 相等 　　　　　　　　　　　　D. 无法判断

12. 反应 $C(s) + O_2(g) \longrightarrow CO_2(g)$ 过程放出热量,下列措施中无法增加二氧化碳的产量的是(　　)。

A. 增加氧的分压 　　　　　　　　B. 降温

C. 使用催化剂 　　　　　　　　　D. 减少 CO_2 的分压

13. 反应 $2N_2O_5 \Longrightarrow 4NO_2 + O_2$,已知 $-\dfrac{dc(N_2O_5)}{dt} = 0.25 \ mol \cdot dm^{-3} \cdot min^{-1}$,那么 $\dfrac{dc(NO_2)}{dt}$ 的数值为(　　)。

A. 0.06 　　　　　B. 0.13 　　　　　C. 0.50 　　　　　D. 0.25

14. 正催化剂能增加反应速率的本质原因是(　　)。

A. 降低了反应的活化能 　　　　　B. 增大反应分子碰撞频率

C. 减小了速率常数值 　　　　　　D. 增大了平衡常数值

15. 增加反应物浓度可促进反应速率加快的本质原因是(　　)。

A. 反应物的活化能下降 　　　　　B. 分子间碰撞数增加

C. 反应的活化分子数增加 　　　　D. 反应的活化分子分数增加

16. 某反应在 288.2 K 时的反应速率系数为 $34.40 \times 10^{-3} \ dm^3 \cdot mol^{-1} \cdot s^{-1}$,在 313.28 K 时的反应速率系数为 $189.9 \times 10^{-3} \ dm^3 \cdot mol^{-1} \cdot s^{-1}$。求该反应的活化能以及 25.15 ℃时的反应速率系数。

17. 某简单一级反应的速率系数 k 与温度 T 具有如下关系式:

$$\ln(k/s^{-1}) = 24.00 - \frac{9622}{T/K}$$

（1）计算此反应的活化能；

（2）欲使 A 在 10 min 内转化率达到 90％,则反应温度应达到多少？

18.农药敌敌畏的水解反应是一级反应。

（1）已知温度为 293 K,在酸性介质中时敌敌畏的半衰期为 61.5 d,求它在该条件下的水解速率常数。

（2）当温度上升至 330 K 时,水解速率常数变为 0.173 h^{-1},求此温度下敌敌畏的半衰期。

习题参考答案

1.B　2.C　3.A　4.A　5.C　6.D　7.B　8.C　9.D

10.C　11.B　12.C　13.C　14.A　15.D

16.解:由 $\ln \dfrac{k(T_2)}{k(T_1)} = -\dfrac{E_a}{R}\left(\dfrac{T_1 - T_2}{T_1 T_2}\right)$ 得

$$\ln\left(\dfrac{189.9 \times 10^{-3}}{34.40 \times 10^{-3}}\right) = -\left[\dfrac{E_a}{8.314 \text{ J} \cdot \text{K}^{-1} \cdot \text{mol}^{-1}} \times \dfrac{(288.20 - 313.28)\text{K}}{313.28 \text{ K} \times 288.20 \text{ K}}\right]$$

$E_a = 51.13 \text{ kJ} \cdot \text{mol}^{-1}$

由 $\ln \dfrac{k(T)}{k(T_1)} = -\dfrac{E_a}{R}\left(\dfrac{1}{T} - \dfrac{1}{T_1}\right)$ 得

$$\ln \dfrac{k(T)}{34.40 \times 10^{-3}} = -\dfrac{51.13 \times 10^3 \text{ kJ} \cdot \text{mol}^{-1}}{8.314 \text{ J} \cdot \text{K}^{-1} \cdot \text{mol}^{-1}}\left(\dfrac{1}{298.15\text{K}} - \dfrac{1}{288.20\text{K}}\right)$$

$k(298.15 \text{ K}) = 70.12 \times 10^{-3} \text{dm}^3 \cdot \text{mol}^{-1} \cdot \text{s}^{-1}$

17.解:（1）据阿伦乌斯公式:

$$\ln(k/\text{s}^{-1}) = -\dfrac{E_a}{RT} + \ln(k_0/\text{s}^{-1})$$

与经验式对比,得 $E_a = 9622 \text{ K} \times R = 80.8 \text{ kJ} \cdot \text{mol}^{-1}$。

（2）当 $t = 10$ min,$x_A = 0.9$ 时,有

$k(T) = \dfrac{1}{t}\ln\dfrac{1}{1 - x_A} = 3.838 \times 10^{-3} \text{s}^{-1}$,则 $T = \dfrac{9622}{24.00 - \ln(k/\text{s}^{-1})} \text{ K} = 325.5 \text{ K}$

18.解:（1）敌敌畏水解反应是一级反应,所以

$t_{1/2} = 0.693/k$

$k = 0.693/t_{1/2} = 0.693/615 = 1.13 \times 10^{-3} \text{ d}^{-1}$

（2）$t_{1/2} = 0.693/k = 0.693/0.173 = 4.01 \text{ h}$

第4章　酸碱平衡

⊙ 核心内容

一、酸碱质子理论

1. 酸碱的定义

(1)质子酸、质子碱:凡能给出质子的物质是质子酸,凡能接受质子的物质是质子碱。

(2)两性物质:既能给出质子,又能接受质子的物质是两性物质。

2. 酸碱共轭关系

(1)质子酸、质子碱通过质子相互联系,质子酸释放质子转化为它的共轭碱,质子碱得到质子转化为它的共轭酸。

酸碱反应是两对共轭酸碱对之间传递质子的反应。

(2)酸碱半反应:

$$酸 \rightleftharpoons 碱 + H^+$$

①酸碱质子反应是两对共轭酸碱对交换质子的反应。

②酸碱质子反应的产物不一定是盐和水,从酸碱质子理论来看,阿伦尼乌斯酸碱反应、阿伦尼乌斯酸碱的电离、阿伦尼乌斯酸碱理论的"盐的水解",以及没有水参与的气态氯化氢和气态氨反应等,都是酸碱反应。

③当酸碱质子反应中出现 H_3O^+ 时常常被简写为 H^+。

二、水的离子积

1. 水的自解离

按照酸碱质子理论,H_2O 既是酸(共轭碱为 OH^-)又是碱(共轭酸为 H_3O^+),因而作为酸的 H_2O 可以跟另一作为碱的 H_2O 通过传递质子而发生酸碱反应,称为水的自解离,简化为 $H_2O \rightleftharpoons H^+ + OH^-$。

2. 水的平衡常数

平衡常数(K_w)称为水的离子积,表示为 $K_w = c(H^+) \cdot c(OH^-)$。

三、酸碱盐溶液中的电离平衡

1. 强电解质

（1）强酸、强碱和所有的盐类在经典电离理论中称为强电解质,它们溶于水后,将完全电离,生成离子。

（2）完全电离只对稀溶液才是合理的,对于浓溶液,情况就完全不同。例如,蒸发稀硫酸,随着水的蒸发,硫酸的浓度渐渐增大,最终将表现出浓硫酸的性质。

2. 弱电解质

弱电解质是指弱酸和弱碱在水中的不完全电离。

（1）电离度定义:电解质达到解离平衡时,已解离的分子数和分子总数之比。单位为 1,习惯上可以百分率表示。

（2）电离度是弱电解质电离程度的标志。电离度越大,电解质电离的程度越高。

（3）在一定温度下酸解离常数 K_a 和碱解离常数 K_b 之积是一个常数。

$K_a \cdot K_b = K_w^{\ominus} = 1.0 \times 10^{-14}$;

K_a 大,则 K_b 小(酸越强,其共轭碱越弱);

K_a 小,则 K_b 大(酸越弱,其共轭碱越强)。

（4）同离子效应:在弱电解质中,加入与其含有相同离子的易溶强电解质,而使弱电解质的解离度降低的现象,称为同离子效应。

（5）盐效应:若在溶液中加入不含相同离子的强电解质,则因离子强度增大,溶液中离子之间的相互牵制作用增大,有效浓度减小,使解离度略有增大,这种作用称为盐效应。

产生同离子效应时,必然伴随盐效应,但同离子效应的影响比盐效应要大得多,所以一般情况下,不考虑盐效应的影响。

3. 缓冲溶液

（1）定义:能够抵抗外来或自身化学反应产生的少量酸、碱,或适当稀释时,保持其 pH 基本不变的溶液。

（2）缓冲作用:缓冲溶液对酸、碱或稀释的抵抗作用。

（3）缓冲溶液的组成:通常缓冲溶液是由弱酸与其共轭碱,即共轭酸碱对组成的。缓冲溶液的 pH 值主要由 pK_a 决定,并与缓冲比有关;不同缓冲系的 pK_a 不同,所以有效 pH 范围不同。

4. 拉平效应

溶剂(如水)将酸的强度拉平的效应简称拉平效应,该溶剂也称拉平溶剂。

5. 区分效应

溶剂(如甲醇)使强酸的强度得以显出差别的效应称为区分效应,该溶剂因而也称区分溶剂。

➥ 例题解析

例1 下列各组物质中,制冷效果最好的是( )。

A. 冰   B. 冰＋食盐

C. 冰＋$CaCl_2 \cdot 6H_2O$ D. 冰＋$CaCl_2$

答:C。冰水混合物制冷的最佳效果为 0 ℃,效果差;食盐(NaCl)溶解度较小,且解离出的离子少,因而(冰＋食盐)制冷效果不如(冰＋$CaCl_2$);而无水 $CaCl_2$ 溶解过程伴随有水合反应,水合放热,反而会影响制冷效果。综上所述,(冰＋$CaCl_2 \cdot 6H_2O$)制冷效果较为理想。

例2 下列浓度均为 $0.1 \ mol \cdot L^{-1}$ 的溶液中,凝固点最高的是( )。

A. NaCl   B. $MgCl_2$ C. $AlCl_3$ D. $Fe_2(SO_4)_3$

答:A。浓度相同的溶液,解离出的粒子数越多,凝固点降低值越大,则溶液的凝固点越低;相反,溶液的凝固点越高,在浓度相同的溶液中,解离出的粒子数越少,所以 NaCl 溶液的凝固点最高。

例3 当农作物生长在盐碱地时,植物长势往往不佳,有的可能枯萎。造成此现象的主要原因是( )。

A. 天气太热   B. 很少下雨

C. 肥料不足   D. 水分从植物向土壤倒流

答:D。此现象是由渗透现象造成的。盐碱地土地内无机离子浓度大,环境中的渗透压大于植物内部,使得植物体内的水分渗透到土地,导致植物干枯甚至死亡。

例4 下述方法中,对于消灭蚂蟥比较有效的一种是( )。

A. 击打   B. 刀割   C. 晾晒   D. 撒盐

答:D。撒盐使蚂蟥体内水分反渗透,脱水而死。采用击打的方式,因蚂蟥皮厚难以奏效。刀割后每一小段蚂蟥仍有再生能力。若晾晒,蚂蟥可能逃窜。

例5 现实生活中,有的植物可以长到百米以上,此类植物高处的水分主要来源于( )。

A. 植物内部和外部环境之间的压差引起植物内导管的空吸作用

B. 植物内微导管的毛细作用

C. 植物内体液无机离子浓度大,渗透压高

D. 植物高处的水分直接从空气和雨水中吸收

答:C。A 中,空吸引起的吸水高度可达 10 米;B 中,毛细作用造成的水柱高度可达 30 米;C 中,由渗透压引起的高度可达数百米;D 中,从空中和雨水中吸收的水分很少。

例6 某水溶液含有非挥发性溶质B,在一个大气压力下,-3 ℃时该水溶液开始析出冰,已知水的 $K_f = 1.86 \ K \cdot kg \cdot mol^{-1}$,$K_b = 0.52 \ K \cdot kg \cdot mol^{-1}$,该溶液的正常沸点是( )。

A. 370.84 K   B. 372.31 K   C. 373.99 K   D. 376.99 K

答:C。由 $\Delta T_f = K_f m_B$ 和 $\Delta T_b = K_b m_B$ 得

$$\Delta T_b = K_b \Delta T_f / K_f$$

$$= 0.52 \ K \cdot kg \cdot mol^{-1} \times (273.15 - 270.15) \ K / 1.86 \ K \cdot kg \cdot mol^{-1}$$

$$= 0.84 \ K$$

$$T_b = T_b^* + \Delta T_b = 373.15 \text{ K} + 0.84 \text{ K} = 373.99 \text{ K}$$

例 7　在 20.0 mL 0.10 mol·L^{-1} 氨水中,加入下列溶液后,pH 最大的是(　　)。

A. 加入 20.0 mL 0.100 mol·L^{-1} HCl

B. 加入 20.0 mL 0.100 mol·L^{-1} HAc($K_a^\ominus = 1.75 \times 10^{-5}$)

C. 加入 20.0 mL 0.100 mol·L^{-1} HF($K_a^\ominus = 6.6 \times 10^{-4}$)

D. 加入 20.0 mL 0.100 mol·L^{-1} H$_2$SO$_4$

答:B。A、D 为强酸,加入氨水中完全电离形成强酸弱碱盐,溶液呈酸性。B、C 为弱酸,加入氨水中形成弱酸弱碱盐。醋酸加入氨水中,溶液显中性;HF 加入氨水中,溶液显酸性。

例 8　根据酸碱质子理论,下列物质中可作为酸的是(　　)。

A. Cl$^-$　　　　　　　B. NH$_4^+$　　　　　　　C. SO$_2$　　　　　　　D. CO$_3^{2-}$

答:B。酸碱质子理论认为:凡是可以释放质子(氢离子,H$^+$)的分子或离子为酸(布朗斯特酸),凡是能接受氢离子的分子或离子则为碱(布朗斯特碱)。

例 9　在标准状态下,将 0.1 mol·L^{-1} 的醋酸($K_a = 1.8 \times 10^{-5}$)水溶液稀释至原体积的 10 倍,则稀释后醋酸的解离度为稀释前解离度的(　　)。

A. 大约 10 倍　　　　　　　　　　　　B. 大约 0.1 倍

C. 大约 3 倍　　　　　　　　　　　　D. 条件不够,无法计算

答:C。假设稀释前后溶液的解离常数不变,已知醋酸是一元弱酸,根据稀释定律,稀释后,醋酸浓度变为原浓度的 1/10,即 $c_2 = 0.01$ mol·L^{-1}。

因为温度不变,K_a 不变,根据稀释定律 $\alpha = \sqrt{\dfrac{K_a}{c}}$ 知 $\alpha_1 = \sqrt{\dfrac{K_a}{c_1}}$,$\alpha_2 = \sqrt{\dfrac{K_a}{c_2}}$,所以 $\dfrac{\alpha_2}{\alpha_1} = \dfrac{4.24 \times 10^{-2}}{1.34 \times 10^{-2}} = 3.16$。

⮊ 习题

1. 如果 0.1 mol·L^{-1} 的 HCN 溶液中有 0.01% 的 HCN 是解离的,则 HCN 的解离常数是(　　)。

A. 10^{-2}　　　　　　B. 10^{-3}　　　　　　C. 10^{-8}　　　　　　D. 10^{-9}

2. H$_2$O、H$_2$Ac$^+$、NH$_4^+$ 等的共轭碱的碱性强弱顺序是(　　)。

A. OH$^-$＞NH$_2^-$＞Ac$^-$　　　　　　　　　B. NH$_2^-$＞OH$^-$＞Ac$^-$

C. OH$^-$＞NH$_3$＞Ac$^-$　　　　　　　　　D. OH$^-$＞NH$_3$＞HAc

3. 若酸碱反应 HA+B$^-$ $\Longrightarrow$ HB+A$^-$ 的 $K = 10^{-4}$,下列说法正确的是(　　)。

A. HB 是比 HA 酸性强的酸　　　　　　B. HA 是比 HB 酸性强的酸

C. HA 和 HB 酸性相同　　　　　　　　D. 酸的强度无法比较

4. 用半透膜隔开两种浓度不同的蔗糖溶液,为了保持渗透平衡,必须在浓蔗糖溶液液面上施加一定的压强,这个压强就是(　　)。

A. 浓蔗糖溶液的渗透压　　　　　　　　B. 稀蔗糖溶液的渗透压

C. 两种蔗糖溶液的渗透压之和　　　　　D. 两种蔗糖溶液的渗透压之差

5. 恒温状态下,在一真空玻璃罩中放置两杯液面高度相等的溶液,一杯是糖水(A),一杯是纯水(B)。放置一定时间后,两杯液面的高度变化为(　　)。

A. A 杯高于 B 杯　　　　　　　　　　B. A 杯等于 B 杯

C. A 杯低于 B 杯　　　　　　　　　　D. 视温度而定

6. 已知挥发性纯溶质 A 液体的蒸气压为 67 Pa,纯溶剂 B 的蒸气压为 26665 Pa,该溶质在此溶剂的饱和溶液的物质的量分数为 0.02,则此饱和溶液(假设为理想液体混合物)的蒸气压为(　　)。

A. 600 Pa　　　　　　　　　　　　　B. 26133 Pa

C. 26198 Pa　　　　　　　　　　　　D. 599 Pa

7. 在 0.1 kg H_2O(水的凝固点降低常数 $K_f = 1.86$ K·kg·mol^{-1})中含 4.5 g 某非电解质的溶液,在 -0.465 ℃的温度下结冰,该溶质的摩尔质量浓度大约为(　　)。

A. 0.135 kg·mol^{-1}　　　　　　　B. 0.172 kg·mol^{-1}

C. 0.090 kg·mol^{-1}　　　　　　　D. 0.180 kg·mol^{-1}

8. 在水中,盐酸的酸性强于醋酸,但在液氨中,盐酸和醋酸的酸性相近,这是由 _____ 引起的。

9. 根据酸碱质子理论,PO_4^{3-}、NH_4^+、HCO_3^-、S^{2-}、Ac^- 离子中,是酸(不是碱)的是 _____ ,其共轭碱分别是 _____ ;是碱(不是酸)的是 _____ ,其共轭酸分别是 _____ ;既是酸又是碱的是 _____ 。

10. 在弱酸 HA 溶液中,加入强电解质能使其电离度增大,引起平衡向 _____ 移动,称为 _____ 效应;加入 H^+ 或 A^- 能使其电离度降低,引起平衡向 _____ 移动,称为 _____ 效应。

11. 分别将 5 g 甘油和 5 g 乙二醇溶于 100 g 水中,用"<"和">"填空:

(1)沸点:甘油 _____ 乙二醇;

(2)凝固点:甘油 _____ 乙二醇;

(3)蒸气压:甘油 _____ 乙二醇;

(4)渗透压:甘油 _____ 乙二醇。

12. 25 ℃,用一半透膜将 0.01 mol·L^{-1} 和 0.001 mol·L^{-1} 葡萄糖水溶液隔离开,欲使系统达平衡,需在 _____ 溶液上方施加的压强为 _____ kPa。

13. 某溶液含有 0.01 mol·L^{-1} KBr、0.01 mol·L^{-1} KCl 和 0.01 mol·L^{-1} K_2CrO_4,将 0.01 mol·L^{-1} $AgNO_3$ 溶液逐滴加入时,最先产生沉淀的是 _____ ,最后产生沉淀的是 _____ 。

14. pH=3 的 HAc($K_a = 1.8 \times 10^{-5}$)溶液的浓度为 _____ mol·L^{-1},将此溶液和等体积等浓度的 NaOH 溶液混合后,溶液的 pH 约为 _____ 。

15. 25 ℃下,1 g 葡萄糖($C_6H_{12}O_6$,$M_r = 180.16$)溶于 1 kg 水中,此液的渗透压为 _____ 。

16. 溶液的沸点是否一定比纯溶剂的沸点高?为什么?

17. 将一小块 0 ℃的冰放在 0 ℃的水中,另一小块 0 ℃的冰放在 0 ℃的盐水中,会出现什么现象？请解释。

18.在密闭容器中放入两个容积为 $1 dm^3$ 的烧杯,A 烧杯中装有 $300 cm^3$ 水,B 烧杯中装有 $500 cm^3$ 10%的 NaCl 溶液。最终达到平衡时将会呈现什么现象？为什么？

19.农作物栽种过程中需要用到钾肥,在现实生活中,为什么不将草木灰(含碳酸钾)与氮肥(如 NH_4Cl)混合使用？

20.虽然 HCO_3^- 能给出质子 H^+,但它的水溶液却是碱性的,为什么？

21.有一混合酸溶液,其中 HF 的浓度为 $1.0 mol \cdot L^{-1}$,HAc 的浓度为 $0.10 mol \cdot L^{-1}$,求溶液中 H^+、F^-、Ac^-、HF 和 HAc 的浓度(已知:$K_a(HF)=3.53 \times 10^{-4}$,$K_a(HAc)=1.76 \times 10^{-5}$)。

22.已知:$K_{sp}^{\ominus}(FeS)=6.3 \times 10^{-18}$,$K_{sp}^{\ominus}(CuS)=6.3 \times 10^{-36}$,$K_{a1}^{\ominus}(H_2S)=1.1 \times 10^{-7}$,$K_{a2}^{\ominus}(H_2S)=1.3 \times 10^{-13}$,饱和 H_2S 溶液的 $c(H^+)=0.10 mol \cdot L^{-1}$,求:

(1)在 $0.1 mol \cdot L^{-1}FeCl_2$ 溶液中,不断通入 H_2S 气体,若不生成 FeS 沉淀,溶液的 pH 最高不应超过多少？

(2)pH$=1.00$ 时,在 $0.1 mol \cdot L^{-1}FeCl_2$ 和 $0.1 mol \cdot L^{-1}CuCl_2$ 的混合溶液中,不断通入 H_2S 气体,平衡时 Cu^{2+} 的浓度为多少？

23.缓冲溶液 HAc-Ac^- 的总浓度为 $0.1 mol \cdot L^{-1}$,当溶液的 pH 为(1)4.0;(2)5.0 时,HAc 和 Ac^- 的浓度分别为多大？

24.将过量 $Zn(OH)_2$ 加入 $1.0 mol \cdot L^{-1}$ KCN 溶液中,平衡时溶液的 pH$=10.50$,$[Zn(CN)_4]^{2-}$ 的浓度是 $0.080 mol \cdot L^{-1}$,试计算溶液中 Zn^{2+}、CN^- 和 HCN 浓度以及原来 KCN 浓度(已知:$K_{sp}[Zn(OH)_2]=1.2 \times 10^{-17}$,$K_a(HCN)=4.0 \times 10^{-10}$,$K_{稳}\{[Zn(CN)_4]^{2-}\}=5.0 \times 10^{16}$)。

25.在 25 ℃下,将 2 g 某化合物溶于 1000 g 水中,其渗透压与在 25 ℃时,将 0.8 g 葡萄糖($C_6H_{12}O_6$)和 1.2 kg 蔗糖($C_{12}H_{22}O_{11}$)溶于 1 kg 水中的渗透压相同。已知水的冰点下降常数 $K_f=1.86 K \cdot kg \cdot mol^{-1}$,298 K 时水的饱和蒸气压为 3167.7 Pa,稀溶液密度可视为与水相同。

(1)请计算该化合物的相对分子质量;

(2)计算该化合物溶液的凝固点;

(3)计算该化合物溶液蒸气压的下降值。

26.0.152 kg 苯中加入了 7.7 g 非挥发性溶质后,其沸点升高了,但是由于使周围的压力降低了 2.533 kPa,沸点又到正常沸点温度,计算溶质的相对分子质量(已知苯的相对分子质量为 78)。

27.吸烟对人体有害,香烟中主要含有尼古丁,系致癌物质。经分析得知其中含 9.3%的 H、72%的 C 和 18.70%的 N。现将 0.6 g 尼古丁溶于 12.0 g 的水中,所得溶液在 $p^{\ominus}$ 下的凝固点为 -0.62 ℃,试确定该物质的分子式(已知水的摩尔质量凝固点降低常数 $K_f=1.86 K \cdot mol^{-1}$)。

28.100 mL 含 $2.0 \times 10^{-2} mol \cdot L^{-1}Sn^{2+}$ 和 $2.0 \times 10^{-2} mol \cdot L^{-1}Mg^{2+}$ 的溶液与 100 mL 0.08 $mol \cdot L^{-1}NH_3 \cdot H_2O$ 溶液混合(已知:$K_{sp}^{\ominus}[Sn(OH)_2]=5.5 \times 10^{-26}$,$K_{sp}^{\ominus}[Mg(OH)_2]=5.6 \times 10^{-12}$,$K_b^{\ominus}(NH_3 \cdot H_2O)=1.7 \times 10^{-5}$)。

（1）能否生成 $Sn(OH)_2$ 和 $Mg(OH)_2$ 沉淀？最终溶液的 pH 为多少？

（2）能否将两种金属离子分离完全？

（3）如果在 NaOH 溶液中，若要使这两种离子分离完全，溶液 pH 应控制在什么范围？

⏩ 习题参考答案

1. D 2. D 3. A 4. D 5. A 6. B 7. D

8. 液氨的拉平效应

9. NH_4^+；NH_3；PO_4^{3-}、S^{2-}、Ac^-；HPO_4^{2-}、HS^-、HAc；HCO_3^-

10. 右；盐；左；同离子

11. （1）＜；（2）＞；（3）＞；（4）＜

12. $0.01\ mol \cdot L^{-1}$；22

13. $KBr(AgBr)$；$K_2Cr_2O_4(Ag_2Cr_2O_4)$

14. 0.056；8.60

15. $1.376 \times 10^4\ Pa$

16. 答：溶液的沸点不一定比纯溶剂的沸点高。对于不能挥发或挥发能力比纯溶剂低的溶质，溶液的沸点升高，但是，如果加入的溶质的挥发性比溶剂高，则溶液的蒸气压比纯溶剂的高，此时溶剂的沸点比纯溶剂的低。

17. 答：将 0 ℃ 的冰放在 0 ℃ 的水中，冰水共存，冰不会融化；而 0 ℃ 的冰放在 0 ℃ 的盐水中，冰会融化。冰的凝固点是 0 ℃，此温度时冰和水能够同时存在；由溶液的依数性中溶液的凝固点降低可判断，盐水的凝固点比 0 ℃ 要低，冰放入盐水中会融化。

18. 答：最终达到平衡时，A 烧杯中的水将会全部消失，B 烧杯中溶液的体积达到 $800\ cm^3$。由于 A 烧杯中纯水的饱和蒸气压大于 B 烧杯 NaCl 溶液的饱和蒸气压，玻璃罩中水侧的蒸气压比 NaCl 溶液侧大，过饱和，故玻璃罩中的水分子会进入该盐溶液，该过程持续足够长时间后，A 烧杯中的水慢慢减少，变为气态，又以气态形式进入盐水溶液中，最终导致 A 烧杯中的水完全蒸发，B 烧杯中的水不断增多。

19. 答：它们之间易发生反应，造成肥料失效。

$$CO_3^{2-} + 2NH_4^+ + 2H_2O \Longrightarrow NH_3 + H_2O + CO_2$$

20. 答：HCO_3^- 是一种两性物质，由于 HCO_3^- 存在下列平衡：

作为酸：$HCO_3^- \Longrightarrow H^+ + CO_3^{2-}$

查表得：$K_{a1} = 4.3 \times 10^{-7}$，$K_{a2} = 5.6 \times 10^{-11}$，则 $K_{b2} = \dfrac{1.0 \times 10^{-14}}{K_{a1}} = 2.3 \times 10^{-8}$。

作为碱，$HCO_3^- + H_2O \Longrightarrow OH^- + H_2CO_3$，$K_{b2} = 2.3 \times 10^{-8}$；

$K_{b2} > K_{a2}$，表明其得 H^+ 的能力远强于失去 H^+ 的能力，所以它的水溶液是碱性的。

21. 解：$c(H^+) = 0.0188\ mol \cdot L^{-1}$，$c(F^-) = 0.0188\ mol \cdot L^{-1}$，$c(Ac^-) = 9.36 \times 10^{-5}\ mol \cdot L^{-1}$，$c(HF) = 0.98\ mol \cdot L^{-1}$，$c(HAc) = 0.1\ mol \cdot L^{-1}$。

22. 解：（1）$c(S^{2-}) \leqslant \dfrac{K_{sp}^{\ominus}(FeS)}{c(Fe^{2+})} = 6.3 \times 10^{-17}$，

$$c(H^+) \geqslant \left[K_{a1}^{\ominus} \cdot K_{a2}^{\ominus} \cdot \frac{c(H_2S)}{c(S^{2-})} \right]^{\frac{1}{2}} = 0.0047 \text{ mol} \cdot L^{-1}, pH \leqslant 2.33。$$

(2) $pH = 1.00, c(H^+) = 0.10 \text{ mol} \cdot L^{-1}$

由 $K_{a1}^{\ominus}(H_2S) \times K_{a2}^{\ominus}(H_2S) = \dfrac{[c(H^+)/c^{\ominus}] \cdot [c(S^{2-})/c^{\ominus}]}{[c(H_2S)/c^{\ominus}]}$ 得:

$$1.1 \times 10^{-7} \times 1.3 \times 10^{-13} = 1.43 \times 10^{-20} = \frac{0.100^2 \times c(S^{2-})}{0.10}$$

即 $c(S^{2-}) = 1.43 \times 10^{-19} \text{ mol} \cdot L^{-1}$

因为 $c(S^{2-}) \times c(Cu^{2+}) = 1.43 \times 10^{-20} \geqslant K_{sp}^{\ominus}$,所以有 CuS 沉淀生成:

$$Cu^{2+} + H_2S \Longrightarrow CuS \downarrow + 2H^+$$

此时生成 $0.2 \text{ mol} \cdot L^{-1} H^+$,这时 $c(H^+) = 0.3 \text{ mol} \cdot L^{-1}, c(S^{2-}) = 1.59 \times 10^{-20} \text{ mol} \cdot L^{-1}$。

$c(Cu^{2+}) = (6.3 \times 10^{-36})/(1.59 \times 10^{-20}) = 3.96 \times 10^{-16} \text{ mol} \cdot L^{-1}$。

23. 解:(1) $pH = 4, c(H^+) = 10^{-4} \text{ mol} \cdot L^{-1}$

根据缓冲溶液的定义,则 $c(H^+) = K_a \times c(HAc)/c(Ac^-)$

即 $10^{-4} = 1.76 \times 10^{-5} \times c(HAc)/c(Ac^-)$,可得:$c(HAc)/c(Ac^-) = 5.7$

因总浓度为 $1 \text{ mol} \cdot L^{-1}, c(Ac^-) = 1 - c(HAc), 5.7c(Ac^-) + c(Ac^-) = 1 \text{ mol} \cdot L^{-1}$,得:

$c(HAc) = 0.85 \text{ mol} \cdot L^{-1}, c(Ac^-) = 0.15 \text{ mol} \cdot L^{-1}$

(2) $pH = 5, c(H^+) = 10^{-5} \text{ mol} \cdot L^{-1}$

根据缓冲溶液的定义,按上面同样的方法计算,得:

$c(HAc) = 0.36 \text{ mol} \cdot L^{-1}, c(Ac^-) = 0.64 \text{ mol} \cdot L^{-1}$

24. 解:$Zn(OH)_2 + 4CN^- \Longrightarrow Zn(CN)_4^{2-} + 2OH^-, K = K_{稳} \cdot K_{sp} = 0.60$

$\dfrac{c[Zn(CN)_4^{2-}] \cdot c(OH^-)^2}{c(CN^-)^4} = 0.60$,由 $pH = 10.50$ 得:$c(OH^-) = 3.2 \times 10^{-4} \text{ mol} \cdot L^{-1}$

代入得:$\dfrac{0.080 \times (3.2 \times 10^{-4})^2}{c(CN^-)^4} = 0.60$,即 $c(CN^-) = 1.1 \times 10^{-2} \text{ mol} \cdot L^{-1}$

由 $c(Zn^{2+}) \cdot c(OH^-)^2 = K_{sp}$ 得:$c(Zn^{2+}) = \dfrac{1.7 \times 10^{-17}}{(3.2 \times 10^{-4})^2} = 1.66 \times 10^{-10} \text{ mol} \cdot L^{-1}$

$HCN \Longrightarrow H^+ + CN^-$

$c(HCN) = \dfrac{c(H^+) \cdot c(CN^-)}{K_a} = \dfrac{(3.2 \times 10^{-11}) \times (1.1 \times 10^{-2})}{4.0 \times 10^{-10}} = 8.8 \times 10^{-4} \text{ mol} \cdot L^{-1}$

原来 KCN 浓度 $c(KCN) = 0.080 \times 4 + 1.1 \times 10^{-2} + 8.8 \times 10^{-4} = 0.33 \text{ mol} \cdot L^{-1}$

25. 解:(1) $\pi = n_1 RT/V = n_2 RT/V$

$n_1 = n_2 = 0.8 \times 10^{-3} \text{ kg}/0.180 \text{ kg} \cdot \text{mol}^{-1} + 1.2 \times 10^{-3} \text{ kg}/0.342 \text{ kg} \cdot \text{mol}^{-1} = 7.953 \times 10^{-3} \text{ mol}$

$M = W/n = \dfrac{2.0 \times 10^{-3} \text{ kg}}{7.953 \times 10^{-3} \text{ mol}} = 0.2515 \text{ kg} \cdot \text{mol}^{-1}$

(2) $\Delta T_f = K_f m = 1.86 \text{ K} \cdot \text{kg} \cdot \text{mol}^{-1} \times 7.953 \times 10^{-3} \text{ mol} \cdot \text{kg}^{-1} = 0.0148 \text{ K}$

(3) $\Delta p = p_{水}^* - p_水 = p_水^* - p_水^*(1 - x_2) = p_水^* \ x_2 = 0.4535 \text{ Pa}$

26. 解:据拉乌尔定律,溶液中溶剂的蒸气压降低值与纯溶剂的蒸气压之比等于溶质的摩尔分数:

即 $x_B=(p_A^*-p_A)/p=2.533\text{ kPa}/101.325\text{ kPa}=0.025$

因为 $x_B=n_B/(n_A+n_B)=(m_B/M_B)/(m_A/M_A+m_B/M_B)$

即 $M_B=(M_A/m_Ax_B)\cdot m_B\cdot(1-x_B)=\dfrac{78}{152\times0.025}\times7.7\times(1-0.025)=154$

27. 解:$\Delta T_f=K_f m_B$

即 $0.62\text{ K}=1.86\text{ K}\cdot\text{kg}\cdot\text{mol}^{-1}\times(6\times10^{-4}\text{kg}/M_B)/0.012\text{ kg}$

$M_B=0.150\text{ kg}\cdot\text{mol}^{-1}=150\text{ g}\cdot\text{mol}^{-1}$

$N(H)=M_BW_B/M_H=(150\times0.093)/1.008=13.8$

同理得:$N(N)=2,N(C)=9$

尼古丁分子式为 $C_9H_{14}N_2$。

28. 解:(1)它们均属于 $M(OH)_2$ 型沉淀物,浓度 $c(M^{2+})$ 相同,且有 $K_{sp}^{\ominus}[Sn(OH)_2]\ll K_{sp}^{\ominus}[Mg(OH)_2]$,所以 $Sn(OH)_2$ 先沉淀,则混合后有:

$c(Sn^{2+})=0.01\text{ mol}\cdot L^{-1},c(Mg^{2+})=0.01\text{ mol}\cdot L^{-1},c(NH_3\cdot H_2O)=0.04\text{ mol}\cdot L^{-1}$

设 OH^- 平衡浓度为 $y\text{ mol}\cdot L^{-1}$,

$$NH_3\cdot H_2O\rightleftharpoons NH_4^++OH^-$$

平衡浓度 $\text{mol}\cdot L^{-1}$:　　　　$0.02-y$　　$0.02+y$　　y

$\dfrac{y(0.02+y)}{(0.02-y)}\approx K_b^{\ominus}(NH_3\cdot H_2O)=1.7\times10^{-5}$,pOH$=4.77$,pH$=14-4.77=9.23$

(2)$c(Mg^{2+})\cdot c(OH^-)^2=0.01\cdot(K_b^{\ominus})^2=2.89\times10^{-12}<K_{sp}^{\ominus}[Mg(OH)_2]$

所以不会生成 $Mg(OH)_2$ 沉淀,两者可以分离完全。

(3)$c(OH^-)_1>\sqrt{\dfrac{K_{sp}^{\ominus}[Sn(OH)_2]}{10^{-5}}}=7.4\times10^{-12}\text{ mol}\cdot L^{-1}$,pOH$=11.13$,pH$=2.87$

$c(OH^-)_2>\sqrt{\dfrac{K_{sp}^{\ominus}[Mg(OH)_2]}{0.01}}=2.3\times10^{-5}\text{ mol}\cdot L^{-1}$,pOH$=4.63$,pH$=9.37$

所以 pH 控制的范围为:$2.87<\text{pH}<9.37$。

第5章　难溶电解质的沉淀平衡

📌核心内容

一定温度下,固态强电解质溶于一定量的溶剂中形成饱和溶液时,未溶的固态强电解质和溶液中的离子之间存在着沉淀-溶解平衡。

一、基本概念

1.溶解度

溶解度(s):在一定温度下,单位体积饱和溶液中,难溶电解质溶解的量,单位通常为 $mol \cdot L^{-1}$。

2.溶度积

对于任何一种难溶电解质,在一定温度下,难溶电解质的饱和溶液中离子浓度幂之乘积为一常数,也就是溶度积常数($K_{sp}^{\ominus}$),简称溶度积。

$$A_xB_y(s) \rightleftharpoons xA^{y+}(aq) + yB^{x-}(aq)$$

则 $K_{sp}^{\ominus} = c(A^{y+})^x \cdot c(B^{x-})^y$。$K_{sp}^{\ominus}$ 的性质:

(1)$K_{sp}^{\ominus}$ 越大,溶解能力越大。

(2)$K_{sp}^{\ominus}$ 只与难溶电解质的性质和温度有关,与沉淀的量的多少及溶液中离子浓度的变化无关。离子浓度的变化只能使平衡移动,并不改变溶度积。

(3)沉淀溶解平衡是两相平衡,只有饱和溶液或两相共存时才是平衡态。

3.$K_{sp}^{\ominus}$ 与 s 的关系

(1)共同点:都能反映难溶电解质溶解的难易。

(2)不同点:

①$K_{sp}^{\ominus}$ 反映溶解进行的倾向,s 表示实际溶解的多少。

②一定温度下,$K_{sp}^{\ominus}$ 与溶液条件无关,s 与溶液条件有关。

4.同离子效应

在难溶强电解质的饱和溶液中,加入与该电解质含有相同离子的易溶强电解质时,难溶强电解质的溶解度减小的现象,称为同离子效应。

5.盐效应

在难溶强电解质的饱和溶液中,加入不含有相同离子的易溶强电解质时,难溶强电解质的溶解度略微增大的现象称为盐效应。

盐效应很小,一般不考虑。

6.反应商

反应商(Q)表示任一条件下离子浓度幂的乘积。

$$A_xB_y(s) \rightleftharpoons xA^{y+}(aq) + yB^{x-}(aq)$$

则 $Q = c(A^{y+})^x \cdot c(B^{x-})^y$。

Q 和 $K_{sp}^\ominus$ 形式类似,但含义不同。$K_{sp}^\ominus$ 表示饱和溶液中离子浓度(平衡浓度)幂的乘积,仅是 Q 的一个特例。

7.溶度积规则

对于任一难溶电解质,满足溶度积规则:

$Q > K_{sp}^\ominus$,溶液过饱和,平衡向左移动,有沉淀析出直至饱和;

$Q = K_{sp}^\ominus$,溶液饱和,无沉淀析出;

$Q < K_{sp}^\ominus$,溶液不饱和,平衡向右移动,无沉淀析出,加入难溶电解质会溶解(若原来有沉淀存在,则沉淀溶解)。

8.分步沉淀

定义:如果在溶液中有两种以上的离子可与同一试剂反应产生沉淀,首先析出的是离子积最先达到溶度积的化合物。这种按先后顺序沉淀的现象,称为分步沉淀。

沉淀顺序:先满足 $Q > K_{sp}^\ominus$,先生成沉淀。

例题解析

例 1 Ca、Sr、Ba 的草酸盐在水中的溶解度与这三种物质形成的碳酸盐相比(　　)。

A.草酸盐的溶解度逐渐增大,碳酸盐的溶解度逐渐减小

B.草酸盐的溶解度逐渐减小,碳酸盐的溶解度逐渐增大

C.溶解度均增大

D.溶解度大小无法比较

答:A。通常阳离子半径小的盐溶解度大,$Ca^{2+} < Sr^{2+} < Ba^{2+}$。碳酸盐依 Ca、Sr、Ba 次序溶解度递减;而草酸盐中草酸钙是所有钙盐中溶解度最小的,依 Ca、Sr、Ba 次序溶解度递增。

例 2 已知某溶液中含有 Cl^-,当滴入 $AgNO_3$ 溶液时一定会产生 AgCl 白色沉淀,请判断该说法是否正确。

答:错误。难溶物 AgCl 在溶液中仍然有一定的溶解度,当 Cl^- 浓度足够小时,沉淀就不会出现。

例 3 将醋酸铵溶于水中发现溶液显中性,说明醋酸铵在水中不水解,请判断该说法是否正确。

答:错误。醋酸铵为弱酸弱碱盐,NH_4^+ 水解显酸性,Ac^- 水解显碱性,两种离子的水解常数相当,故溶液显中性。

例 4 将硫化氢气体通入硫酸锌溶液中,会观察到有少量白色沉淀生成。若在通入硫化氢气体之前,提前加入一定量的醋酸钠固体,再通入硫化氢气体,则会观察到大量沉淀生

成,请解释其中原因。

答:由于 $Zn^{2+}+H_2S \Longrightarrow ZnS+2H^+$,溶液酸度增大,平衡向左进行,白色沉淀的产生受到抑制。若先加入一定量的醋酸钠固体,使溶液呈碱性,当再加入硫化氢气体时,硫化氢与锌离子反应生成白色沉淀,产生的氢离子被 OH^- 中和,溶液的酸度减小,则有利于 ZnS 的生成。

例 5　将 10 mL 0.020 mol·$L^{-1}CaCl_2$ 溶液与 10 mL 0.020 mol·$L^{-1}Na_2C_2O_4$ 溶液相混合,通过计算判断混合溶液中是否有沉淀产生(均忽略体积的变化)。

解:等体积混合后,$c(Ca^{2+})=0.010$ mol·L^{-1},$c(C_2O_4^{2-})=0.010$ mol·L^{-1}

$Q_P(CaC_2O_4)=c(Ca^{2+})\cdot c(C_2O_4^{2-})=1.0\times10^{-4}>K_{sp}(CaC_2O_4)=2.32\times10^{-9}$

即有 CaC_2O_4 沉淀析出。

例 6　将等体积、浓度均为 0.020 mol·L^{-1} 的氯化钾和碘化钾溶液混合,随后逐滴加入硝酸银溶液(忽略体积变化),请判断 Cl^- 和 I^- 哪种离子先沉淀? 是否可以用分步沉淀将两者分离?(已知:$K_{sp}^{\ominus}(AgCl)=1.77\times10^{-10}$,$K_{sp}^{\ominus}(AgI)=8.52\times10^{-17}$)

解:生成 AgCl 沉淀时,溶液中所需 Ag^+ 的浓度为

$$c(Ag^+)=\frac{K_{sp}^{\ominus}(AgCl)}{c(Cl^-)}=\frac{1.77\times10^{-10}}{0.0100}\text{ mol·}L^{-1}=1.77\times10^{-8}\text{ mol·}L^{-1}$$

生成 AgI 沉淀时,溶液中所需 Ag^+ 的浓度为

$$c(Ag^+)=\frac{K_{sp}^{\ominus}(AgI)}{c(I^-)}=\frac{8.52\times10^{-17}}{0.0100}\text{ mol·}L^{-1}=8.52\times10^{-15}\text{ mol·}L^{-1}$$

所以 AgI 先沉淀。

当溶液中 $c(Ag^+)\geqslant1.77\times10^{-8}$ mol·L^{-1},才有 AgCl 沉淀。

当 AgCl 开始沉淀时,此时 Ag^+ 的浓度为

$$c(Ag^+)=\frac{K_{sp}^{\ominus}(AgCl)}{c(Cl^-)}=\frac{1.77\times10^{-10}}{0.0100}\text{ mol·}L^{-1}=1.77\times10^{-8}\text{ mol·}L^{-1}$$

此时溶液中残留的 I^- 浓度为

$$c(I^-)=\frac{K_{sp}^{\ominus}(AgI)}{c(Ag^+)}=\frac{8.52\times10^{-17}}{1.77\times10^{-8}}\text{ mol·}L^{-1}=4.81\times10^{-9}\text{ mol·}L^{-1}$$

溶液中离子的浓度$<1.0\times10^{-5}$ mol·L^{-1},认为该离子沉淀完全。所以,氯化银开始沉淀时,碘离子已经沉淀完全,故可利用分步沉淀将二者分离。

习题

1.已知铜的相对原子质量为 63.55,在 0.50 mol·L^{-1} 的 $CuSO_4$ 水溶液中通过 4.825×10^4 库仑电量后,可沉积出 Cu 约为(　　)。

A.7.94 g B.15.89 g

C.31.78 g D.63.55 g

2.已知 $K_{sp}(PbSO_4)=1.8\times10^{-8}$,在 $c(Pb^{2+})=0.200$ mol·L^{-1} 的溶液中,若每立方分米添加 0.201 mol 的 Na_2SO_4(假定条件不发生变化),留在溶液中的 Pb^{2+} 的百分率是(　　)。

A.$1\times10^{-3}\%$ B.$2\times10^{-4}\%$

C.$9\times10^{-3}\%$ D.$2.5\times10^{-20}\%$

3. 已知在室温下 $AgCl$ 的 $K_{sp}=1.8\times10^{-10}$,Ag_2CrO_4 的 $K_{sp}=1.1\times10^{-12}$,$Mg(OH)_2$ 的 $K_{sp}=1.1\times10^{-12}$,$Al(OH)_3$ 的 $K_{sp}=2\times10^{-32}$,在不考虑水解的情况下,溶解度最大的是( )。

    A. $AgCl$ B. Ag_2CrO_4 C. $Mg(OH)_2$ D. $Al(OH)_3$

4. 下列各组离子分别与过量的 $NaOH$ 溶液反应,都不生成沉淀的一组是( )。

    A. Al^{3+}、Sb^{3+}、Bi^{3+} B. Al^{3+}、Sb^{3+}、Be^{2+}

    C. Mg^{2+}、Pb^{2+}、Be^{2+} D. Sn^{2+}、Mg^{2+}、Pb^{2+}

5. 与 Na_2CO_3 溶液反应生成碱式盐沉淀的离子是( )。

    A. Al^{3+} B. Ba^{2+} C. Cu^{2+} D. Hg^{2+}

6. 下列化合物在氨水、盐酸、氢氧化钠溶液中均不溶解的是( )。

    A. $ZnCl_2$ B. $CuCl_2$ C. Hg_2Cl_2 D. $AgCl$

7. 下列有关分步沉淀的叙述,正确的是( )。

    A. 溶解度小的物质先沉淀

    B. 浓度幂的乘积先达到 K_{sp} 的先沉淀

    C. 溶解度大的物质先沉淀

    D. 被沉淀离子浓度大的先沉淀

8. 将过量的 $NH_3\cdot H_2O$ 加入某溶液中,观察到有沉淀生成且溶液为无色;随后继续在生成的沉淀中加入过量的氢氧化钠溶液,观察到沉淀全部溶解,得到无色溶液。判断原来的溶液中含有的离子包括( )。

    A. Ag^+、Cu^{2+}、Zn^{2+} B. Ag^+、Al^{3+}、Zn^{2+}

    C. Ag^+、Fe^{3+}、Zn^{2+} D. Al^{3+}、Cu^{2+}、Zn^{2+}

9. 查表可知常温下 $AgCl$ 的 $K_{sp}=1.8\times10^{-10}$,Ag_2CrO_4 的 $K_{sp}=1.1\times10^{-12}$。在含 Cl^- 和 CrO_4^{2-} 浓度均为 $0.3\ mol\cdot L^{-1}$ 的溶液中,加 $AgNO_3$ 后,( )。

    A. Ag_2CrO_4 先沉淀,Cl^- 和 CrO_4^{2-} 能完全分离开

    B. $AgCl$ 先沉淀,Cl^- 和 CrO_4^{2-} 不能完全分离开

    C. $AgCl$ 先沉淀,Cl^- 和 CrO_4^{2-} 能完全分离开

    D. Ag_2CrO_4 先沉淀,Cl^- 和 CrO_4^{2-} 不能完全分离开

10. 由软锰矿合成 $MnCl_2$ 时,反应中掺有 Pb^{2+}、Cu^{2+} 杂质,若想将杂质除去,以下能使用的方法为( )。

    A. 在酸性条件下加入 H_2S B. 在酸性条件下加过量新制得的 MnS

    C. 加硫化钠溶液   D. A、B 均可

11. 已知 $K_{sp}^{\ominus}(AgCl)=1.77\times10^{-10}$,则 $AgCl$ 在纯水中的溶解度比在 $0.10\ mol\cdot L^{-1}$ $NaCl$ 溶液中的溶解度大( )。

    A. 约 7.5×10^3 倍   B. 约 7.5×10^2 倍

    C. 约 75 倍   D. 以上数据均不对

12. 向 K_2CrO_4 溶液中加入稀硫酸,溶液由 _____ 色转变为 _____ 色,因为在 $Cr(Ⅵ)$ 的溶液中存在平衡(用化学反应方程式表示):_____。

13. 难溶电解质 $Mg(OH)_2$,分别在(1)纯水中;(2)$MgCl_2$ 溶液中;(3)NH_4Cl 溶液中溶解,溶解度大小顺序为 _____ > _____ > _____ (填序号)。

14. 当以金属与酸作用制取盐,最后溶液 pH 值等于 3 时,溶液中余下 Fe^{3+} 杂质的浓度

是_____。（已知 $K_{sp}[Fe(OH)_3]=4\times10^{-38}$）

15.已知某溶液中含有各为 $0.01\ mol\cdot L^{-1}$ 的 KBr、KCl 和 $Na_2C_2O_4$，当往该混合体系中逐滴加入 $0.01\ mol\cdot L^{-1}$ 硝酸银时，最开始生成的沉淀是_____，最后生成的沉淀是_____。（已知 $K_{sp}(AgCl)=1.56\times10^{-10}$，$K_{sp}(AgBr)=7.7\times10^{-13}$，$K_{sp}(Ag_2C_2O_4)=3.4\times10^{-11}$）

16.大部分难溶于水的化合物，像溶解度很小的碳酸盐、硫化物、银盐、钡盐、铬酸盐等，经常采用沉淀法进行制备。沉淀法的操作工艺要点通常为：反应液浓度宜适当稀一点，反应温度宜高一些，加沉淀剂的速度缓一些，请解释其中的原因（备注：条件的优化与制备的晶粒大小、纯度有关）。

17.已知有 $0.10\ mol\cdot L^{-1}$ 氨水 $500\ mL$。

(1)该氨水溶液体系含有哪些粒子？

(2)加入相同体积的 $0.50\ mol\cdot L^{-1}MgCl_2$ 溶液后，是否观察到有沉淀形成？

(3)往该溶液中加入一定量的氯化镁之后，请判断该溶液的 pH 值如何变化，并说明原因。

18.将 Na_2S 溶液搁置在空气中一定时间后，观察到溶液颜色发黄，请利用电极电势解释其中的原因。

$$S+2e^-\rightleftharpoons S^{2-}\qquad E^\ominus=-0.447\ V$$
$$O_2+2H_2O+4e^-\rightleftharpoons 4OH^-\qquad E^\ominus=+0.401\ V$$

19.H_2SO_4 水溶液中全部电离为 H^+ 和 HSO_4^-，但 HSO_4^- 的 $K_{a2}=1.0\times10^{-2}$，请计算：

(1)$0.050\ mol\cdot L^{-1}H_2SO_4$ 溶液的 $c(H_3O^+)$、$c(HSO_4^-)$、$c(SO_4^{2-})$；

(2)已知 $K_{sp}(PbSO_4)=1.8\times10^{-8}$，此溶液中 $PbSO_4$ 的溶解度。

20.已知室温下 $BaSO_4$ 在纯水中的溶解度 s 是 $1.0\times10^{-5}\ mol\cdot L^{-1}$，试计算 $BaSO_4$ 在 $1.0\times10^{-3}\ mol\cdot L^{-1}BaCl_2$ 溶液中的 s_1。

21.在 $20.0\ mL\ 2.5\times10^{-3}\ mol\cdot L^{-1}AgNO_3$ 溶液中添加 $5.0\ mL\ 0.010\ mol\cdot L^{-1}K_2CrO_4$ 溶液，请判断是否有 Ag_2CrO_4 沉淀形成。

22.等体积混合 $0.0020\ mol\cdot L^{-1}$ 的 Na_2SO_4 溶液和 $0.020\ mol\cdot L^{-1}$ 的 $BaCl_2$ 溶液，是否有白色的 $BaSO_4$ 沉淀生成？SO_4^{2-} 是否沉淀完全？（已知 $K_{sp}(BaSO_4)=1.08\times10^{-10}$）

23.在 $10.0\ mL\ 0.080\ mol\cdot L^{-1}FeCl_3$ 溶液中，加入 $30.0\ mL$ 含有 $0.10\ mol\cdot L^{-1}NH_3$ 和 $1.0\ mol\cdot L^{-1}NH_4Cl$ 的混合溶液，能否产生 $Fe(OH)_3$ 沉淀？（已知 $K_{sp}^\ominus[Fe(OH)_3]=2.79\times10^{-39}$）

24.有 $0.10\ mol\cdot L^{-1}Fe^{3+}$ 与 Mg^{2+}，欲利用氢氧化钠将二者分开，试利用计算结果来说明氢氧化钠的添加量为多少，即需要将溶液 pH 值控制在什么范围之内。（已知 $K_{sp}^\ominus[Fe(OH)_3]=2.79\times10^{-39}$，$K_{sp}^\ominus[Mg(OH)_2]=5.61\times10^{-12}$）

25.利用铵盐溶解 $Mg(OH)_2$ 和 $Fe(OH)_3$ 沉淀，两种沉淀的浓度均为 $0.10\ mol\cdot L^{-1}$，若铵盐的用量均为 $1\ L$，请分别计算溶解两种沉淀需要的铵盐浓度。（已知 $K_{sp}^\ominus[Fe(OH)_3]=2.79\times10^{-39}$，$K_{sp}^\ominus[Mg(OH)_2]=5.61\times10^{-12}$）

26.欲将 $0.01\ mol\ CaSO_4$ 完全转化为 $CaCO_3$，采用 $1\ dm^3$ 碳酸钠溶液，请问碳酸钠的初始浓度为多少？

27.某工厂废液中含有 Pb^{2+} 和 Cr^{3+}，经测定 $c(Pb^{2+})=3.0\times10^{-2}\ mol\cdot L^{-1}$，$c(Cr^{3+})=$

2.0×10^{-2} mol·L^{-1},欲利用氢氧化钠将两种离子分离,当向废液中慢慢加入氢氧化钠时(设体积不变),请回答(已知:$K_{sp}^{\ominus}[Cr(OH)_3]=6.3\times10^{-31}$,$K_{sp}^{\ominus}[Pb(OH)_2]=1.4\times10^{-15}$)

(1)先产生沉淀的是哪种离子?

(2)如果要完成分离这两种离子,溶液的酸碱度应该控制在什么范围?

28.已知某溶液中含有 $FeCl_2$ 与 $CuCl_2$ 两种物质,二者的浓度均为 0.1 mol·L^{-1},向溶液中通入 H_2S 气体至饱和($c(H_2S)=0.1$ mol·L^{-1}),观察到此时有沉淀生成。试通过计算说明以下四个选项正确与否。(已知 $K_{sp}^{\ominus}(FeS)=6.3\times10^{-18}$,$K_{sp}^{\ominus}(CuS)=6.3\times10^{-36}$)

A.有两种沉淀生成,先沉淀的是 CuS 沉淀,后形成的是 FeS 沉淀

B.有两种沉淀生成,先沉淀的是 FeS 沉淀,后形成的是 CuS 沉淀

C.只有 CuS 沉淀生成,无 FeS 沉淀

D.只有 FeS 沉淀生成,无 CuS 沉淀

习题参考答案

1.B 2.C 3.C 4.B 5.C 6.C 7.B

8.B 9.B 10.D 11.A

12.黄;橙;$2CrO_4^{2-}+2H^+\Longleftrightarrow Cr_2O_7^{2-}+H_2O$

13.(3);(1);(2)

14.4×10^{-5}

15.AgBr;$Ag_2C_2O_4$

16.答:简单地说,主要是为了获得纯度高、晶粒大的产品。

17.答:(1)该溶液含有的微粒有 NH_3、$NH_3\cdot H_2O$、H_2O、NH_4^+、OH^-、H^+。

(2)有沉淀生成,$c(OH^-)=9.43\times10^{-4}$ mol·L^{-1},$c(Mg^{2+})=0.25$ mol·L^{-1},$Q>K_{sp}$。

(3)pH 减小,$Mg(OH)_2$ 的生成使 OH^- 的浓度减小。

18.答:因为:$S+2e^-\Longleftrightarrow S^{2-}$ $E^{\ominus}=-0.447$ V

$O_2+2H_2O+4e^-\Longleftrightarrow 4OH^-$ $E^{\ominus}=+0.401$ V

$E^{\ominus}=0.401-(-0.447)=0.848$ V>0

所以 Na_2S 与空气中的 O_2 接触后产生 S,S 又继续与 Na_2S 作用生成多硫化物,使溶液变黄。相关的化学方程式如下:

$$2Na_2S+O_2+2H_2O\Longrightarrow 4NaOH+2S\downarrow$$
$$Na_2S+(x-1)S\Longrightarrow Na_2S_x(x=2\sim6)$$

19.答:(1)$c(H_3O^+)=0.0574$ mol·L^{-1},$c(HSO_4^-)=0.0426$ mol·L^{-1}

$c(SO_4^{2-})=0.0074$ mol·L^{-1}

(2)$s=2.43\times10^{-6}$ mol·L^{-1}

20.解:$BaSO_4(s)\Longrightarrow Ba^{2+}(aq)+SO_4^{2-}(aq)$

$\qquad\qquad\qquad s\qquad\qquad s$

$\qquad1.0\times10^{-3}+s_1\qquad s_1$

当 $s=1.0\times10^{-5}$ mol·L^{-1} 时，

$K_{sp}^{\ominus}=[c(Ba^{2+})/c^{\ominus}]\cdot[c(SO_4^{2-})/c^{\ominus}]=(1.0\times10^{-5})^2=1.0\times10^{-10}$

由 $K_{sp}^{\ominus}=[c(Ba^{2+})/c^{\ominus}]\cdot[c(SO_4^{2-})/c^{\ominus}]$ 得 $1.0\times10^{-10}=(1.0\times10^{-3}+s_1/c^{\ominus})\times(s_1/c^{\ominus})$

则 $s_1=1.0\times10^{-7}$ mol·L$^{-1}\ll1.0\times10^{-3}$ mol·L^{-1}，同离子效应使得 $s_1<s$。

21. 解：$c(Ag^+)=\dfrac{2.5\times10^{-3}\text{ mol·L}^{-1}\times20\text{ mL}}{(20.0+5.0)\text{ mL}}=2.0\times10^{-3}$ mol·L^{-1}

$c(CrO_4^{2-})=\dfrac{1.0\times10^{-2}\text{ mol·L}^{-1}\times5\text{ mL}}{(20.0+5.0)\text{mL}}=2.0\times10^{-3}$ mol·L^{-1}

$Q=[c(Ag^+)/c^{\ominus}]^2\cdot[c(CrO_4^{2-})/c^{\ominus}]=(2.0\times10^{-3})^2\times(2.0\times10^{-3})=8.0\times10^{-9}>1.12\times10^{-12}$

有红色 Ag_2CrO_4 沉淀生成。

22. 解：(1) $c(SO_4^{2-})=\dfrac{1}{2}\times0.0020$ mol·L$^{-1}=1\times10^{-3}$ mol·L^{-1}

$c(Ba^{2+})=\dfrac{1}{2}\times0.020$ mol·L$^{-1}=1\times10^{-2}$ mol·L^{-1}

$Q=[c(Ba^{2+})/c^{\ominus}]^2\cdot[c(SO_4^{2-})/c^{\ominus}]=(1.0\times10^{-3})\times(1.0\times10^{-2})=1.0\times10^{-5}>1.08\times10^{-10}$

有白色 $BaSO_4$ 沉淀生成。

(2) 设平衡时溶液中的 $c(SO_4^{2-})=x$ mol·L^{-1}，则

$$BaSO_4(s)\Longrightarrow Ba^{2+}(aq)+\ SO_4^{2-}(aq)$$

$c/(\text{mol·L}^{-1})\qquad\qquad 0.010-0.0010+x\qquad x$

x 很小，$0.010-0.0010+x\approx0.0090$

由 $[c(SO_4^{2-})/c^{\ominus}]=\dfrac{K_{sp}^{\ominus}}{[c(Ba^{2+})/c^{\ominus}]}=\dfrac{1.08\times10^{-10}}{0.0090}$ 得

$c(SO_4^{2-})=1.2\times10^{-8}$ mol·L$^{-1}<1.0\times10^{-5}$ mol·L^{-1}，即 SO_4^{2-} 沉淀完全。

23. 解：计算可得

$c(Fe^{2+})=\dfrac{10.0\text{ mL}\times0.080\text{ mol·L}^{-1}}{10.0\text{ mL}+30.0\text{ mL}}=0.02$ mol·L^{-1}

$c(NH_3)=\dfrac{30.0\text{ mL}\times0.10\text{ mol·L}^{-1}}{10.0\text{ mL}+30.0\text{ mL}}=0.075$ mol·L^{-1}

$c(NH_4^+)=\dfrac{30.0\text{ mL}\times1.0\text{ mol·L}^{-1}}{10.0\text{ mL}+30.0\text{ mL}}=0.750$ mol·L^{-1}

$c(OH^-)=K_b^{\ominus}(NH_3)\times\dfrac{c(NH_3)/c^{\ominus}}{c(NH_4^+)/c^{\ominus}}=1.8\times10^{-5}\times\dfrac{0.075}{0.750}=1.8\times10^{-6}$ (mol·L^{-1})

$Q=[c(Fe^{3+})/c^{\ominus}]\cdot[c(OH^-)/c^{\ominus}]^3=0.02$ mol·L$^{-1}\times(1.8\times10^{-6})^3$

$=1.2\times10^{-19}>K_{sp}^{\ominus}[Fe(OH)_3]$

有 $Fe(OH)_3$ 沉淀生成。

24. 解：使 Fe^{3+} 完全沉淀所需 OH^- 最低平衡浓度为的计算如下：

由 $K_{sp}^{\ominus}[Fe(OH)_3]=[c(Fe^{3+})/c^{\ominus}]\cdot[c(OH^-)/c^{\ominus}]^3$ 得

$c(OH^-)/c^{\ominus}=\sqrt[3]{\dfrac{K_{sp}^{\ominus}[Fe(OH)_3]}{c(Fe^{3+})/c^{\ominus}}}=\sqrt[3]{\dfrac{2.79\times10^{-39}}{1\times10^{-5}}}=6.5\times10^{-12}$

则 $c(OH^-)=6.5\times10^{-12}\ mol\cdot L^{-1}$，$pH=14-lgc(OH^-)=2.8$。

使 Mg^{2+} 开始沉淀所需 OH^- 最低平衡浓度的计算如下：

由 $K_{sp}^{\ominus}[Mg(OH)_2]=[c(Mg^{2+})/c^{\ominus}]\cdot[c(OH^-)/c^{\ominus}]^2$ 得

$$c(OH^-)/c^{\ominus}=\sqrt{\frac{K_{sp}^{\ominus}[Mg(OH)_2]}{c(Mg^{2+})/c^{\ominus}}}=\sqrt{\frac{5.61\times10^{-12}}{0.10}}=7.5\times10^{-6}$$

则 $c(OH^-)=7.5\times10^{-6}\ mol\cdot L^{-1}$，$pH=14-lgc(OH^-)=8.9$。

应控制 pH 在 2.8～8.9。

25. 解：$Mg(OH)_2(s)+2NH_4^+(aq)\rightleftharpoons Mg^{2+}(aq)+2NH_3(aq)+2H_2O(l)$

$$K^{\ominus}=\frac{[c(Mg^{2+})/c^{\ominus}]\cdot[c(NH_3)/c^{\ominus}]^2}{[c(NH_4^+)/c^{\ominus}]^2}$$

$$=\frac{[c(Mg^{2+})/c^{\ominus}]\cdot[c(NH_3)/c^{\ominus}]^2\cdot[c(OH^-)/c^{\ominus}]^2}{[c(NH_4^+)/c^{\ominus}]^2\cdot[c(OH^-)/c^{\ominus}]^2}$$

$$=\frac{K_{sp}^{\ominus}[Mg(OH)_2]}{[K_b^{\ominus}(NH_3)]^2}=\frac{5.61\times10^{-12}}{(1.8\times10^{-5})^2}=1.7\times10^{-2}$$

$$c(NH_4^+)=\sqrt{\frac{[c(Mg^{2+})/c^{\ominus}]\cdot[c(NH_3)/c^{\ominus}]^2}{K^{\ominus}}}=\sqrt{\frac{0.10\times0.20^2}{1.7\times10^{-2}}}=0.48\ mol\cdot L^{-1}$$

溶解 $Mg(OH)_2$ 所需铵盐浓度为 $(0.48+0.2)\ mol\cdot L^{-1}$。

$Fe(OH)_3(s)+3NH_4^+(aq)\rightleftharpoons Fe^{3+}(aq)+3NH_3(aq)+3H_2O(l)$

$$K^{\ominus}=\frac{[c(Fe^{3+})/c^{\ominus}]\cdot[c(NH_3)/c^{\ominus}]^3}{[c(NH_4^+)/c^{\ominus}]^3}$$

$$=\frac{[c(Fe^{3+})/c^{\ominus}]\cdot[c(NH_3)/c^{\ominus}]^3\cdot[c(OH^-)/c^{\ominus}]^3}{[c(NH_4^+)/c^{\ominus}]^3\cdot[c(OH^-)/c^{\ominus}]^3}$$

$$=\frac{K_{sp}^{\ominus}[Fe(OH)_2]}{[K_b^{\ominus}(NH_3)]^3}=\frac{2.79\times10^{-39}}{(1.8\times10^{-5})^3}=4.8\times10^{-25}$$

$$c(NH_4^+)=\sqrt[3]{\frac{[c(Fe^{3+})/c^{\ominus}]\cdot[c(NH_3)/c^{\ominus}]^3}{K^{\ominus}}}=\sqrt[3]{\frac{0.10\times(0.3)^3}{4.8\times10^{-25}}}=1.8\times10^7\ mol\cdot L^{-1}$$

根据计算结果可判断，在实际操作中，无法配制这么高浓度的铵盐溶液，所以 $Fe(OH)_3$ 无法溶解在铵盐中。

26. 解：假定 $CaSO_4$ 恰好完全转化为 $CaCO_3$ 沉淀时，溶液中的 Ca^{2+} 浓度必须使以下两个过程都达到平衡：$CaSO_4\rightleftharpoons Ca^{2+}+SO_4^{2-}$，$CaCO_3\rightleftharpoons Ca^{2+}+CO_3^{2-}$。

这时 $c(SO_4^{2-})=0.01\ mol\cdot L^{-1}$，因此 $c(Ca^{2+})$ 为

$$c(Ca^{2+})=\frac{K_{sp}^{\ominus}[CaSO_4]}{c(SO_4^{2-})/c^{\ominus}}=\frac{4.93\times10^{-7}}{0.010}=4.93\times10^{-5}\ mol\cdot L^{-1}$$

溶液中的 CO_3^{2-} 浓度为

$$c(CO_3^{2-})=\frac{K_{sp}^{\ominus}[CaCO_3]}{c(Ca^{2+})/c^{\ominus}}=\frac{3.36\times10^{-9}}{4.93\times10^{-5}}=6.8\times10^{-5}\ mol\cdot L^{-1}$$

转化为 $CaCO_3$ 消耗的 CO_3^{2-} 为 0.010 mol，所以 Na_2CO_3 的最初浓度应为

$$c(Na_2CO_3)=(6.8\times10^{-5}+0.010-4.93\times10^{-5})mol\cdot L^{-1}\approx0.01mol\cdot L^{-1}$$

27. 解：(1)$Pb(OH)_2\rightleftharpoons Pb^{2+}+2OH^-$

Pb^{2+} 开始沉淀时需 OH^- 浓度为

$$c(OH^-)=\sqrt{\frac{K_{sp}^{\ominus}[Pb(OH)_2]}{c(Pb^{2+})}}=\sqrt{\frac{1.4\times10^{-15}}{0.03}}=2.16\times10^{-7}\ mol\cdot L^{-1}$$

Cr^{3+} 开始沉淀需 OH^- 浓度为

$$Cr(OH)_3\rightleftharpoons Cr^{3+}+3OH^-$$

$$c(OH^-)=\sqrt[3]{\frac{K_{sp}^{\ominus}[Cr(OH)_3]}{c(Cr^{3+})}}=\sqrt[3]{\frac{6.3\times10^{-31}}{0.02}}=3.16\times10^{-10}\ mol\cdot L^{-1}<2.16\times10^{-7}\ mol\cdot L^{-1}$$

因此，Cr^{3+} 先沉淀。

（2）Cr^{3+} 沉淀完全时，溶液中 OH^- 浓度为

$$c(OH^-)=\sqrt[3]{\frac{K_{sp}^{\ominus}[Cr(OH)_3]}{c(Cr^{3+})}}=\sqrt[3]{\frac{6.3\times10^{-31}}{1.0\times10^{-5}}}=4.0\times10^{-9}\ mol\cdot L^{-1}$$

$$c(H^+)=\frac{1.0\times10^{-14}}{4.0\times10^{-9}}=2.5\times10^{-6}\ mol\cdot L^{-1}$$

则溶液 $pH=-\lg c(H^+)=5.60$。

Pb^{2+} 开始沉淀时，溶液中 H^+ 浓度为

$$c(H^+)=\frac{1.0\times10^{-14}}{2.16\times10^{-7}}=4.63\times10^{-8}\ mol\cdot L^{-1}$$

则溶液 $pH=-\lg c(H^+)=7.33$。

所以分离这两种离子，pH 范围应控制在 5.60～7.33 之间。

28.解：（1）根据题设条件 FeS 与 CuS 同为 AB 型化合物，溶液中 Fe^{2+} 与 Cu^{2+} 浓度相同，且 $K_{sp}(CuS)\ll K_{sp}(FeS)$，CuS 的溶解度远低于 FeS 的溶解度，故先有 CuS 沉淀产生。

（2）当 CuS 沉淀完全后，Cu^{2+} 转化为 CuS 沉淀，即 $Cu^{2+}+H_2S\rightleftharpoons CuS\downarrow+2H^+$；沉淀产生的 $c(H^+)=2c(Cu^{2+})=0.2\ mol\cdot L^{-1}$。对于 H_2S 的解离：$H_2S\rightleftharpoons2H^++S^{2-}$，产生的 H^+ 会对 H_2S 的解离产生同离子效应，故当忽略 H_2S 本身离解产生的 H^+ 时，溶液中 $c(S^{2-})=\frac{1.3\times10^{-20}\times0.1}{(0.2)^2}=3.25\times10^{-19}\ mol\cdot L^{-1}$。

（3）对于 Fe^{2+}，由于

$$Q=c(Fe^{2+})\cdot c(S^{2-})=0.1\times3.25\times10^{-19}=3.25\times10^{-20}\ mol\cdot L^{-1}<K_{sp}^{\ominus}(FeS)$$

如果考虑 H_2S 解离出的 H^+，S^{2-} 浓度将更小，故 Cu^{2+} 沉淀完全后，Fe^{2+} 也不会发生沉淀。由此可知，过程中只产生 CuS 沉淀，无 FeS 沉淀形成。

故 A、B、D 错误，C 正确。

第6章 氧化还原反应

核心内容

一、基本概念

1.氧化数

氧化数是人为将化学键中的电子指定给电负性较大的原子而得到的,可认为是某元素一个原子的表观电荷数。值得注意的是,氧化数与化合价有区别,与共价数也有差异。

2.氧化还原反应

元素的氧化数在反应前后发生变化的化学反应称为氧化还原反应。其中,还原剂失去电子,其氧化数升高,发生的是氧化反应;氧化剂得到电子,其氧化数降低,发生还原反应。还原剂失去的所有电子都传递给氧化剂,故氧化数升高总数等于氧化数降低总数。活泼的金属单质和其他含较低氧化数元素的物质是常见的还原剂,而常见的氧化剂有氧气、卤素单质和含较高氧化数元素的物质。

3.氧化还原电对

一个氧化还原反应可以拆分成一个氧化半反应和一个还原半反应。氧化半反应中,还原剂失去电子,转变为氧化型物质;还原半反应中,氧化剂得到电子,转变成还原型物质。氧化型物质与还原型物质组成一个氧化还原电对。书写时,氧化型物质在前,还原型物质在后,即"氧化型/还原型"。

4.氧化还原反应方程式的配平——离子电子法

除了常规的氧化数法,我们还可以用离子电子法来配平氧化还原反应方程式。在离子电子法中,一般需要先明确两个氧化还原半反应,再根据得失电子守恒及物料守恒等原则进行配平。

二、原电池与电极电势

1.原电池

通过氧化还原反应将化学能转化成电能的装置即为原电池。原电池由两个半电池(或电极)组成,其中,流出电子的为负极,流入电子的为正极。每个半电池均含有一对氧化还原电对,半电池中发生的化学反应称为半电池反应(或电极反应),两个半电池反应合并即得到

电池反应。半电池反应一律写成还原过程,即

$$氧化型 + ne^- = 还原型(n \text{ 为半电池反应中转移的电子数})$$

原电池的组成可以用电池符号来表示,如铜锌原电池可表示成

$$(-)Zn(s)|Zn^{2+}(c_1) \| Cu^{2+}(c_2)|Cu(s)(+)$$

习惯上负极在左端,正极在右端,用"|"表示不同相之间的界面,"‖"表示盐桥,必要时需引入惰性电极,如石墨电极、铂黑电极等。

2. 电极电势

电池中各种相界面之间有电势,主要为电极电势,电势代数之和即为原电池的电动势。若电极中各个物质均处于标准态,此时的电极称为标准电极,对应的电极电势称为标准电极电势,用 $\varphi^{\ominus}$ 表示,单位是伏特(V)。两个标准电极组成的原电池称为标准电池,对应的电动势称为标准电动势,用 $E^{\ominus}$ 表示,单位是 V。标准电极电势与标准电动势之间的关系为 $E^{\ominus} = \varphi^{\ominus}_+ - \varphi^{\ominus}_-$。

电极电势的绝对值无法测量,但原电池电动势可测。国际上规定标准氢电极的电极电势为零。将待测电极与标准氢电极组装成原电池,根据原电池的电动势即可得到待测电极的电极电势。电极电势是强度性质。

由于半电池反应一律为还原过程,故电极电势是还原电势。电极电势数值越负,电极中还原态物质失电子趋势越大,即还原性越强;电极电势数值越正,电极中氧化态物质得电子趋势越大,即氧化性越强。

3. 原电池电动势与 Gibbs 自由能变的关系

热力学研究指出,恒温恒压条件下,体系 Gibbs 自由能的变化值即为体系能做的最大有用功。在原电池中,体系做电功,故 $\Delta_r G_m = -nFE$。其中,n 为电池反应中传递的电子数;F 为法拉第常量,值为 96485 C·mol^{-1};E 为原电池电动势。

当电池中各个物质均处于标准态时,可得到 $\Delta_r G_m^{\ominus} = -nFE^{\ominus}$。利用该式可对 $\Delta_r G_m^{\ominus}$ 和 $E^{\ominus}$ 进行相互换算。若体系的 $\Delta G < 0$,该反应能自发进行,因此 $E > 0$ 也可以作为反应自发进行的判据。

由前知 $\Delta_r G_m^{\ominus} = -RT\ln K^{\ominus}$,于是 $RT\ln K^{\ominus} = nFE^{\ominus}$。从上式可知,原电池电动势与电池反应的平衡常数呈正相关,即 $E^{\ominus}$ 越大,$K^{\ominus}$ 也越大,反应越彻底。

4. 非标准电极电势与能斯特方程

当电极中的某物质为非标准态时,此时的电极称为非标准电极,对应的电极电势为非标准电极电势(φ)。对于给定的电极,其电极电势与组成电极的氧化、还原型物质的浓度(或分压)以及温度的关系遵循能斯特方程。即对于某电极反应 $a\text{Ox} + ne^- = b\text{Red}$,则有:

$$\varphi = \varphi^{\ominus} + \frac{RT}{nF}\ln \frac{c^a(\text{Ox})}{c^b(\text{Red})}$$

上式即为能斯特方程,反映了参与电极反应的各物质的浓度和反应温度对电极电势的影响,即对非标准状态下的电极电势进行计算。298.15 K 时,将摩尔气体常量 R 和法拉第常量 F 代入上式,即得到:

$$\varphi = \varphi^{\ominus} + \frac{0.0592}{n}\lg \frac{c^a(\text{Ox})}{c^b(\text{Red})}$$

在使用上式时需注意,参与电极反应的物质为固体或纯液体时,则不能使用能斯特方程;若是气体参与反应,则将分压与标准压力($p^{\ominus}$)的比值代入公式;式中的$c(Ox)$和$c(Red)$是指实际参与电极反应的所有物质的浓度。

三、元素电势图及其应用

1. 元素电势图

将同一元素的各种氧化态物质按氧化数从高到低排列,那么任意两种氧化态物质均可成为一对电对,对应相应的标准电极电势。用横线将这对电对相连,注明其标准电极电势的大小,得到的图形称为元素的电势图。如铁有$+3$、$+2$、0等氧化态,其电势图可表示为

$$\varphi^{\ominus}/V \qquad Fe^{3+} \xrightarrow{\ 0.771\ } Fe^{2+} \xrightarrow{\ -0.441\ } Fe$$
$$\underset{-0.037}{\underline{\qquad\qquad\qquad\qquad}}$$

2. 元素电势图的应用

(1)计算某未知电对的标准电极电势

若已知两个或两个以上相邻电对的标准电极电势,可算出另一未知电对的标准电极电势。如,某元素的电势图为

$$A \xrightarrow{\ n_1\varphi_1^{\ominus}\ } B \xrightarrow{\ n_2\varphi_2^{\ominus}\ } C$$
$$\underset{n\varphi^{\ominus}}{\underline{\qquad\qquad\qquad\qquad}}$$

图中n、n_1、n_2为得失电子的数量,则 $\varphi^{\ominus} = (n_1\varphi_1^{\ominus} + n_2\varphi_2^{\ominus})/(n_1 + n_2)$。

(2)元素价态稳定性判断(歧化反应)

对于某元素的三种不同氧化态物质,根据氧化数从高到低排列如下

$$A \xrightarrow{\ \varphi_{左}^{\ominus}\ } B \xrightarrow{\ \varphi_{右}^{\ominus}\ } C$$

将电极 A/B 和电极 B/C 组装成原电池,其电动势 $E^{\ominus} = \varphi_+^{\ominus} - \varphi_-^{\ominus}$。

若 $\varphi_{右}^{\ominus} > \varphi_{左}^{\ominus}$,则电极 B/C 为正极,电极 A/B 为负极,反应会以 $B \longrightarrow A+C$ 方向自发进行,即 B 发生歧化反应。

若 $\varphi_{右}^{\ominus} < \varphi_{左}^{\ominus}$,则电极 B/C 为负极,电极 A/B 为正极,反应会以 $A+C \longrightarrow B$ 方向自发进行,即 B 较为稳定,不会发生歧化反应。

▶ 例题解析

例 1 什么是氧化数?

答:氧化数是人为将化学键中的电子指定给电负性较大的原子而得到的,可认为是某元素一个原子的表观电荷数。

例 2 $CHCl_3$中碳的氧化数是多少?

答:$CHCl_3$中碳的氧化数是$+2$。

例 3 常见的还原剂有哪些?

答:常见的还原剂有活泼金属单质和其他含较低氧化数元素的物质。

例 4 铜-锌原电池中,锌电极是作为什么极?

答:锌电极作为负极。

例 5　标准态是指什么?

答:标准态是指在标准压力下电池中的离子浓度为 $1.0\ mol \cdot L^{-1}$,气体分压为 $100\ kPa$,液体或固体皆为纯物质。

例 6　电极电势是广度性质还是强度性质?

答:电极电势是强度性质。

例 7　什么叫歧化反应?

答:同一物质的某一氧化态元素同时发生氧化数的升高和降低的反应称为歧化反应。

➡ 习题

1. CrO_5 中 Cr 元素的氧化数为(　　　)。

A. $+4$　　　　　　B. $+6$　　　　　　C. $+8$　　　　　　D. $+10$

2. 反应式 $Cr_2O_7^{2-} + I^- + H^+ \longrightarrow Cr^{3+} + I_2 + H_2O$,要将该反应式配平,需在各物质前填入(　　　)(按从左至右的顺序)。

A. 1、3、14、2、1.5、7　　　　　　　　B. 2、6、28、4、3、14

C. 1、6、14、2、3、7　　　　　　　　D. 2、3、28、4、1.5、14

3. 原电池 $(-)Pt(s)|SO_3^{2-}(c_1), SO_4^{2-}(c_2) \parallel H^+(c_3), Mn^{2+}(c_4), MnO_4^-(c_5)|Pt(s)(+)$ 的电池反应方程式为(　　　)。

A. $2MnO_4^- + 5SO_3^{2-} + 6H^+ = 2Mn^{2+} + 5SO_4^{2-} + 3H_2O$

B. $2MnO_4^- + 8H^+ + 5e^- = 2Mn^{2+} + 4H_2O$

C. $MnO_4^- + SO_3^{2-} + 6H^+ + 3e^- = Mn^{2+} + SO_4^{2-} + 3H_2O$

D. $SO_3^{2-} + H_2O = SO_4^{2-} + 2H^+ + 2e^-$

4. 关于铜-锌原电池,下列说法不正确的是(　　　)。

A. 锌是负极,铜是正极

B. 标准状态下,铜电极电势高于锌电极电势

C. 在铜电极溶液中滴加氨水,原电池电动势将减小

D. 在锌电极溶液中滴加氨水,锌电极电势将增大

5. 对于 $Cr_2O_7^{2-}/Cr^{3+}$ 氧化还原电对而言,以下变化会造成体系电极电势增大的是(　　　)。

A. 提高体系中 H^+ 的浓度　　　　　　B. 增大体系中 OH^- 的浓度

C. 降低体系中 $Cr_2O_7^{2-}$ 的浓度　　　　D. 增大体系中 Cr^{3+} 的浓度

6. 关于原电池,下列说法正确的是(　　　)。

A. 电子流入的一极为负极,电子流出的一极为正极

B. 电子流出的一极为负极,电子流入的一极为正极

C. 负极发生还原反应,正极发生氧化反应

D. 电子由正极经外电路流向负极,电流则相反

7. 对于反应 $I_2 + 2ClO_3^- = 2IO_3^- + Cl_2$,下列说法不正确的是(　　　)。

A. 该反应为氧化还原反应

B. I_2 失去电子,ClO_3^- 得到电子

C. I_2 是氧化剂,ClO_3^- 是还原剂

D. 碘的氧化物由 0 变为 +5，氯的氧化数由 +5 变为 0

8. 原电池中，正极发生_____反应，负极发生_____反应(填"氧化"或"还原")。

9. 标准氢电极的电极电势为_____。

10. 酸性介质中，有电对：Fe^{3+}/Fe^{2+}，Sn^{2+}/Sn，Fe^{2+}/Fe，Ca^{2+}/Ca，Pb^{4+}/Pb^{2+}

$$\varphi^{\ominus}/V: \quad 0.771 \quad -0.136 \quad -0.440 \quad -2.866 \quad 1.69$$

则上述物质中，氧化性最强的是_____，还原性最强的是_____。

11. 已知 $\varphi^{\ominus}(Ni^{2+}/Ni) = -0.25\ V$，$\varphi^{\ominus}(Ag^{+}/Ag) = 0.80\ V$。利用上述两个电极组装得到原电池，则原电池的正极为_____，负极为_____，原电池的电动势 $E^{\ominus}$ 为_____，原电池反应的 $\Delta_r G_m^{\ominus}$ 为_____，原电池反应的 $K^{\ominus}$ 为_____。

12. 根据氧化还原反应 $Ni + 2Ag^{+} =\!=\!= 2Ag + Ni^{2+}$ 设计一个原电池，则该原电池的负极反应式为_____，正极反应式为_____，原电池符号为_____。

13. 在氧化还原反应中，电极电势_____的电对中的氧化态物质与电极电势_____的电对中的还原态物质反应，生成氧化还原能力更_____的还原态和氧化态物质。已知在标准状态下，以下反应向右均自发进行

(1) $Cr_2O_7^{2-} + 6Fe^{2+} + 14H^{+} =\!=\!= 2Cr^{3+} + 6Fe^{3+} + 7H_2O$

(2) $2Fe^{3+} + Sn^{2+} =\!=\!= 2Fe^{2+} + Sn^{4+}$

上述物质中，氧化性最强的是_____，还原性最强的是_____。

14. 氧化数和化合价有何区别?

15. 在氧化还原反应中，如何分辨氧化剂和还原剂?

16. 简述离子-电子法配平氧化还原反应的具体步骤。

17. 原电池中盐桥的作用是什么?

18. 如何判断原电池的正负极?

19. 电极的标准电极电势是如何得到的?

20. 电极的电极电势值与电极的哪些属性相关?

21. 为什么电极电势表要分成酸表和碱表?

22. 配平补全下列反应方程式。

(1) $Fe^{2+} + H_2O_2 \longrightarrow Fe^{3+} + H_2O$

(2) $Cl_2 + NaOH \longrightarrow NaCl + NaClO_3$

(3) $MnO_4^{-} + Cl^{-} \longrightarrow Mn^{2+} + Cl_2$

(4) $I_2 + OH^{-} \longrightarrow I^{-} + IO_3^{-}$

(5) $Cr_2O_7^{2-} + Fe^{2+} \longrightarrow Cr^{3+} + Fe^{3+}$

(6) $MnO_4^{-} + H_2C_2O_4 \longrightarrow Mn^{2+} + CO_2$

(7) $ClO_3^{-} + Cl^{-} \longrightarrow Cl_2$

(8) $NO_3^{-} + Fe^{2+} \longrightarrow Fe^{3+} + NO\uparrow$

(9) $MnO_4^{-} + SO_3^{2-} \longrightarrow Mn^{2+} + SO_4^{2-}$

(10) $Cu_2S + NO_3^{-} \longrightarrow Cu^{2+} + NO\uparrow + SO_4^{2-}$

23. 由电极 $Pb|Pb^{2+}$ ($c = 0.10\ mol \cdot L^{-1}$，$\varphi^{\ominus}(Pb^{2+}/Pb) = -0.126\ V$) 和电极 $Sn|Sn^{2+}$ ($c = 0.01\ mol \cdot L^{-1}$，$\varphi^{\ominus}(Sn^{2+}/Sn) = -0.136\ V$) 组装成原电池。请判断正、负极，并计算电

池电动势 E。

24. 已知：$MnO_4^- + 8H^+ + 5e^- \rightleftharpoons Mn^{2+} + 4H_2O$　　　　$\varphi^\ominus = 1.51$ V

$Br_2 + 2e^- \rightleftharpoons 2Br^-$　　　　$\varphi^\ominus = 1.08$ V

$Cl_2 + 2e^- \rightleftharpoons 2Cl^-$　　　　$\varphi^\ominus = 1.36$ V

欲使 Cl^- 和 Br^- 混合液中的 Br^- 被 MnO_4^- 氧化，而 Cl^- 不被氧化，溶液的 pH 值应控制在何范围(假定体系中的 MnO_4^-、Mn^{2+}、Cl^-、Br^-、Cl_2、Br_2 都处于标准态)？

25. 已知：$\varphi^\ominus(MnO_4^-/Mn^{2+}) = 1.51$ V，$\varphi^\ominus(Cl_2/Cl^-) = 1.36$ V，$\varphi^\ominus(Br_2/Br^-) = 1.08$ V，$\varphi^\ominus(I_2/I^-) = 0.54$ V。若溶液中 $c(MnO_4^-) = c(Mn^{2+})$，问：

(1)pH = 3.00 时，MnO_4^- 能否氧化 Cl^-、Br^-、I^-？

(2)pH = 6.00 时，MnO_4^- 能否氧化 Cl^-、Br^-、I^-？

26. 将 $Ag^+(aq)/Ag(s)$ ($\varphi^\ominus = 0.78$ V) 和 $Sn^{4+}(aq)/Sn^{2+}(aq)$ ($\varphi^\ominus = 0.21$ V) 两个电极组装成原电池，回答下列问题：

(1)计算该原电池的标准电动势 $E^\ominus$；

(2)写出原电池的正、负极反应，并用电池符号表示该原电池；

(3)计算反应 $2Ag^+(aq) + Sn^{2+}(aq) \rightleftharpoons Ag(s) + Sn^{4+}(aq)$ 的标准摩尔吉布斯自由能变 $\Delta_r G_m^\ominus$；

(4)当 $c(Ag^+) = 0.01$ mol·L^{-1}，$c(Sn^{4+}) = 2.0$ mol·L^{-1}，$c(Sn^{2+}) = 0.2$ mol·L^{-1} 时，计算原电池的电动势 E。

27. 已知：$MnO_4^- + 8H^+ + 5e^- \rightleftharpoons Mn^{2+} + 4H_2O$　　　$\varphi^\ominus = 1.51$ V

$Cl_2 + 2e^- \rightleftharpoons 2Cl^-$　　　$\varphi^\ominus = 1.36$ V

若将上述两个电对组成原电池，请解答以下问题：

(1)计算该原电池的标准电动势 $E^\ominus$；

(2)计算 25 ℃时，电池反应的标准摩尔吉布斯自由能变 $\Delta_r G_m^\ominus$；

(3)用电池符号表示该原电池；

(4)计算说明，当 $p(Cl_2) = 100$ kPa，pH = 4，且所有离子浓度皆为 1.0 mol·L^{-1} 时，反应 $2MnO_4^-(aq) + 16H^+(aq) + 10Cl^-(aq) \rightleftharpoons 2Mn^{2+}(aq) + 5Cl_2(g) + 8H_2O(l)$ 能否自发向右进行？

28. 已知 $\varphi^\ominus(Ag_2O/Ag, OH^-) = 0.344$ V。

(1)根据反应 $Ag_2O(s) + H_2(g) \rightleftharpoons 2Ag(s) + H_2O(l)$ 组装成原电池，并用电池符号表示；

(2)写出电池的正、负极反应；

(3)计算 25 ℃时，在标准状态下该原电池的标准电动势 $E^\ominus$。

📚 习题参考答案

1. B　2. C　3. A　4. D　5. A　6. B　7. C

8. 还原；氧化　9. 0 V　10. Pb^{4+}；Ca

11. Ag^+/Ag；Ni^{2+}/Ni；1.05V；-202.62 kJ·mol^{-1}；3.16×10^{35}

12. $Ni - 2e^- \rightleftharpoons Ni^{2+}$；$Ag^+ + e^- \rightleftharpoons Ag$；$(-)Ni(s)|Ni^{2+}(c_1) \| Ag^+(c_2)|Ag(s)(+)$

13. 高；低；弱；$Cr_2O_7^{2-}$；Sn^{2+}

14. 答:化合价是表示原子间相互化合的一种性质,其值没有分数,而氧化数是一种表观电荷数,是人为规定的。

15. 答:还原剂是失去电子的反应物,反应后有元素氧化数升高;氧化剂是得到电子的反应物,反应后有元素氧化数降低。

16. 答:(1)写出氧化还原反应的离子反应式;(2)把总反应拆解成两个半反应;(3)分别配平两个半反应中 H 和 O 的个数;(4)在两个半反应前乘以适当的系数使得得失电子总数一致;(5)检查质量平衡以及电荷平衡,最后改写成化学反应式。

17. 答:盐桥用来平衡原电池中的阴阳离子,降低液接电势。

18. 答:流出电子的为负极,流入电子的为正极。

19. 答:国际上规定标准氢电极的电极电势为零。把待测标准电极与标准氢电极组装成标准原电池,根据标准原电池的电动势,即可得到待测电极的标准电极电势。

20. 答:电极电势不仅取决于电极本身的性质,还与温度、电对中氧化态和还原态物质的浓度(或分压)及介质等有关。

21. 答:因为一些电极反应中会出现氢离子或氢氧根,这些电极的电极电势就会与介质的酸碱性有关。

22. 答:(1)$2Fe^{2+}+H_2O_2+2H^+ \!=\!=\! 2Fe^{3+}+2H_2O$

(2)$3Cl_2+6NaOH \!=\!=\! 5NaCl+NaClO_3+3H_2O$

(3)$2MnO_4^-+16H^++10Cl^- \!=\!=\! 2Mn^{2+}+5Cl_2+8H_2O$

(4)$3I_2+6OH^- \!=\!=\! 5I^-+IO_3^-+3H_2O$

(5)$Cr_2O_7^{2-}+6Fe^{2+}+14H^+ \!=\!=\! 2Cr^{3+}+6Fe^{3+}+7H_2O$

(6)$2MnO_4^-+5H_2C_2O_4+6H^+ \!=\!=\! 2Mn^{2+}+10CO_2+8H_2O$

(7)$ClO_3^-+5Cl^-+6H^+ \!=\!=\! 3Cl_2+3H_2O$

(8)$NO_3^-+3Fe^{2+}+4H^+ \!=\!=\! 3Fe^{3+}+NO\!\uparrow+2H_2O$

(9)$2MnO_4^-+5SO_3^{2-}+6H^+ \!=\!=\! 2Mn^{2+}+5SO_4^{2-}+3H_2O$

(10)$3Cu_2S+10NO_3^-+16H^+ \!=\!=\! 6Cu^{2+}+10NO\!\uparrow+3SO_4^{2-}+8H_2O$

23. 解:对于 $Pb|Pb^{2+}(c=0.10\ mol\cdot L^{-1})$,有电极反应:$Pb^{2+}+2e^- \!=\!=\! Pb$

对于 $Sn|Sn^{2+}(c=0.01\ mol\cdot L^{-1})$,有电极反应:$Sn^{2+}+2e^- \!=\!=\! Sn$

由能斯特方程得

$$\varphi(Pb^{2+}/Pb)=\varphi^{\ominus}(Pb^{2+}/Pb)+\frac{0.0592}{2}\lg c(Pb^{2+})=-0.126-0.0296=-0.1556\ V$$

$$\varphi(Sn^{2+}/Sn)=\varphi^{\ominus}(Sn^{2+}/Sn)+\frac{0.0592}{2}\lg c(Sn^{2+})=-0.136-0.0592=-0.1952\ V$$

$\varphi(Pb^{2+}/Pb)>\varphi(Sn^{2+}/Sn)$,因此 $Pb|Pb^{2+}$ 是正极,$Sn|Sn^{2+}$ 是负极。

电动势:$E=\varphi(Pb^{2+}/Pb)-\varphi(Sn^{2+}/Sn)=-0.1556-(-0.1952)=0.0396\ V$

24. 解:氧化 Br^-:$\varphi(MnO_4^-/Mn^{2+})>1.08\ V$

由 $1.08=1.51+(0.0592/5)\lg[c(H^+)]^8$ 得 $\lg c(H^+)=-4.54$,则 $pH<4.54$

不氧化 Cl^-:$\varphi(MnO_4^-/Mn^{2+})<1.36\ V$

由 $1.36=1.51+(0.0592/5)\lg[c(H^+)]^8$ 得 $\lg c(H^+)=-1.58$,则 $pH>1.58$

所以溶液的 pH 应控制在 $1.58<pH<4.54$。

25. 解：$MnO_4^- + 8H^+ + 5e^- \Longrightarrow Mn^{2+} + 4H_2O$　　$\varphi^\ominus = 1.51$ V

(1) pH = 3.00 时

$$\varphi(MnO_4^-/Mn^{2+}) = \varphi^\ominus + \frac{0.0592}{5} \times \lg \frac{c(MnO_4^-) \cdot [c(H^+)]^8}{c(Mn^{2+})}$$

$$= 1.51 + (0.0592/5) \times \lg(1.0 \times 10^{-3})^8 = 1.226 \text{ V}$$

故可氧化 Br^-、I^-，不可氧化 Cl^-。

(2) pH = 6.00 时

$$\varphi(MnO_4^-/Mn^{2+}) = 1.51 + (0.0592/5) \times \lg(1.0 \times 10^{-6})^8 = 0.942 \text{ V}$$

故只能氧化 I^-，不能氧化 Cl^-、Br^-。

26. 解：(1) $E^\ominus = \varphi^\ominus(Ag^+/Ag) - \varphi^\ominus(Sn^{4+}/Sn^{2+}) = 0.78 - 0.21 = 0.57$ V

(2) 正极反应：$2Ag^+(aq) + 2e^- \Longrightarrow 2Ag(s)$

　　负极反应：$Sn^{2+}(aq) - 2e^- \Longrightarrow Sn^{4+}(aq)$

$(-)Pt(s)|Sn^{2+}(c_1), Sn^{4+}(c_2) \| Ag^+(c_3)|Ag(s)(+)$

(3) $\Delta_r G_m^\ominus = -nFE^\ominus = -2 \times 96485 \times 0.57 \times 10^{-3} = -110.01 \text{ kJ} \cdot \text{mol}^{-1}$

(4) $\varphi(Ag^+/Ag) = \varphi^\ominus(Ag^+/Ag) + 0.0592 \times \lg c(Ag^+)$

$$= 0.78 + 0.0592 \times \lg 0.01 = 0.6616 \text{ V}$$

$$\varphi(Sn^{4+}/Sn^{2+}) = \varphi^\ominus(Sn^{4+}/Sn^{2+}) + \frac{0.0592}{2} \times \lg \frac{c(Sn^{4+})}{c(Sn^{2+})}$$

$$= 0.21 + 0.0296 \times \lg(2.0/0.2) = 0.2396 \text{ V}$$

$E = \varphi(Ag^+/Ag) - \varphi(Sn^{4+}/Sn^{2+}) = 0.6616 - 0.2396 = 0.422$ V

或

$$E = E^\ominus + \frac{0.0592}{2} \times \lg \frac{[c(Ag^+)]^2 \cdot c(Sn^{2+})}{c(Sn^{4+})}$$

$$= 0.57 + 0.0296 \times \lg(0.01^2 \times 0.2/2.0) = 0.422 \text{ V}$$

27. 解：(1) $E^\ominus = \varphi^\ominus(MnO_4^-/Mn^{2+}) - \varphi^\ominus(Cl_2/Cl^-) = 1.51 - 1.36 = 0.15$ V

(2) $2MnO_4^-(aq) + 10Cl^-(aq) + 16H^+(aq) \Longrightarrow 2Mn^{2+}(aq) + 5Cl_2(g) + 8H_2O(l)$

$\Delta_r G_m^\ominus = -nFE^\ominus = -10 \times 96485 \times 0.15 \times 10^{-3} = -144.7 \text{ kJ} \cdot \text{mol}^{-1}$

(3) $(-)Pt(s)|Cl_2(p)|Cl^-(c_1) \| MnO_4^-(c_2), Mn^{2+}(c_3), H^+(c_4)|Pt(s)(+)$

(4) $\varphi(MnO_4^-/Mn^{2+}) = \varphi^\ominus(MnO_4^-/Mn^{2+}) + \frac{0.0592}{5} \times \lg \frac{c(MnO_4^-) \cdot [c(H^+)]^8}{c(Mn^{2+})}$

$$= 1.51 + \frac{0.0592}{5} \times \lg(10^{-4})^8 = 1.51 - 0.379 = 1.131 \text{ V}$$

$\varphi(Cl_2/Cl^-) = \varphi^\ominus(Cl_2/Cl^-) = 1.36$ V

$E = \varphi(MnO_4^-/Mn^{2+}) - \varphi(Cl_2/Cl^-) = 1.131 - 1.36 = -0.229 \text{ V} < 0$

故反应不能自发进行。

28. 解：(1) $(-)Pt(s)|H_2(g,p)|OH^-(c)|Ag_2O(s)|Ag(s)(+)$

(2) 正极反应：$Ag_2O(s) + H_2O(l) + 2e^- \Longrightarrow 2OH^-(aq) + 2Ag(s)$

负极反应：$H_2(g) + 2OH^-(aq) - 2e^- \Longrightarrow 2H_2O(l)$

(3) $\varphi^\ominus = 0.000 + \frac{0.0592}{2} \times \lg[c(H^+)]^2 = 0.0296 \times (-28.0) = -0.829 \text{ V}$

$E^\ominus = \varphi_+^\ominus - \varphi_-^\ominus = 0.344 - (-0.829) = 1.173$ V

第 7 章   原子结构

⏩ 核心内容

一、微观粒子运动的特殊性

1. 微观粒子的波粒二象性

根据光的波粒二象性,法国物理学家德布罗意(de Broglie)于 1924 年预言,微观粒子也具有波粒二象性。微观粒子运动的波长

$$\lambda = \frac{h}{p} = \frac{h}{mv}$$

2. 测不准原理

1927 年,德国物理学家海森伯(W. Heisenberg)提出,由于微观粒子具有波粒二象性,故不可能同时测定其空间位置和动量。微观粒子位置的测量偏差为 Δx,动量的测量偏差为 Δp,则测不准关系可以表示为

$$\Delta x \cdot \Delta p \geqslant \frac{h}{2\pi} \ \text{或} \ \Delta x \cdot \Delta v \geqslant \frac{h}{2m\pi}$$

3. 微观粒子运动的统计规律

对于微观粒子而言,不可能同时测准其空间位置和动量。因此,不能用研究宏观物体运动的方法去研究微观粒子的运动。电子衍射实验证明,电子的波动性是其粒子统计性的结果。单个微观粒子运动是无规律的,但统计的结果是有规律的,可以运用统计规律研究微观粒子的运动。

二、核外电子运动状态的描述

1. 薛定谔方程

描述微观粒子运动状态的波动方程称为薛定谔方程,方程每个合理的解 ψ 表示电子的一种运动状态,称为原子轨道,与这个解相对应的常数 E 就是电子在该状态下的能量,也是电子所在轨道的能量。

2. 量子数

在解薛定谔方程时,为使方程有合理的解,引入了 3 个参数 n、l、m。只有 n、l、m 取特定

的数值时,薛定谔方程才有合理的解。

对于一组合理的 n、l、m 取值,有一个确定的波函数 $\psi_{n,l,m}$ 描述电子的一种运动状态。

(1)主量子数 n

主量子数 n 取值为 1,2,3,4,5,…的正整数,可依次用光谱学符号 K,L,M,N,O,…表示。n 的数值表示原子中电子所在的层数,即电子(所在的轨道)离核的远近,n 越大,电子离核的平均距离越远。

n 的大小表示电子和原子轨道能量的高低。n 越大,离核越远,电子和轨道的能量越高。对于氢原子和类氢离子等单电子体系,电子或轨道的能量只和主量子数 n 有关:

$$E = -13.6 \times \frac{Z^2}{n^2}(eV)$$

n 只取正整数,Z 为核电荷数,因而能量 E 也是量子化的。

(2)角量子数 l

l 取值为 0,1,2,3,4,…,$(n-1)$,对应的光谱学符号为 s、p、d、f、g 等。l 的取值受 n 限制。

角量子数 l 决定原子轨道的形状。s 轨道为球形,p 轨道为哑铃形,d 轨道为花瓣形。

角量子数 l 决定同一电子层中亚层(或分层)的数目。例如,$n=1$ 时,则 $l=0$,只有 s 轨道 1 个亚层;$n=2$ 时,则 $l=0,1$,有 s 轨道和 p 轨道 2 个亚层;$n=3$ 时,则 $l=0,1,2$,有 s 轨道、p 轨道和 d 轨道 3 个亚层。

对多电子原子而言,核外电子能量除了取决于主量子数 n,还与角量子数 l 相关。n 相同而不同的各亚层其能量不同,l 越大的亚层能量越高。

角量子数 l 的另一个意义是决定轨道角动量的大小。

(3)磁量子数 m

磁量子数 m 取值由 l 决定,m 取值为 0,± 1,± 2,± 3,…,$\pm l$。对于给定的 l 值,则 m 共有 $(2l+1)$ 个取值。

磁量子数 m 表示原子轨道在空间中的取向。例如,$l=1$ 时,$m=0$,± 1,即可取 3 个值,表示 p 轨道有 3 种不同的取向。以此类推,s 轨道有 1 个取向;p 轨道有 3 个取向;d 轨道有 5 个取向;f 轨道有 7 个取向。l 相同时,虽然有不同取向的轨道,但能量完全相同,这些轨道又称简并轨道。

磁量子数 m 决定角动量的方向。

由此可知,n、l、m 三个量子数确定了一个电子所在原子轨道离核的远近、形状和伸展方向,因而原子轨道也可以理解为由 n、l、m 一组数值确定的波函数。

(4)自旋量子数 m_s

根据氢原子光谱的精细结构,提出了电子自旋的假设,引入自旋量子数 m_s,即 m_s 决定电子在空间的自旋方向,其值可取 $+\frac{1}{2}$ 或 $-\frac{1}{2}$,通常用正反箭头(↑ 和 ↓)来表示。

3.概率密度和电子云

概率是指电子在核外空间某一区域内出现的机会。概率与电子出现区域的体积有关,也与所在研究区域单位体积内出现的次数有关。

概率密度是指电子在空间某单位体积内出现的概率。量子力学计算证明,概率密度与

$|\psi|^2$ 成正比,即可以用 $|\psi|^2$ 表示电子在核外的概率密度。

在以原子核为原点的空间坐标系内,用小黑点的疏密表示电子出现的概率密度,所得图像称为电子云图。

电子云是核外电子出现的概率密度的形象化描述,也可以说是 $|\psi|^2$ 的图像。

4. 径向分布和角度分布

径向概率分布函数 $D(r)=4\pi r^2 |\psi|^2$,做 $D(r)\text{-}r$ 图,可得各种状态的电子的径向概率分布图。

角度分布包括原子轨道的角度部分和电子云的角度部分。将波函数角度部分 $Y(\theta,\varphi)$ 对 θ、φ 作图,就得到波函数的角度分布图。将 $|Y|^2$ 对 θ、φ 作图,可得到电子云的角度分布图。

三、核外电子排布和元素周期律

1. 多电子原子的能级

多电子体系中,电子不仅受到原子核的作用,也受到其余电子的作用,故能量关系复杂。所以,在多电子体系中,电子或轨道的能量不只由主量子数 n 决定,也与角量子数 l 有关。

(1)屏蔽效应

主量子数 n 相同,角量子数 l 不同的原子轨道,l 越大,能量越高,有

$$E_{ns}<E_{np}<E_{nd}<E_{nf}$$

n 相同 l 不同的原子轨道能量不相同,称为能级分裂。能级分裂可以用屏蔽效应解释。

由于内层电子抵消或中和掉部分正电荷,被讨论的电子受核的引力下降,能量升高,称为屏蔽效应。由于多电子体系中屏蔽效应的存在,电子的能量为

$$E=-13.6\times\frac{(Z-\sigma)^2}{n^2}(\text{eV})$$

式中,σ 为屏蔽常数,其大小与量子数 n 和 l 有关。

(2)钻穿效应

对于 n 相同而 l 不同的轨道,由于电子云径向分布不同,电子穿过内层而钻到离核较近的空间回避其他电子屏蔽的能力不同,从而使其能量不同。各轨道的钻穿能力为 $ns>np>nd>nf$,因此,轨道的能量顺序为 $E_{ns}<E_{np}<E_{nd}<E_{nf}$。

电子穿过内层轨道钻到核附近而使其能量降低,称为钻穿效应。钻穿效应能够解释能级分裂现象,也能够解释能级交错现象。

能级交错是指在多电子原子中,当主量子数 n 和角量子数 l 不同时,主量子数 n 大的轨道的能量反而比主量子数 n 小的轨道的能量低,如 4s 轨道能量低于 3d 轨道能量。

(3)鲍林原子轨道近似能级图

美国化学家鲍林根据光谱数据及近似的理论计算,提出了多电子原子的原子轨道近似能级图。鲍林将能级按照从低到高分为 7 个能级组:1s,2s2p,3s3p,4s3d4p,5s4d5p,6s4f5d6p,7s5f6d7p。

(4)斯莱特(Slater)规则

斯莱特规则提供了一种半定量的计算屏蔽常数 σ 的方法,进而计算轨道和电子的能量:

$$E = -13.6 \times \frac{(Z-\sigma)^2}{n^2} (\text{eV})$$

斯莱特规则将轨道分组为(1s)(2s2p)(3s3p)(3d)(4s4p)(4d)(4f)等,屏蔽常数 σ 计算原则如下:

①外层电子对内层电子无屏蔽,即右边各组轨道电子对左边轨道电子屏蔽常数 $\sigma=0$。

②1s 轨道组内的两个电子之间的屏蔽常数 $\sigma=0.30$,其他同组电子之间的屏蔽常数 $\sigma=0.35$。

③讨论 $(nsnp)$ 组轨道的电子受到屏蔽时,$(n-1)$ 层轨道上的每个电子的屏蔽常数 $\sigma=0.85$;$(n-2)$ 层及以内各层轨道的每个电子的屏蔽常数 $\sigma=1.00$。

④讨论 (nd) 组或 (nf) 组的轨道电子受到屏蔽时,所有左侧各组轨道电子的屏蔽常数均为 $\sigma=1.00$。

2. 核外电子的排布

(1)能量最低原理:多电子原子在基态时,核外电子总是尽可能排布到能量最低的原子轨道上。

(2)泡利(Pauli)不相容原理:在同一个原子中,没有 4 个量子数完全相同的电子,即在同一个原子中,没有运动状态完全相同的电子。所以,一个原子轨道最多只能容纳自旋相反的两个电子。

(3)洪特(Hund)规则:电子排布到能量简并的原子轨道时,优先以自旋相同的方式分别占据不同的轨道,因为这种排布方式体系的总能量最低。

作为洪特规则的特例,能量简并的等价轨道全充满、半充满和全空的状态是比较稳定的,尤其是简并度高的轨道。

为了简化原子的电子结构式,通常把内层电子已达到稀有气体电子结构的部分写成"原子实"。电子填充过程是按近似能级图自能量低向能量高的轨道依次排布的,但书写电子结构式时,要把同一主层(n 相同)的轨道写在一起。特殊填充的电子结构要记忆。

3. 元素周期表

周期表中一共有七个周期,第一周期为特短周期,第二周期和第三周期为短周期,第四周期和第五周期为长周期,第六周期和第七周期为超长周期。

周期表中主族记为 A 族,副族记为 B 族。长式周期表中,从左到右一共有 18 列。周期表中的元素分为五个区:s 区、p 区、d 区、ds 区和 f 区。

四、元素的基本性质

由于原子的电子层结构的周期性,与之相关的元素的基本性质如原子半径、电离能、电子亲和能、电负性等,也呈现明显的周期性。

1. 原子半径

原子半径一般可分为共价半径、金属半径和范德华半径 3 种。

在短周期中,从左到右原子半径减小幅度较大,但稀有气体例外。在同一长周期中,过渡元素自左至右原子半径减小幅度渐小。

在同一主族中,半径由上到下依次增大。副族元素自上而下原子半径变化不明显,特别是第五周期和第六周期的元素,镧系收缩造成它们的原子半径非常相近。

镧系收缩是指镧系 15 种元素的原子半径总共只缩小 9 pm 的现象。镧系收缩使同一副族的第五、第六周期过渡元素的原子半径非常相近,性质相似,难以分离;同时,镧系 15 种元素的原子半径相近,性质相似,难以分离。

2. 电离能

1 mol 基态的气态原子均失去一个电子形成＋1 价气态离子时所需的能量称为元素的第一电离能,用 I_1 表示。同理可以定义第二、第三、第四电离能等,有 $I_1 < I_2 < I_3 < I_4$ 等。

同一周期的元素,从左到右电离能逐渐增大;对同一族的元素,自上而下电离能逐渐减小。副族元素的电离能变化幅度较小而且规律性差。

3. 电子亲和能

1 mol 基态的气态原子均获得一个电子形成－1 价气态离子时所放出的能量称为元素的第一电子亲和能,用 E_1 表示。

在同一周期中,从左到右第一电子亲和能增大;在同一族中,由上到下第一电子亲和能减小。值得注意的是,第二周期元素第一电子亲和能小于第三周期元素第一电子亲和能。

4. 电负性

原子在分子中吸引电子的能力叫作元素的电负性。在同一周期中,从左到右电负性递增;在同一主族中,从上到下,电负性递减。但是,副族元素的电负性没有明显的变化规律。

📖 例题解析

例 1 与宏观物体相比,微观粒子的运动有哪些特殊性?

答:与宏观物体相比,第一,微观粒子具有波粒二象性,即微观粒子既有波动性又有粒子性,这正是微观粒子与宏观物体运动的本质区别。第二,由于微观粒子具有波粒二象性,不可能同时测准其空间位置和动量。微观粒子位置的测量偏差 Δx 与动量的测量偏差 Δp 满足如下关系:

$$\Delta x \cdot \Delta p \geqslant \frac{h}{2\pi}$$

微观粒子的 Δx 越小,则其 Δp 就越大。

第三,微观粒子的运动可用统计结果进行讨论。由于微观粒子具有波粒二象性,不可能同时测准其空间位置和动量,找不到其运动的轨迹。电子衍射实验证明,单个微观粒子运动是无规律的,但统计的结果是有规律的,可以用统计规律研究微观粒子的运动。电子衍射实验证明,电子的波动性恰好是其粒子性的统计结果。

例 2 请简述 4 个量子数的物理意义和取值范围。

答:主量子数 n 的取值为 $1, 2, 3, 4, 5, \cdots, n$ 的数值表示原子中电子所在的层数,即电子(所在的轨道)离核的远近,n 越大,电子离核的平均距离越远;电子和原子轨道能量的高低主要由 n 决定,n 越大,电子和轨道离核越远,能量越高。

对于氢原子和类氢离子等单电子体系,电子或轨道的能量只和主量子数 n 有关:

$$E = -13.6 \times \frac{1}{n^2}(\text{eV})$$

角量子数 l：取值范围为 $0,1,2,3,4,\cdots,(n-1)$，即 l 的取值受 n 取值的限制，对于给定的 n，l 共有 n 个取值。l 决定原子轨道的形状，$l=0$ 时为 s 轨道，球形；$l=1$ 时为 p 轨道，哑铃形；$l=2$ 时为 d 轨道，花瓣形。对于多电子原子而言，核外电子（轨道）的能量还与角量子数 l 相关，n 相同时，l 值越大则能量越高。

磁量子数 m：取值范围为 $0,\pm1,\pm2,\pm3,\cdots,\pm l$，$m$ 取值受 l 值的限制，对于给定的 l 值，共有 $(2l+1)$ 个 m 值。m 表示原子轨道在空间的取向。$l=0$ 时为 s 轨道，只有一个取向；$l=1$ 时为 p 轨道，有 3 个取向；$l=2$ 时为 d 轨道，有 5 个取向；$l=3$ 时为 f 轨道，有 7 个取向。

自旋量子数 m_s：电子除了绕核运动外，还存在着自旋运动。电子自旋只是表示电子的两种不同状态，这两种状态有不同的自旋角动量。m_s 的取值只能有两个：$+\frac{1}{2}$ 或 $-\frac{1}{2}$。当同一个轨道上的两个电子处于自旋相反的两种状态时，称为配对电子，常用两个方向相反的箭头 ↑ 和 ↓ 来表示。

例 3　概率和概率密度有何区别？

答：绕核高速运动的电子是一种概率波，波的强度反映电子在核外空间某处所出现的可能性，即概率。它遵从统计规律。而概率密度是指空间微体积元内的概率大小。概率和概率密度的关系同质量和密度的关系一样。

$$概率 = 概率密度 \times \mathrm{d}\tau(微体积元)$$

所以概率 $|\psi|^2 \mathrm{d}\tau$ 和概率密度 $|\psi|^2$ 是两个不同的概念。前者是无量纲的纯数，而后者量纲为 1/单位体积。

例 4　如何解释 Fe 元素填充电子时先填充 4s 轨道，后填充 3d 轨道；失去电子时，先失去 4s 轨道的电子，后失去 3d 轨道的电子？

答：鲍林的原子轨道近似能级图充分考虑轨道的钻穿效应，使 3d 轨道能量比 4s 轨道能量高，能级由低到高的顺序为

$$(1s)(2s2p)(3s3p)(4s3d4p)$$

因此，Fe 元素填充电子时先填充 4s 轨道，后填充 3d 轨道。

元素失去电子的顺序则要用科顿原子轨道能级图来解释。根据科顿原子轨道能级图，只有少数元素存在原子轨道能级交错的现象。而 Fe 元素的 4s 轨道与 3d 轨道不存在能级交错现象，即 4s 轨道的能量比 3d 轨道高，因此，Fe 失去电子时，先失去 4s 轨道的电子，后失去 3d 轨道的电子。可见，科顿原子轨道能级图能够解释失去电子的顺序，这与用斯莱特规则计算的结果一致。

综上所述，元素填充电子时，按照鲍林的原子轨道近似能级图的能级顺序填充电子；元素失去电子时，优先失去主量子数 n 大的轨道上的电子；若主量子数相同，则优先失去角量子数 l 大的轨道上的电子。因此，Fe 元素失去电子时，先失去 4s 轨道的电子，后失去 3d 轨道的电子。若 Fe 失去 2 个 4s 电子形成 Fe^{2+}，其价电子结构为 $3d^6 4s^0$；Fe 失去 2 个 4s 电子和 1 个 3d 电子形成 Fe^{3+}，其价电子结构为 $3d^5 4s^0$。

例 5　在元素周期表的非放射性元素中，哪些元素的电子排布是特殊的？给出这些元

素的价电子结构式。

答:元素周期表中,前三个周期所有元素的电子都是正常排布的。

第四周期只有$Cr(3d^5 4s^1)$和$Cu(3d^{10} 4s^1)$的电子排布是特殊的,考虑到洪特规则的特例,轨道半充满、全充满和全空时,体系的能量较低。Cr的价层电子结构$(3d^5 4s^1)$恰好满足3d和4s轨道都半充满,能量较低,稳定;Cu的价层电子结构$(3d^{10} 4s^1)$满足3d轨道全充满而4s轨道半充满,能量较低。

第五周期元素中,$Mo(4d^5 5s^1)$和$Ag(4d^{10} 5s^1)$的电子排布分别与Cr和Cu的情况相似;而$Nb(4d^4 5s^1)$、$Ru(4d^7 5s^1)$、$Rh(4d^8 5s^1)$、$Pd(4d^{10} 5s^0)$则正常应将5s轨道的1个或2个电子填充到4d轨道上。

第六周期元素中,$Au(5d^{10} 6s^1)$的电子排布与同族的Cu和Ag的情况相似;$Pt(5d^9 6s^1)$正常应将填在6s轨道的1个电子填充到d轨道上;$W(5d^4 6s^2)$电子属于正常排布,但考虑到同族的Cr和Mo的电子排布,若认为Cr和Mo的电子排布是正常的,则W的电子排布特殊,这是相对而言的;$La(4f^0 5d^1 6s^2)$、$Ce(4f^1 5d^1 6s^2)$、$Gd(4f^7 5d^1 6s^2)$都是正常排布的,将填在4f轨道的1个电子填充到5d轨道上。值得注意的是,$Gd(4f^7 5d^1 6s^2)$的这种电子排布方式使f轨道半充满。

例6 用斯莱特规则计算锂原子的第一电离能。

解:Li的电子结构为$1s^2 2s^1$。

第一电离的过程为$Li \rightarrow Li^+$,失去2s的一个电子,其屏蔽常数为

$$\sigma_{2s} = 0.85 \times 2 = 1.70$$

第一电离能为

$$I_1 = 1.31 \times 10^3 \times \frac{(Z-\sigma)^2}{n^2} = 1.31 \times 10^3 \times \frac{(3-1.70)^2}{2^2} = 553 \text{ kJ} \cdot \text{mol}^{-1}$$

例7 请解释下列事实:

(1)共价半径:Co>Ni,Ni<Cu;

(2)第一电离能:Fe>Ru,Ru<Os;

(3)第一电子亲和能:B<C,C<Si;

(4)电负性:O>Cl,O<F。

答:(1)同周期元素原子半径的变化规律:随着原子序数增加,有效核电荷增加,核对电子的引力增加,半径减小。所以,半径Co>Ni;由于Cu原子的3d轨道全充满,轨道的对称性高,半径增大,所以半径Ni<Cu。

(2)同族元素第一电离能的变化规律:随着原子电子层数增加,半径增大,核对电子的引力减小,电离能减小。所以,第一电离能Fe>Ru;镧系收缩使得第六周期元素与同族第五周期元素的原子半径相近,但第六周期元素的有效核电荷数高于同族第五周期元素,所以,与第五周期元素半径相近而有效核电荷数高的第六周期元素的第一电离能大,即第一电离能Ru<Os。

(3)第一电子亲和能的变化规律:同周期元素随着原子序数增加,核对电子的引力增加,第一电子亲和能增大。所以,第一电子亲和能B<C;同族元素随着电子层数增加,核对电子的引力减小,第一电子亲和能减小,但半径特别小的第二周期元素的核外电子密度大,核与电子间引力减小,使其第一电子亲和能却比同族第三周期元素的第一电子亲和能小,所以,

第一电子亲和能 C<Si。

（4）电负性变化规律：同周期元素随着原子序数增加，核对电子的引力增加，电负性增大。所以，电负性 O<F。同族元素随着电子层数增加，核对电子的引力减小，电负性减小，O 和 Cl 价电子层结构相似，而 O 的半径远比 Cl 小，所以电负性 O>Cl。

➲ 习题

1. 提出测不准原理的科学家是（　　）。

A. 德布罗意（de Broglie）　　　　　　　　　B. 薛定谔（Schrodinger）

C. 海森伯（W. Heisenberg）　　　　　　　　D. 普朗克（Planck）

2. 主量子数 $n=4$ 时，原子核外在该层的原子轨道数为（　　）。

A. 4 个　　　　　　　B. 7 个　　　　　　　C. 9 个　　　　　　　D. 16 个

3. 下列各组量子数中，合理的一组是（　　）。

A. $n=3, l=1, m=+1, m_s=+\dfrac{1}{2}$

B. $n=4, l=5, m=-1, m_s=+\dfrac{1}{2}$

C. $n=3, l=3, m=+1, m_s=-\dfrac{1}{2}$

D. $n=4, l=2, m=+3, m_s=-\dfrac{1}{2}$

4. 原子序数为 11 的元素的最外层电子的四个量子数为（　　）。

A. $n=1, l=0, m=0, m_s=+\dfrac{1}{2}$　　　　　B. $n=2, l=1, m=0, m_s=+\dfrac{1}{2}$

C. $n=3, l=0, m=0, m_s=-\dfrac{1}{2}$　　　　　D. $n=4, l=0, m=0, m_s=-\dfrac{1}{2}$

5. 下列离子的电子构型可以用 $[Ar]3d^5$ 表示的是（　　）。

A. Mn^{2+}　　　　　B. Fe^{2+}　　　　　C. Co^{2+}　　　　　D. Ni^{2+}

6. 下列离子半径大小的顺序正确的是（　　）。

A. $F^->Na^+>Mg^{2+}>Al^{3+}$　　　　　　　B. $Na^+>Mg^{2+}>Al^{3+}>F^-$

C. $Al^{3+}>Mg^{2+}>Na^+>F^-$　　　　　　　D. $F^->Al^{3+}>Mg^{2+}>Na^+$

7. 下列各组元素的第一电离能按递增的顺序排列正确的是（　　）。

A. Na、Mg、Al　　　　　　　　　　　　　B. B、C、N

C. Si、P、As　　　　　　　　　　　　　　D. He、Ne、Ar

8. 下列元素中第一电子亲和能最大的是（　　）。

A. O　　　　　　　　B. F　　　　　　　　C. S　　　　　　　　D. Cl

9. 下列元素中电负性最小的是（　　）。

A. N　　　　　　　　B. O　　　　　　　　C. S　　　　　　　　D. Cl

10. 下列各组元素中，电负性大小正确的是（　　）。

A. Ca>Mg>Be　　　　　　　　　　　　　B. O>Cl>P

C. Si>P>Br　　　　　　　　　　　　　　D. Br>Si>P

11.波函数 ψ 是描述＿＿＿＿＿＿的数学函数式,它和＿＿＿＿＿＿是同义词。$|\psi|^2$ 可以表示核外电子的＿＿＿＿＿＿,而电子云是＿＿＿＿＿＿的形象化表示。

12.微观粒子运动的共性是＿＿＿＿＿＿和＿＿＿＿＿＿。

13.多电子原子核外电子的排布应该遵循的原则是＿＿＿＿＿＿、＿＿＿＿＿＿和＿＿＿＿＿＿。

14.24 号元素属于第＿＿＿＿族元素,其原子外层电子结构为＿＿＿＿＿＿,并用四个量子数来表示它的最外层电子＿＿＿＿＿＿。

15.A、B、C、D 都为第四周期元素,原子序数依次增大,价电子数依次为 1、2、2、7,A 和 B 元素次外层电子数均为 8,C 和 D 元素次外层电子数均为 18,则 A 元素为＿＿＿＿＿＿,B 元素为＿＿＿＿＿＿,C 元素为＿＿＿＿＿＿,D 元素为＿＿＿＿＿＿。

16.He^+ 的 3s 轨道和 3p 轨道的能量＿＿＿＿＿＿;Ar^+ 的 3s 轨道和 3p 轨道的能量＿＿＿＿＿＿(填"相同"或"不相同")。

17.原子核外电子层结构为 $5f^7 6s^2 6p^6 6d^1 7s^2$ 的元素的原子序数是＿＿＿＿＿＿,该元素在元素周期表中位于第＿＿＿＿周期,第＿＿＿＿族,属于＿＿＿＿区元素。

18.氮的第一电子亲和能反常的小,其原因是＿＿＿＿＿＿。

19.当主量子数 $n=4$ 时,有几个能级? 各能级有几条轨道? 最多能容纳多少个电子? 各轨道之间的能量关系如何?

20.试排出下列原子序数诸元素的电子层结构:19、22、30、33、55、68。

21.具有下列电子构型的元素位于周期表中的哪一个区? 它们是金属元素还是非金属元素?

(1)ns^2;(2)$ns^2 np^6$;(3)$(n-1)d^5 ns^2$;(4)$(n-1)d^{10} ns^2$。

22.请解释原因:

(1)第一电子亲和能 E_1 的最大负值不出现在 F 原子而在 Cl 原子;

(2)第二、三周期的元素由左到右第一电离能逐渐增大并存在两个转折点。

23.在氢原子的激发态中,4s 和 3d 哪一个状态的能量高? 在钾原子中,4s 和 3d 哪一个状态的能量高,为什么?

24.价电子构型满足下列条件的是哪一族的哪一个元素?

(1)量子数 $n=4,l=0$ 的电子有 2 个,量子数 $n=3,l=2$ 的电子有 6 个;

(2)4s 与 3d 为半满的元素;

(3)具有 4 个 p 电子的元素。

25.计算 He 的第二电离能。

习题参考答案

1.C 2.D 3.A 4.C 5.A 6.A 7.B 8.D 9.C 10.B

11.核外电子运动状态,原子轨道。概率密度,概率密度

12.波动性、粒子性

13.能量最低原理、泡利不相容原理、洪特规则

14.ⅥB,$1s^2 2s^2 2p^6 3s^2 3p^6 3d^5 4s^1$,$\left(4,0,0,+\dfrac{1}{2}\right)$ 或 $\left(4,0,0,-\dfrac{1}{2}\right)$

15. K,Ca,Zn,Br

16. 相同;不同

17. 96,七,ⅢB,f

18. N 的 2p 轨道半充满,结合的电子受到的斥力大;N 的半径在同族元素中最小,则电子密度大,对结合的电子的斥力大。

19. 答:当主量子数 $n=4$ 时,这一电子层中共有 s、p、d、f 4 个能级。s 能级有 1 个轨道, p 能级有 3 个轨道,d 能级有 5 个轨道,f 能级有 7 个轨道。$n=4$ 这一电子层中最多能容纳 32 个电子(即 s 轨道能容纳 2 个,p 轨道能容纳 6 个,d 轨道能容纳 10 个,f 轨道能容纳 14 个, 共能容纳 32 个电子);对单电子或类氢离子体系,各轨道之间的能量关系为 4s=4p=4d=4f;对多电子体系,各轨道之间的能量关系为 4s<4p<4d<4f。

20. 答:19:$1s^2 2s^2 2p^6 3s^2 3p^6 4s^1$;

22:$1s^2 2s^2 2p^6 3s^2 3p^6 3d^2 4s^2$;

30:$1s^2 2s^2 2p^6 3s^2 3p^6 3d^{10} 4s^2$;

33:$1s^2 2s^2 2p^6 3s^2 3p^6 3d^{10} 4s^2 4p^3$;

55:$1s^2 2s^2 2p^6 3s^2 3p^6 3d^{10} 4s^2 4p^6 4d^{10} 5s^2 5p^6 6s^1$;

68:$1s^2 2s^2 2p^6 3s^2 3p^6 3d^{10} 4s^2 4p^6 4d^{10} 4f^{12} 5s^2 5p^6 6s^2$。

21. 答:(1)ⅡA 族,位于 s 区,是活泼金属元素。

(2)零族元素,位于 p 区,是非金属元素。

(3)ⅦB 族元素,位于 d 区,是过渡金属元素。

(4)ⅡB 族元素,位于 ds 区,是过渡后金属元素。

22. 答:(1)因为 F 原子半径过小,电子云密度过高,以致当原子结合一个电子形成负离子时,由于电子间的相互排斥使放出的能量减少,而 Cl 原子半径较大,接受电子时,相互之间的排斥力较小,故 E_1 的最大负值出现在 Cl 原子。

(2)同一周期,从左到右原子半径逐渐减小,第一电离能逐渐增大;存在两个转折是因为全满(s^2)、半满(p^3)电子构型的元素均比前后相邻的两原子的第一电离能大。

23. 答:在氢原子的激发态中,$E_{4s}>E_{3d}$;在钾原子中,$E_{4s}<E_{3d}$。在单电子体系中,核外电子的能量只取决于主量子数(n);在多电子体系中,核外电子的能量不仅取决于 n,还取决于角量子数(l)。对于钾原子的核外电子的能量还存在能级交错现象。

24. 答:(1)该元素价电子构型为 $3d^6 4s^2$,应为第Ⅷ族的 Fe。

(2)该元素价电子为 $3d^5 4s^1$,应为第ⅥB族的 Cr。

(3)ⅥA 族元素均可。

25. 解:He 第二电离的过程为 $He^+ \longrightarrow He^{2+}$

失去 $1s^1$ 电子,没有其他电子的屏蔽,屏蔽常数 $\sigma=0$。

$$I_2 = 0 - E_{1s} = 13.6 \times \frac{(Z-\sigma)^2}{n^2} eV = 13.6 \times \frac{2^2}{1^2} \, eV = 54.4 \, eV$$

由 $1 \, eV = 1.602 \times 10^{-22} \, kJ$,电离能为失去 1 mol 电子电离所需能量

$$I_2 = 54.4 \times 1.602 \times 10^{-22} \times 6.02 \times 10^{23} = 5246 \, kJ \cdot mol^{-1}$$

第8章　分子结构

➲ 核心内容

一、离子键理论

1. 离子键的形成

离子键是由原子得失电子后,生成的阴、阳离子之间靠静电引力而形成的化学键。

在一定条件下,当电负性较小的活泼金属元素的原子与电负性较大的活泼非金属元素的原子相互接近时,金属原子失去最外层电子,形成具有稳定电子层结构的阳离子,而非金属原子得到电子,形成具有稳定电子层结构的阴离子。阴、阳离子之间靠静电引力相互吸引,当它们之间的相互吸引作用和排斥作用达到平衡时,体系的能量最低。这种由阴、阳离子的静电作用而形成的化学键叫离子键。

由离子键形成的化合物叫离子型化合物。两个成键原子的电负性之差较大时就可形成离子键。

ⅠA、ⅡA 族的金属元素与卤族、氧族元素等形成的化合物为典型的离子型化合物。

2. 离子键的特点

离子键的特征是没有饱和性、没有方向性。

离子是一个带电球体,它在空间各个方向上的静电作用是相同的,阴、阳离子可以在空间任何方向与电荷相反的离子相互吸引,所以离子键是没有方向性的。只要空间允许,任何离子均可以结合更多带相反电荷的离子,并不受离子本身所带电荷的限制,因此离子键没有饱和性。

3. 离子的特征

离子半径、离子电荷、离子的电子层构型是离子的 3 个主要特征,也是影响离子键强度的主要因素。

(1)离子半径:指离子在晶体中的接触半径。离子晶体中阴、阳离子的核间距为阴、阳离子的半径之和。

离子半径对离子键强度有较大的影响。一般说来,当离子电荷相同时,离子半径越小,离子间的引力越大,离子键的强度也越大,要拆开它们所需的能量就越大,离子化合物的熔、沸点也就越高。

(2)离子电荷:影响离子键强度的重要因素。离子电荷数越多,对异号电荷离子的吸引力越强,离子键越强,形成的离子化合物的熔点也越高。

（3）离子的电子层构型：简单阴离子（如 Cl^-、F^-、S^{2-} 等）的外层电子组态为 ns^2np^6 的 8 电子稀有气体结构。

简单阳离子的电子组态比较复杂，有以下几种：

①2 电子层构型（ns^2），如 Li^+、Be^{2+} 等。

②8 电子层构型（ns^2np^6），如 Na^+、Ca^{2+} 等。

③18 电子层构型（$ns^2np^6nd^{10}$），如 Ag^+、Zn^{2+} 等。

④18＋2 电子层构型[$(n-1)s^2(n-1)p^6(n-1)d^{10}ns^2$]，如 Sn^{2+}、Pb^{2+} 等。

⑤9～17 电子层构型[$(n-1)s^2(n-1)p^6nd^{1\sim9}$]，如 Fe^{3+}、Mn^{2+}、Cr^{3+} 等。

离子的外层电子层构型对于离子间的相互作用有影响，从而使键的性质有所改变。例如 Na^+ 和 Cu^+ 的电荷相同，离子半径几乎相等，离子半径分别为 95 pm 和 96 pm。但离子的电子层构型不同，NaCl 易溶于水，而 CuCl 难溶于水。

二、共价键理论

1. 路易斯理论

原子在形成分子时可以通过共用电子对达到稀有气体的电子构型。路易斯理论能够解释电负性差较小的两元素间可成键形成稳定的化合物，但不能说明成键的实质，更不能解释某些化合物分子中原子没有达到稀有气体电子构型的事实。

2. 价键理论

（1）共价键的本质

若自旋平行的两个原子相互靠近时，将产生排斥作用，使体系能量升高。若自旋相反的两个原子相互靠近时，A 原子的电子不仅受 A 原子核的吸引，也受到 B 原子核的吸引，使体系能量降低。

（2）共价键的形成

如果 A、B 两个原子各有一个未成对的电子，若两个单电子所在轨道对称性一致，则可以互相重叠，电子以自旋相反的方式成对，两原子形成共价单键，体系的能量降低。如果原子有不止一个未成对的电子，则可以形成多个共价键，体系能量更低。两原子间可以形成双键或叁键。例如，O 与 2 个 H 形成 H_2O 分子，N_2 分子中有叁键。

形成共价键时，单电子可以由成对电子拆开而得。例如，CH_4 分子中，C 的价电子构型为 $2s^22p^2$，只有 2 个单电子；2s 轨道中一个电子激发到 2p 轨道，则激发后的 C 原子有 4 个单电子 $2s^12p^3$。激发 1 个电子所需要的能量会因为多形成 2 个共价键得到补偿，体系能量更低。

（3）共价键的方向性和饱和性

原子轨道分布有方向性，决定轨道重叠形成的共价键有方向性。原子价层的单电子数有限，所以共价键具有饱和性。

（4）共价键的类型

共价键主要是 σ 键和 π 键。将成键的轨道用键轴（成键的两个原子间的连线）旋转任意角度，图形及符号均保持不变，为 σ 键；σ 键是成键轨道"头碰头"重叠。将成键的轨道用键轴旋转180°时,图形不变但符号变为相反,则为π键;π键是成键轨道"肩并肩"重叠。

共价键的共用电子对也可以由成键的两个原子中的一个原子提供。例如,CO分子中的第三个共价键的形成由O原子提供一对电子,C原子提供空轨道,这种共价键称为共价配位键。

3. 杂化轨道理论

杂化轨道理论可以解释多原子分子或离子的空间结构。

(1)杂化轨道理论的基本要点

①在形成分子时,由于原子的相互影响,同一原子中若干不同类型能量相近的原子轨道重新组合成一组新的原子轨道。这种轨道重新组合的过程称为杂化,所形成的新的原子轨道称为杂化轨道。常见的杂化方式有 ns-np 杂化、ns-np-nd 杂化和 $(n-1)$d-ns-np 杂化。

②由于杂化轨道形状的改变,成键时轨道可以更大程度地重叠,使成键能力增强,形成的化学键的键能大。

③杂化前后,轨道的数目不变。如 CH_4 中参加杂化的有 $2s$、$2p_x$、$2p_y$、$2p_z$ 4条原子轨道,形成的杂化轨道也是4条,即4条完全相同的 sp^3 杂化轨道。

④杂化轨道之间的空间夹角取最大,使相互间的排斥力最小,形成的键较稳定。不同类型的杂化轨道之间的夹角不同,成键后所形成的分子就具有不同的空间构型。

(2)杂化轨道的类型

共价分子中的中心原子大多为主族元素的原子,其能量相近的原子轨道多为 ns、np、nd 原子轨道,常采用 spd 型杂化。有下列几种杂化轨道的类型,见表8-1。

表 8-1 杂化类型和杂化轨道空间取向的关系

杂化类型	轨道数目	杂化轨道夹角	空间构型	实例
sp	2	180°	直线形	$HgCl_2$、$BeCl_2$
sp^2	3	120°	平面三角形	BF_3
sp^3	4	109°28′	四面体	CH_4
dsp^2	4	90°	平面正方形	$[Ni(CN)_4]^{2-}$
sp^3d 或 dsp^3	5	90°,120°,180°	三角双锥	PCl_5
sp^3d^2 或 d^2sp^3	6	90°,180°	八面体	SF_6、$[Fe(CN)_6]^{3-}$

(3)等性杂化与不等性杂化

①等性杂化:参与杂化的原子轨道均为具有未成对电子的原子轨道或空轨道,其杂化是等性的。

②不等性杂化:杂化轨道中有孤电子对存在,造成所含原来轨道成分的比例不相等而能量不完全等同的杂化。

三、分子间作用力

1. 分子的极性

非极性分子的正电荷重心和负电荷重心重合。极性分子的正电荷重心和负电荷重心不重合,其极性的大小可以用偶极矩 μ 来衡量。

极性分子本身固有的偶极矩为永久偶极。分子在外电场诱导下产生的偶极为诱导偶极。由于运动、碰撞等原因造成分子中原子核和电子相对位置瞬间变化,使分子正负电荷重心在瞬间不重合而产生的偶极称为瞬间偶极。

2. 范德华力

分子间存在着一种只有化学键键能 $\frac{1}{100}\sim\frac{1}{10}$ 的弱作用力,称范德华力。按作用力产生的原因和特性,可分为取向力、诱导力和色散力。

(1)取向力

极性分子间靠永久偶极产生的相互作用力称为取向力。分子的极性愈强,取向力愈大。

(2)诱导力

非极性分子受极性分子电场的影响,产生诱导偶极,诱导偶极和极性分子的永久偶极相互吸引所产生的作用力称为诱导力。

(3)色散力

分子间由于瞬间偶极相互吸引而产生的作用力称为色散力。色散力的大小主要与分子的变形性有关。一般来说,分子体积越大,其变形性也就越大,分子间的色散力就越大。

取向力只存在于极性分子之间,诱导力存在于极性分子和非极性分子之间,也存在于极性分子和极性分子之间;色散力普遍存在于各类分子之间(表 8-2)。对于大多数分子来说,色散力在分子间力中占主要地位,只有当分子间的极性很大时,取向力才比较显著。

表 8-2　3 种分子间力及其产生原因

分子的极性	分子间力的种类	产生原因
非极性分子之间	色散力	瞬间偶极
非极性分子与极性分子之间	色散力、诱导力	瞬间偶极、诱导偶极
极性分子之间	色散力、诱导力、取向力	瞬间偶极、诱导偶极、永久偶极

分子间力主要影响物质的物理性质。一般来说,结构相似的同系列物质相对分子质量越大,分子变形性就越大,分子间力越强,物质的熔、沸点也就越高。

3. 氢键

(1)氢键的概念

氢键是分子中的 H 与电负性大、半径小的原子产生的一种特殊的分子间力。氢键的形成必须具备两个条件:

①有与半径小、电负性大的原子成键的氢(使得 H 原子带部分正电荷);

②有电负性大、半径小且有孤对电子的原子(有电子对给予体)。

符合要求的原子主要是 F、O、N,而 Cl—H 和 C—H 形成的氢键则很弱。

氢键分为分子内氢键和分子间氢键。分子内氢键是指与氢成共价键的原子和与氢成氢键的原子属于同一个分子,如硝酸、邻硝基苯酚都有分子内氢键。

氢键具有饱和性和方向性。

(2)氢键对化合物性质的影响

氢键影响共价化合物的物理性质。分子间存在氢键时,分子间的作用力增大,故物质的熔、沸点将升高。例如,CH_3CH_2OH 的沸点(78 ℃)比 H_3COCH_3 的沸点(-25 ℃)高得多,

就是因为 CH_3CH_2OH 分子间形成了较强的氢键。沸点 $HF>HI>HBr>HCl$，HF 分子间有氢键，故 4 个物质中 HF 的沸点最高。

四、晶体

晶体具有一定的几何外形、确定的熔点和沸点，并呈现各向异性。晶体的许多性质与其内部结构有关，组成晶体的原子、分子或离子在空间按一定规律呈周期性排列。将组成晶体的微粒作为三维空间的诸点连接起来形成的空间格子叫晶格，用以表示晶体微粒的周期性排列。在晶格中，能代表晶体结构特征的最小重复单元叫晶胞。无数个晶胞在空间周期性紧密排列则组成晶体，展现了组成晶体的微粒采用密堆积的结构模式。所谓密堆积，就是在单位体积中容纳的粒子数尽可能多，或者说，一个球形微粒在空间尽可能多地与其他微粒相接触。主要的密堆积方式有六方最密堆积、面心立方最密堆积和体心立方密堆积。

根据组成晶体的粒子种类及粒子之间作用力的不同，可将晶体分为离子晶体、原子晶体、分子晶体和金属晶体。4 种类型晶体及其物理性质的比较列于表 8-3 中。

表 8-3   4 种经典晶体及其物理性质的比较

物理性质	晶体类型			
	离子晶体	原子晶体	分子晶体	金属晶体
晶格结点上的粒子	阴、阳离子	原子	分子	金属原子
粒子间的作用力	离子键	共价键	分子间力（有些有氢键）	金属键
熔点	较高	高	低	一般较高，有些较低
硬度	较大	大	小	一般较大，有些较小
导电性	熔融状态或水溶液导电	一般不导电（半导体导电）	不导电（极性分子水溶液导电）	良好
实例	$NaCl$，MgO	金刚石，SiO_2，SiC	Ar，CO_2，H_2O	Na，Cr，W，Hg

例题解析

例 1   分别用价键理论和杂化轨道理论讨论 H_2O 分子的成键过程。

答：按价键理论，O 原子价层电子构型为 $2s^2 2p^4$，有 2 个单电子。2 个有单电子的 p 轨道分别与有单电子的 H 的 1s 轨道重叠，电子配对形成 2 个 σ 键。O 原子的 2 个 p 轨道与 H 的 1s 轨道成键，显然，由于 2 个 p 轨道互相垂直，则 H_2O 分子的 2 个键夹角应为 $90°$，这与 H_2O 分子的键角为 $104°45'$ 相差甚远。可见，用价键理论不能说明 H_2O 分子的构型和键角。按杂化轨道理论，O 原子采取 sp^3 不等性杂化。2 个有单电子的杂化轨道分别与有单电子的 H 的 1s 轨道重叠，电子配对形成 2 个 σ 键，孤对电子不参与成键。但两对孤对电子能量较低，对成键电子对有较大斥力，使 H_2O 分子的键角偏离 $109°28'$ 而变成 $104°45'$。可见，用杂化轨道理论能很好地说明 H_2O 分子的构型和键角。

例 2   根据下列分子或离子的几何构型，试用杂化轨道理论加以说明。

（1）$HgCl_2$（直线形）；（2）SiF_4（正四面体）；（3）BCl_3（平面三角形）；（4）NF_3（三角锥形）；（5）NO_2^-（V 形）；（6）SiF_6^{2-}（八面体）。

答：（1）如果分子构型为直线形，其中心原子有可能为 sp 杂化，也有可能为 sp^3d 杂化（中心原子共有 5 对价电子），因为 $HgCl_2$ 中 Hg 只有两对价电子，所以 Hg 以 sp 杂化轨道与配位原子 Cl 成键。

（2）正四面体构型的分子或离子，其中心原子只可能为 sp^3 杂化。SiF_4 中 Si 以 sp^3 杂化轨道成键。

（3）平面三角形构型的分子或离子中心原子为 sp^2 杂化。BCl_3 中 B 以 sp^2 杂化轨道成键。

（4）三角锥形的分子或离子，其中心原子以 sp^3 不等性杂化轨道成键，并具有一对孤对电子，NF_3 正是这种情形。

（5）V 形分子或离子的中心原子有可能是 sp^2 杂化（有一对孤对电子）或 sp^3 杂化（有 2 对孤对电子）。N 上只有一对孤对电子，所以 NO_2^- 中 N 以 sp^2 杂化轨道成键。

（6）八面体形的分子或离子，其中心原子以 sp^3d^2 杂化轨道成键。SiF_6^{2-} 中 Si 以 sp^3d^2 杂化轨道与 F 成键。

例 3　用杂化轨道理论解释为什么 BF_3 是平面三角形分子，而 NF_3 是三角锥形分子。

答：在 BF_3 分子中，B 的价层电子构型为 $2s^22p^1$，形成分子时进行 sp^2 杂化，三条 sp^2 杂化轨道分别与 F 原子的 3 条 p 轨道电子成键，故 BF_3 是平面三角形。在 NF_3 分子中，N 的价层电子构型为 $2s^22p^3$，形成分子时进行不等性 sp^3 杂化，其中一条 sp^3 杂化轨道被孤对电子占有，另外三条轨道分别与 F 原子的 3 条 p 轨道电子成键，故 NF_3 是三角锥形分子。

例 4　根据键的极性和分子的几何构型，判断下列分子哪些是极性分子，哪些是非极性分子。

Ne；Br_2；HF；NO；H_2S（V 形）；CS_2（直线形）；$CHCl_3$（四面体）；CCl_4（正四面体）；BF_3（正三角形）；NF_3（三角锥形）。

答：极性分子：HF、NO、H_2S、$CHCl_3$、NF_3。非极性分子：Ne、Br_2、CS_2、CCl_4、BF_3。

例 5　判断下列各组分子之间存在何种形式的分子间作用力：

（1）苯和 CCl_4；（2）氨和水；（3）CO_2 气体；（4）HBr 气体；（5）甲醇和水。

答：（1）色散力；（2）色散力、诱导力、取向力、氢键；（3）色散力；（4）色散力、诱导力、取向力；（5）色散力、诱导力、取向力、氢键。

例 6　下列 4 组物质，每一组中哪一个分子的键角较大？为什么？

（1）CH_4，NH_3；（2）OF_2，Cl_2O；（3）NH_3，PH_3；（4）NO_2^+，NO_2。

答：（1）CH_4 键角较大，因 NH_3 分子中，N 原子上有孤对电子，对成键电子排斥作用较大。

（2）Cl_2O 键角较大，因 Cl_2O 分子中电子对偏向电负性较大的 O，排斥力较大。

（3）NH_3 键角较大，因 N 的电负性大于 P，成键电子对间排斥作用大。

（4）NO_2^+ 键角较大，因杂化轨道不同，NO_2^+ 中 N 原子用 sp 杂化轨道成键；NO_2 中，N 原子用 sp^2 杂化轨道成键。

例 7　比较下列各对物质的熔点高低并简要说明原因。

（1）HF，HCl；（2）H_2O，HF；（3）$NaCl$，KCl；（4）Al_2O_3，MgO；（5）ZnI_2，HgI_2；（6）邻硝基

苯酚,对硝基苯酚。

答:(1)HF>HCl

HF 分子的体积比 HCl 小,色散力比 HCl 小,但 HF 分子间存在很强的氢键,HF 分子间总的作用力比 HCl 分子间总的作用力大。

(2)H_2O>HF

HF 分子间虽然存在最强的氢键,但 H_2O 分子之间形成氢键的数量是 HF 分子间氢键的两倍(H—F···H 氢键的键能为 28 kJ·mol^{-1},H—O···H 氢键的键能为 18.8 kJ·mol^{-1})。

(3)NaCl>KCl

Na^+ 的半径比 K^+ 的半径小,Na^+ 与 Cl^- 间的静电引力大于 K^+ 与 Cl^- 间的静电引力,NaCl 离子键强于 KCl。

(4)Al_2O_3<MgO

虽然 Al^{3+} 的电荷比 Mg^{2+} 的电荷高,Al^{3+} 与 O^{2-} 间的静电引力大于 Mg^{2+} 与 O^{2-} 间的静电引力,但 Al^{3+} 的半径小而电荷高,极化能力极强,使 Al^{3+} 与 O^{2-} 间共价键成分增大。静电引力和离子极化的总结果是 Al_2O_3 的熔点(2054 ℃)比 MgO 的熔点(2806 ℃)低。

(5)ZnI_2>HgI_2

Zn^{2+} 和 Hg^{2+} 的电荷相同,Zn^{2+} 的半径远小于 Hg^{2+}。二者半径不同对化合物性质有两种相反的影响:一是半径小的 Zn^{2+} 与 I^- 的距离近,静电引力大,离子键强,熔点高;同时,半径小的 Zn^{2+} 与 I^- 的附加极化(相互极化)作用小,ZnI_2 化合物中共价成分少,熔点高。二是半径小的 Zn^{2+} 的极化能力比半径大的 Hg^{2+} 的强,ZnI_2 化合物中共价成分比 HgI_2 化合物中多,共价成分多的 ZnI_2 熔点低。总的结果是前者是主要因素,特别是 HgI_2 的相互极化作用强而成为共价化合物,故 ZnI_2 比 HgI_2 熔点高。

(6)邻硝基苯酚<对硝基苯酚

邻硝基苯酚、对硝基苯酚都能形成氢键。对硝基苯酚只能形成分子间氢键,邻硝基苯酚既能形成分子间氢键也能形成分子内氢键,但其分子内氢键的形成会影响其分子间氢键的形成。结果是只形成分子间氢键的对硝基苯酚的熔点高。

例 8 比较下列各对物质的热稳定性并简要说明原因。

(1)ZnO,HgO;(2)$CuCl_2$,$CuBr_2$;(3)Na_2CO_3,K_2CO_3;

(4)$Na_2S_2O_3$,$Ag_2S_2O_3$;(5)Na_2SO_3,Na_2SO_4;(6)$AgNO_3$,$Cu(NO_3)_2$。

答:(1)ZnO>HgO

Zn^{2+} 和 Hg^{2+} 电荷相同,但 Hg^{2+} 的半径大,有效核电荷高,故 Hg^{2+} 与氧之间有较强的相互极化作用,使 HgO 受热很容易分解为 Hg 和 O_2,而 ZnO 热稳定性却很高。这一点也体现在 Ag_2O 的热稳定性比 Cu_2O 低得多。

(2)$CuCl_2$>$CuBr_2$

二者阳离子相同,热稳定性由阴离子的变形性决定。Cl^- 半径比 Br^- 半径小,变形性大的 Br^- 更容易被氧化,而变形性更大的 I^- 与 Cu^{2+} 不能生成稳定的化合物而直接将 I^- 氧化:

$$2Cu^{2+}+4I^-=\!=\!=2CuI+I_2$$

(3)Na_2CO_3<K_2CO_3

二者阴离子相同,热稳定性由阳离子的极化能力决定。半径 Na^+<K^+,极化能力 Na^+>

K^+，Na_2CO_3 热分解温度低，热稳定性差。

（4）$Na_2S_2O_3 > Ag_2S_2O_3$

二者阴离子相同，热稳定性由阳离子的极化能力决定。Ag^+ 半径大、外层电子多，故极化能力强，而且与变形性大的阴离子间有很强的相互极化作用，使 $Ag_2S_2O_3$ 极不稳定，在水中立即发生分解反应：

$$Ag_2S_2O_3 + H_2O =\!\!= Ag_2S + H_2SO_4$$

$Ag_2S_2O_3$ 易分解也与分解产物 Ag_2S 溶解度极小而有利于平衡向分解反应方向进行有关。

（5）$Na_2SO_3 < Na_2SO_4$

二者阳离子相同，热稳定性由阴离子的中心原子氧化数决定，阴离子的变形性也会影响化合物的稳定性。Na_2SO_3 的阴离子中心原子氧化数为 $+4$，Na_2SO_4 的离子中心原子氧化数为 $+6$。显然，SO_4^{2-} 中心的氧化数高使其抵抗 Na^+ 的极化能力强，Na_2SO_4 的热稳定性高；SO_3^{2-} 中心的氧化数低，使其抵抗 Na^+ 的极化能力弱，Na_2SO_3 的热稳定性低而很容易受热分解。

$$4Na_2SO_3 =\!\!= Na_2S + 3Na_2SO_4$$

此外，SO_3^{2-} 为三角锥形，SO_4^{2-} 为正四面体，SO_3^{2-} 对称性比 SO_4^{2-} 低，对称性低则变形性大，稳定性差。

（6）$AgNO_3 > Cu(NO_3)_2$

二者阴离子相同，热稳定性由阳离子的极化能力决定。Ag^+ 的电荷比 Cu^{2+} 低，电荷高的 Cu^{2+} 极化能力强，其硝酸盐易分解。

例 9　试用离子极化讨论 Cu^+ 与 Na^+ 虽然半径相近，但 $CuCl$ 在水中溶解度比 $NaCl$ 小得多的原因。

答：Cu^+ 与 Na^+ 虽半径相近电荷相同，但 Na^+ 外层电子构型为 $8e^-$，本身不易变形，使 Cl^- 极化（变形）的作用也弱；Cu^+ 外层电子构型为 $18e^-$，极化作用和变形性均较强，因此 $CuCl$ 的键型由离子键向共价键过渡，在水中的溶解度比 $NaCl$ 小得多。

例 10　NF_3 的偶极矩远小于 NH_3 的偶极矩，但前者的电负性差远大于后者。如何解释这一矛盾现象？

答：NF_3 和 NH_3 分子的空间构型都是三角锥形。分子的总偶极矩是分子内部各种因素所产生的分偶极矩的总矢量和。NF_3 分子中成键电子对偏向电负性大的 F 原子，N 的孤对电子对偶极矩的贡献与键矩对偶极矩的贡献方向相反，即孤对电子的存在削弱了由键矩可能引起的分子偶极矩，故偶极矩较小；而 NH_3 分子中成键电子对偏向电负性大的 N 原子，即孤对电子对偶极矩的贡献与键矩对偶极矩的贡献方向相同，故 NH_3 分子有较大偶极矩。

🔁 习题

1. 下列分子中，空间构型为三角锥形的是（　　　　）。

A. PCl_3　　　　　　　B. BF_3　　　　　　　C. H_2Se　　　　　　　D. $SnCl_2$

2. 下列物质中极性最弱的是（　　　　）。

A. HF　　　　　　　B. HCl　　　　　　　C. HBr　　　　　　　D. HI

3. ICl_2^- 中，碘原子的杂化轨道类型是（　　　　）。

A. sp^2 杂化　　　　B. sp^3d 杂化　　　　C. sp^3d^2 杂化　　　　D. dsp^2 杂化

4. H_2O 分子和 CH_4 分子间存在的分子间作用力为（   ）。

A. 取向力和色散力 B. 取向力、诱导力和色散力

C. 取向力和诱导力 D. 诱导力和色散力

5. 下列分子中,原子的电子都满足路易斯结构式要求的是（   ）。

A. $BeCl_2$ B. $SOCl_2$ C. BCl_3 D. PCl_5

6. 在下列分子中,属于非极性分子的是（   ）。

A. SO_2 B. CS_2 C. PBr_3 D. NH_3

7. 在下列分子中,偶极矩不为零的是（   ）。

A. CH_4 B. PCl_5 C. SF_4 D. $BeCl_2$

8. 下列说法正确的是（   ）。

A. 活化能是活化分子所具有的最低能量

B. PCl_3 分子空间构型为三角锥形,而 BCl_3 为平面三角形

C. 分子间氢键可使物质的熔沸点下降,分子内氢键可使物质的熔沸点升高

D. 氟是最活泼的非金属,所以其标准电极电势最大,电子亲和能也最大

9. 下列盐中,热稳定性大小顺序正确的是（   ）。

A. $NaHCO_3 < Na_2CO_3 < MgCO_3$ B. $Na_2CO_3 < NaHCO_3 < MgCO_3$

C. $MgCO_3 < NaHCO_3 < Na_2CO_3$ D. $NaHCO_3 < MgCO_3 < Na_2CO_3$

10. 下列关于分子间作用力的说法正确的是（   ）。

A. 多数含氢化合物中都存在氢键

B. 分子型物质的沸点总是随相对分子质量增加而增大

C. 极性分子间只存在取向力

D. 色散力存在于所有相邻分子间

11. 下列化合物中,存在分子间氢键的有（   ）。

A. 硼酸 B. 邻硝基苯 C. 对硝基苯 D. 碳酸氢钠

12. 下列氯化物熔点高低顺序中错误的是（   ）。

A. $LiCl < NaCl$ B. $BeCl_2 > MgCl_2$ C. $KCl > RbCl$ D. $ZnCl_2 < BaCl_2$

13. 下列物质中,分子间不能形成氢键的是（   ）。

A. NH_3 B. N_2H_4 C. CH_3COOH D. CH_3COCH_3

14. 在水分子之间存在的各种相互作用由强到弱的顺序是（   ）。

A. 氢键 > 取向力 > 色散力 > 诱导力 B. 氢键 > 色散力 > 取向力 > 诱导力

C. 氢键 > 诱导力 > 取向力 > 色散力 D. 氢键 > 取向力 > 诱导力 > 色散力

15. 在 $NaCl$ 晶体中, Na^+ 的配位数是（   ）。

A. 2 B. 4 C. 6 D. 8

16. 下列金属晶体中,不属于密堆积的是（   ）。

A. 金刚石型 B. 立方面心 C. 立方体心 D. 六方

17. 下列分子中,有 π 键的是（   ）。

A. SO_2 B. NH_3 C. H_3BO_3 D. CO

18. MgO 的硬度比 LiF _____ , NH_3 的沸点比 PH_3 _____ , $FeCl_3$ 的熔点比 $FeCl_2$ _____ , HgS 的颜色比 ZnS _____ , AgF 的溶解度比 $AgCl$ _____ 。

19. 晶体中离子的配位数比：NaCl _____，立方 ZnS _____，CsCl _____。

20. 金属晶体的晶胞中原子数：六方密堆积 _____，立方面心密堆积 _____，立方体心密堆积 _____，金刚石型堆积 _____。

21. 氢键一般具有 _____ 性和 _____ 性，分子间存在氢键时，物质的熔沸点 _____，而具有分子内氢键的物质的熔沸点往往比具有分子间氢键的物质熔沸点 _____。

22. PH_3 的分子构型为 _____，其毒性比 NH_3 _____，其溶解性比 NH_3 _____。

23. 固体五氯化磷是 PCl_4^+ 阳离子与 PCl_6^- 阴离子的离子化合物（但其蒸气却是分子化合物），则固体中两种离子的构型分别为 _____、_____。

24. 比较下列各对化合物中键的极性大小（填"＞"或"＜"）

PbO _____ PbS，$FeCl_3$ _____ $FeCl_2$，SnS _____ SnS_2，

AsH_3 _____ SeH_2，PH_3 _____ H_2S，HF _____ H_2O。

25. 比较下列各对化合物的热稳定性（填"＞"或"＜"）

HNO_3 _____ $NaNO_3$，Na_2SO_4 _____ Na_2SO_3，

Ag_2O _____ Cu_2O，$ZnCO_3$ _____ $HgCO_3$。

26. BCl_3 和 NCl_3 的几何构型有何差异？说明理由。

27. 共价键为什么具有饱和性和方向性？

28. 判断 PF_3、PCl_3、PBr_3、PI_3 分子键角大小的变化规律，并说明原因。

29. 试用离子极化的观点，解释下列现象：

(1) AgF 易溶于水，AgCl、AgBr、AgI 难于水，且溶解度依次减小；

(2) AgCl、AgBr、AgI 的颜色依次加深。

30. C 和 Si 在同一族，为什么 CO_2 形成分子晶体而 SiO_2 却形成原子晶体？

▶ 习题参考答案

1. A　2. D　3. B　4. D　5. B　6. B　7. C　8. B　9. D

10. D　11. C　12. B　13. D　14. A　15. C　16. A　17. D

18. 大，高，低，深，大

19. 6∶6，4∶4，8∶8

20. 2，4，2，8

21. 方向、饱和，高，低

22. 三角锥形，大，小

23. 正四面体、正八面体

24. PbO＞PbS，$FeCl_3$＜$FeCl_2$，SnS＞SnS_2，AsH_3＜SeH_2，PH_3＜H_2S，HF＞H_2O

25. HNO_3＜$NaNO_3$，Na_2SO_4＞Na_2SO_3，Ag_2O＜Cu_2O，$ZnCO_3$＞$HgCO_3$

26. 答：BCl_3：sp^2 杂化，平面三角形；NCl_3：sp^3 杂化，三角锥形。

27. 答：共价键是由成键原子的最外层原子轨道相互重叠而形成的。原子轨道在空间有一定的伸展方向，除了 s 轨道为球形外，p、d、f 轨道都有一定的空间取向。为了形成稳定的共价键，原子轨道只有沿着某一特定方向才能达到最大程度的重叠，即共价键只能沿着某一特定的方向形成，因此共价键具有方向性。根据泡利不相容原理，一条轨道最多只能容纳两

个自旋相反的电子。因此,一个原子中有几个单电子,就可以与几个自旋相反的单电子配对成键,因此,共价键具有饱和性。

28.答:PX_3分子中,由于 F 的电负性最大,对电子对的吸引也最大,使中心 P 原子周围的电子密度变得最小,键合电子对间的斥力最小,因此 PF_3 的键角最小。同理,随 Cl、Br、I 电负性减小,其键角逐渐变大。故键角 $PF_3 < PCl_3 < PBr_3 < PI_3$。

29.答:(1)Ag^+ 为 18 电子构型,其极化能力和变形性都很强。由 F^- 到 I^-,离子半径依次增大,离子的变形性依次增强,因此,由 AgF 到 AgI,阴、阳离子之间的相互极化作用依次增强,极性减弱,共价成分依次增大。由于 F^- 半径小,因此变形性小,AgF 为离子型化合物,易溶于水。而 AgCl、AgBr、AgI 为共价型化合物,极性依次减弱,因此难溶于水,并且溶解度依次减小。

(2)在卤化银中,极化作用越强,卤化银的颜色越深。由于极化作用按 AgCl、AgBr、AgI 的顺序依次增强,因此 AgCl、AgBr、AgI 的颜色依次加深。

30.答:CO_2 为分子晶体而 SiO_2 为原子晶体,无论从宏观上还是从微观上来讨论,结果都是一样的。从宏观上看,C 与 O 形成双键的键能($798.9\ kJ \cdot mol^{-1}$)比形成单键的键能($357.7\ kJ \cdot mol^{-1}$)的 2 倍要大,因而 C 与 O 形成双键时,以 CO_2 形式存在更稳定;而 Si 与 O 形成双键的键能比形成单键键能的 2 倍小,因而 Si 与 O 以单键相结合形成巨型的原子晶体而不是 O=Si=O 分子晶体。从微观角度看,C 的半径小,C 与 O 的 p 轨道以肩并肩形式重叠能形成较强的 π 键,因而 CO_2 分子中 C 与 O 之间以双键相结合,CO_2 为分子晶体;而 Si 的半径较大,Si 与 O 的 p 轨道以肩并肩形式重叠较少则不能形成稳定的 π 键,Si 与 O 之间只能形成稳定的 σ 单键,每个 Si 采取 sp^3 杂化并与 4 个 O 形成 SiO_4 四面体,SiO_4 四面体共顶点氧形成骨架结构,该骨架结构无限连接从而构成原子晶体。

第 9 章 配位化合物

核心内容

一、配位化合物的基本概念

1. 配位化合物的定义和构成

由中心原子(或离子)和一定数目的配体分子(或离子)以配位键相结合而形成的复杂分子或离子称为配位单元,含有配位单元的化合物称为配位化合物。

配位化合物一般由内界和外界两部分构成。内界由中心离子(或原子)和配体构成;外界为平衡电荷的离子。配位化合物的内界和外界之间以离子键相结合。

中心原子(或离子)(又称形成体):具有空轨道可以接受孤对电子的原子或离子。

配位体(简称配体):可以给出孤对电子的分子或离子。只以一个配位原子和中心原子(或离子)配位的配体称单基(齿)配体;有两个或两个以上的配位原子同时与一个中心原子(或离子)配位的配体称多基(齿)配体。

配位原子:配体中直接和中心原子(或离子)键合的原子。

配位数:直接和中心原子(或离子)键合的配位原子的数目。单基配体配位数为配体个数,多基配体配位数为配体个数乘以齿数。

配离子的电荷:中心原子(或离子)和配体两者电荷的代数和。

2. 配位化合物的分类

简单配合物:由一个中心原子(或离子)与若干个单基(齿)配体形成的配合物。

螯合物:由一个中心原子(或离子)与多基(齿)配体形成的具有环状结构的配合物。螯合物具有特殊的稳定性,又称螯合效应。一般五元环或六元环比较稳定,而且环数越多越稳定。

多核配合物:含两个或两个以上中心原子的配合物。

3. 配位化合物的命名

(1)配位化合物的内外界命名顺序遵循无机化合物的命名原则。在配合物的内外界之间,先阴离子,后阳离子。

若内界为阳离子,阴离子为简单离子或复杂的酸根,则内外界之间用"化"或"酸"字连接;若内界为阴离子,则在内外界之间用"酸"字。

(2)配合物的内界命名。

配合物内界的命名顺序是:配位体数—配位体名称—合—中心离子(中心离子氧化数,

以罗马数字表示)。不同配体名称之间加"·"号隔开,相同的配体个数用倍数词头二、三、四等数字表示。

(3)配体的先后顺序遵循以下原则:

①先无机配体,后有机配体;

②先阴离子类配体,后分子类配体;

③同类配体先后顺序按配位原子的元素符号在英文字母表中的顺序;

④同类配体、配位原子相同的含较少原子的配体在前,含较多原子的配体在后;

⑤同类配体、配位原子相同,且原子数目也相同的,则按和配位原子直接相连的其他原子的元素符号在英文字母表中的顺序。

一些常见的配位化合物,也可用简称或俗名。

4.配位化合物的异构现象

配位化合物的组成相同但结构不同,称为配位化合物的异构现象,分为结构异构和立体异构两大类。

(1)结构异构

结构异构的特点是配位化合物的组成相同,但键连关系不同。包括解离异构、键合异构和配位异构。

解离异构:若内外界之间交换成分,则得到的新的配位化合物与原来的配位化合物互为解离异构,如$[CoBr(NH_3)_5]SO_4$和$[CoSO_4(NH_3)_5]Br$。由H_2O分子在内界或外界不同造成的解离异构称为水合异构,如$[Cr(H_2O)_6]Cl_3$和$[CrCl(H_2O)_5]Cl_2 \cdot H_2O$。

键合异构:配体中有两个配位原子,但这两个原子并不同时配位,这样的配体称两可配体。两可配体使配合物有键合异构体,如$[Co(NO_2)(NH_3)_5]Cl_2$和$[Co(ONO)(NH_3)_5]Cl_2$。

配位异构:由不同电荷的两个配位单元组成的配位化合物,两个配位单元之间交换配体形成配位异构体,如$[Co(NH_3)_6][Cr(CN)_6]$和$[Cr(NH_3)_6][Co(CN)_6]$互为配位异构体。

(2)立体异构

立体异构的特点是键连关系相同,但配体相互位置不同。包括几何异构(又称顺反异构)和旋光异构。

平面四边形配合物MAB_3有1种几何异构体,MA_2B_2有2种几何异构体,$MABC_2$有3种几何异构体。例如,$[PtCl_2(NH_3)_2]$有顺式(cis-$[PtCl_2(NH_3)_2]$)和反式($trans$-$[PtCl_2(NH_3)_2]$)2种几何异构体。

配位数为6的八面体配合物几何异构现象更加复杂,MA_2B_4、MA_3B_3和$MABC_4$各有2种几何异构体,MAB_2C_3有3种几何异构体,$MA_2B_2C_2$有5种几何异构体。总之,配体数目越多,配体种类越多,几何异构现象就越复杂。

两个互为镜像的配位单元称为旋光异构体,其配体的相互位置是一致的,但因配体在空间的排列取向不同,两者是不能重合的异构体。

判断配合物(或配离子)的某种几何构型是否存在旋光异构体,通常是看配位单元的几何构型中有没有对称面或对称中心,若有,则不存在旋光异构体;若没有,则存在旋光异构体。

二、配位化合物的化学键理论

1. 价键理论

配位化合物的价键理论是应用杂化轨道理论研究配合物的成键和结构,其实质是配体中配位原子的孤对电子向中心的空杂化轨道配位形成配位键。所以,配位单元的构型由中心的轨道杂化方式决定,亦称杂化轨道理论。

(1)中心的轨道杂化方式与配位单元构型的关系

中心原子或离子能量相近的空的价层轨道杂化后形成具有特征空间结构的简并轨道,配体的孤对电子向这些空的杂化轨道配位,形成具有特征空间结构的配位单元。常见的配位单元的空间构型与中心的杂化轨道类型的关系见表 9-1。

表 9-1　配位单元的空间构型与中心的杂化轨道类型的关系

配位数	杂化类型	空间构型
2	sp	直线形
3	sp^2	三角形
4	sp^3	四面体
4	dsp^2	平面四边形
5	sp^3d	三角双锥
5	dsp^3	三角双锥
6	sp^3d^2	八面体
6	d^2sp^3	八面体

(2)外轨型配合物和内轨型配合物

若中心原子(或离子)参与杂化的价层轨道属于同一主层,即 ns、np、nd 杂化,形成的配合物称为外轨型配合物;若中心原子(或离子)参与杂化的价层轨道不属于同一主层,即 $(n-1)d$、ns、np 杂化,形成的配合物称为内轨型配合物。

形成外轨型配合物还是内轨型配合物,与配体的场强、中心原子或离子的价层电子构型和电荷数有关。强场配体,如 CN^-、NO_2^-、CO 等易形成内轨型配合物;弱场配体,如 H_2O、X^- 等易形成外轨型配合物。NH_3 和 en(乙二胺)对 Co^{3+} 为强场配体,而对 Co^{2+} 和其他金属离子一般为弱场配体。

内轨型配合物中,中心的内层轨道($n-1$ 层 d 轨道)参与杂化和成键,配位键的键能较大;而外轨型配合物中,中心参与杂化和成键的轨道均为外层轨道,配位键的键能较小。故内轨型配合物较外轨型配合物稳定。

具有 $(n-1)d^{10}$ 构型的中心离子,只能用外层轨道形成外轨型配合物;$(n-1)d^{1\sim3}$ 构型的中心通常形成内轨型配合物;$(n-1)d^{4\sim7}$ 构型的中心可形成内轨或外轨型配合物;$(n-1)d^8$ 构型的中心离子(如 Ni^{2+}、Pt^{2+}、Pd^{2+} 等)则易形成内轨型配合物。

中心离子的电荷数越高,对配位原子的吸引力越强,越容易形成内轨型配合物;而电负性较大的配位原子容易形成外轨型配合物。总的来讲,要看能量的变化,配合物总是采取能量最低的形式。

通过测定配合物的磁性,可判断是外轨型配合物还是内轨型配合物。磁矩 μ 和单电子数 n 有如下关系:

$$\mu=\sqrt{n(n+2)}\ \text{B. M.}$$

式中,B. M. 单位为玻尔磁子。

(3)配合物中的 d-pπ 配键(反馈键)

过渡金属与羰基、氰基、烯烃等含有 π 电子的配体形成的配合物都含有 d-pπ 配键(反馈键)。

2. 晶体场理论

晶体场理论认为,配合物的中心离子(或原子)与配体之间靠静电作用结合在一起,配体的负电荷或孤对电子可以看成负电场。在配体形成的电场中,中心离子或原子本来能量相同的五个简并 d 轨道发生能级分裂,有些 d 轨道能量比球形场时高,有些 d 轨道能量比球形场时低。d 电子优先排布到分裂后的能量低的 d 轨道中,体系能量降低,给配合物带来额外的稳定化能。

(1)晶体场中 d 轨道的分裂(图 9-1)

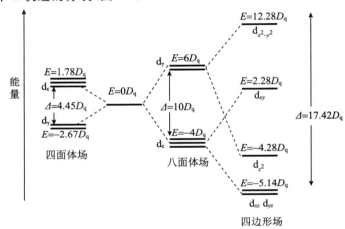

图 9-1　晶体场中 d 轨道的分裂

分裂后的 d 轨道 d_γ(二重简并,或用 e_g 表示)与 d_ε(三重简并,或用 t_{2g} 表示)能量差为 Δ,称为分裂能。Δ_o 为八面体场的分裂能,Δ_t 为四面体场的分裂能,Δ_p 为四边形场的分裂能。

(2)影响分裂能大小的因素

配合物的空间构型影响分裂能的大小:

$$\Delta_p>\Delta_o>\Delta_t$$

分裂能的大小与中心离子的电荷数有关。中心离子的电荷高,中心与配体作用力强,分裂能大。

中心原子所在的周期数影响分裂能的大小。对于相同的配体,中心的周期高,分裂能大。因为高周期的过渡元素的 d 轨道伸展程度较大,与配体的作用力大,分裂能大。

配体中的配位原子的电负性越小,给电子能力强,配体的配位能力强,分裂能大。Δ 递增的配体次序为

$I^-<Br^-<SCN^-<Cl^-<F^-<OH^-<-ONO^-<C_2O_4^{2-}<H_2O<NCS^-<NH_3<en<NO_2^-<CN^-\approx CO$

这一顺序称为光化学序列。按配位原子配位能力,分裂能变化的一般规律是

$$卤素＜氧＜氮＜碳$$

以上讨论的只是一般规律,实际上经常有些不符合这些规律甚至反常的例子。

（3）晶体场稳定化能(CFSE)

以八面体配合物为例,d 电子在分裂后的 d 轨道中排布,其能量用 $E_{晶}$ 表示,在球形场中的能量用 $E_{球}$ 表示。因晶体场的存在,体系总能量的降低值称为晶体场稳定化能。由于 $E_{球}＝0$,则晶体场稳定化能为

$$CFSE＝E_{球}-E_{晶}＝0-E_{晶}＝-E_{晶}$$

在形成八面体配合物时,d 轨道电子有两种排布方式,当 $\Delta_{o}＞P$ 时,即分裂能大于成对能(P),电子按低自旋排布,形成低自旋配合物;当 $\Delta_{o}＜P$ 时,即分裂能小于成对能,电子按高自旋排布,形成高自旋配合物。

CFSE 取决于中心离子的 d 电子数、晶体场的场强和配合物的几何构型。CFSE 值越大,配合物越稳定。

$$CFSE(八面体场)＝-E_{晶}＝-\left(\frac{3}{5}\Delta_{o}\times n_{d\gamma}-\frac{2}{5}\Delta_{o}\times n_{d\varepsilon}+nP\right)$$

注意,$E_{晶}$ 的值要严格以 $E_{球}＝0$ 为基础进行计算,必须考虑成对能 P 值。

（4）姜-泰勒效应(Jahn-Teller effects)

$[Cu(NH_3)_4]^{2+}$ 为正方形结构,溶液中 $[Cu(NH_3)_4(H_2O)_2]^{2+}$ 为拉长的八面体结构。这种现象用配合物的价键理论不能得到合理的解释。

按晶体场理论,Cu^{2+} 为 d^9 电子构型。在八面体场中,最后一个电子排布到 $d_{z^2-y^2}$ 轨道中,则形成压扁的八面体。若最后一个电子排布到 d_{z^2} 轨道中,则形成拉长的八面体。若轴向的两个配体拉得太远,则失去轴向两个配体,变成 $[Cu(NH_3)_4]^{2+}$ 正方形结构。这就是姜-泰勒效应。用姜-泰勒效应能合理解释 $[PtCl_4]^{2-}$ 的空间构型为什么是正方形而不是四面体。

三、配位化合物的稳定性

1. 配位解离平衡

（1）配位解离平衡与稳定常数($K_f^{\ominus}$)

配合物内界部分解离,即存在配位解离平衡。配位单元的生成反应达到平衡时,溶液中各物质的浓度关系称为配离子的稳定常数,用 $K_f^{\ominus}$ 表示。$K_f^{\ominus}$ 越大表示该配离子越稳定。

（2）$K_f^{\ominus}$ 的应用

用 $K_f^{\ominus}$ 直接比较同类型配合物的稳定性大小(所谓同类型配合物是指配位数相同的配合物);可以计算配合物溶液中相关离子的浓度;计算配位沉淀平衡和沉淀的可溶性;判断配体取代反应的可能性;计算配离子的形成对电极电势的影响等。

2. 影响配位单元稳定性的因素

（1）中心离子的影响

中心原子(或离子)的电荷越高,半径越小,形成的配离子越稳定。

（2）配体性质的影响

配体中配位原子的给电子能力越强,配合物越稳定;配位原子相同,结构类似的配体与同种金属离子形成配合物时,配体碱性越强,配合物越稳定;当多齿配体与金属离子形成螯合环时,螯合物的稳定性与组成和结构相似的非螯合配合物相比大大提高;在螯合物结构中,五元环和六元环稳定性较好,且螯合环数目越多,螯合物越稳定。

（3）中心离子与配体的相互作用的影响

中心原子与配体结合的稳定性遵从软硬酸碱规则:硬亲硬,软亲软,软硬交界都不管。

例题解析

例1 给下列配位化合物命名。

(1)$Na_2[SiF_6]$;(2)$[Pt(SCN)_6]^{2-}$;(3)$[Co(NH_3)_6]Cl_3$;(4)$K_2[Zn(OH)_4]$;

(5)$[Fe(C_5H_5)_2]$;(6)$[Co(N_3)(NH_3)_5]SO_4$;(7)$[Co(ONO)(NH_3)_3(H_2O)_2]Cl_2$。

答:(1)六氟合硅(Ⅳ)酸钠;(2)六硫氰酸根合铂(Ⅳ)离子;(3)三氯化六氨合钴(Ⅲ);(4)四羟基合锌(Ⅱ)酸钾;(5)二茂铁;(6)硫酸叠氮·五氨合钴(Ⅲ);(7)二氯化·一亚硝酸根·三氨·二水合钴(Ⅲ)。

例2 写出下列配位化合物的化学式。

(1)二氯·二氨合铂(Ⅱ);(2)四异硫氰合钴(Ⅱ)酸钾;(3)二氯化一氯·五氨合钴(Ⅲ);(4)三氯·一氨合铂(Ⅱ)酸钾;(5)六氯合锑(Ⅲ)酸铵;(6)四氢合铝(Ⅲ)酸锂;(7)三氯化三乙二胺合钴(Ⅲ)。

答:(1)$[Pt(NH_3)_2Cl_2]$;(2)$K_2[Co(NCS)_4]$;(3)$[Co(NH_3)_5Cl]Cl_2$;(4)$K[PtCl_3(NH_3)]$;(5)$(NH_4)_3[SbCl_6]$;(6)$Li[AlH_4]$;(7)$[Co(en)_3]Cl_3$。

例3 比较下列化合物的磁性大小。

$K_3[Fe(CN)_6]\cdot 3H_2O$,$K_4[Fe(CN)_6]$,$Fe(NO_3)_3\cdot 9H_2O$,$FeSO_4\cdot 7H_2O$。

答:配合物的磁矩 μ 越大,其磁性越大。利用下面的公式可计算配合物的磁矩

$$\mu=\sqrt{n(n+2)}\ B.M.$$

$Fe(NO_3)_3\cdot 9H_2O$、$FeSO_4\cdot 7H_2O$、$K_3[Fe(CN)_6]\cdot 3H_2O$ 和 $K_4[Fe(CN)_6]$的 n 值分别为 5、4、1 和 0。故以上化合物的磁性由大到小的排列顺序为

$Fe(NO_3)_3\cdot 9H_2O>FeSO_4\cdot 7H_2O>K_3[Fe(CN)_6]\cdot 3H_2O>K_4[Fe(CN)_6]$

例4 比较下列各对配位单元的相对稳定性,并简要说明原因。

(1)$[Fe(SCN)_4]^-$,$[Co(SCN)_4]^{2-}$;

(2)$[Cu(NH_3)_4]^{2+}$,$[Zn(NH_3)_4]^{2+}$;

(3)$[Hg(CN)_4]^{2-}$,$[Zn(CN)_4]^{2-}$;

(4)$[Cu(en)_2]^{2+}$,$[Cu(H_2NCH_2CH_2COO)_2]$;

(5)$[Zn(CN)_4]^{2-}$,$[Ni(CN)_4]^{2-}$;

(6)$[Pt(NH_3)_4]^{2+}$,$[Cu(NH_3)_4]^{2+}$;

(7)$[Cu(CN)_2]^-$,$[Cu(NH_3)_2]^+$;

(8)$[Ni(NH_3)_6]^{2+}$,$[Ni(en)_3]^{2+}$;

(9)$[Cu(NH_3)_4]^{2+}$,$[Cu(NH_3)_4]^+$;

(10)$[SiF_6]^{2-}$,$[SiCl_6]^{2-}$。

答:(1)$[Fe(SCN)_4]^->[Co(SCN)_4]^{2-}$

Fe^{3+} 正电荷比 Co^{2+} 高,Fe^{3+} 与阴离子配体 SCN^- 间静电引力大。

(2)$[Cu(NH_3)_4]^{2+}>[Zn(NH_3)_4]^{2+}$

$[Cu(NH_3)_4]^{2+}$ 为正方形结构,晶体场稳定化能大;$[Zn(NH_3)_4]^{2+}$ 为四面体结构,晶体场稳定化能小。

(3)$[Hg(CN)_4]^{2-}>[Zn(CN)_4]^{2-}$

CN^- 为软碱,与半径大的软酸 Hg^{2+} 结合生成的配离子稳定性高。

(4)$[Cu(en)_2]^{2+}>[Cu(H_2NCH_2CH_2COO)_2]$

乙二胺(en)以 2 个氮原子配位,$H_2NCH_2CH_2COO^-$ 以 1 个氮原子和 1 个氧原子配位,氮原子配位能力比氧原子配位能力强。

(5)$[Zn(CN)_4]^{2-}<[Ni(CN)_4]^{2-}$

Ni^{2+} 采取 dsp^2 杂化,$[Ni(CN)_4]^{2-}$ 为正方形结构,晶体场稳定化能大;Zn^{2+} 采取 sp^3 杂化,$[Zn(CN)_4]^{2-}$ 为四面体结构,晶体场稳定化能小。

(6)$[Pt(NH_3)_4]^{2+}>[Cu(NH_3)_4]^{2+}$

Pt 为高周期元素,d 轨道较为扩展,与配体的轨道重叠多,配位键强。

(7)$[Cu(CN)_2]^->[Cu(NH_3)_2]^+$

对于 Cu^+,CN^- 是强配体,NH_3 是弱配体;Cu^+ 与 CN^- 间还有 d-pπ 配键,Cu^+ 与 NH_3 间只有 σ 配键。

(8)$[Ni(NH_3)_6]^{2+}<[Ni(en)_3]^{2+}$

$[Ni(en)_3]^{2+}$ 为螯合物,$[Ni(NH_3)_6]^{2+}$ 为简单配合物。

(9)$[Cu(NH_3)_4]^{2+}>[Cu(NH_3)_4]^+$

Cu^{2+} 正电荷比 Cu^+ 高,正电荷高的中心与配体的引力大,生成的配离子更稳定。

(10)$[SiF_6]^{2-}>[SiCl_6]^{2-}$

Si^{4+} 正电荷高而半径小,硬酸,与半径小的硬碱 F^- 结合生成的$[SiF_6]^{2-}$ 更稳定。

例 5　已知$[Co(CN)_6]^{3-}$ 的磁矩为零,试判断该配离子的空间构型和中心离子的杂化方式。用晶体场理论推测中心原子的 d 电子排列方式和晶体场稳定化能。

解:Co^{3+} 的外层电子组态为 $3s^2 3p^6 3d^6$。由$[Co(CN)_6]^{3-}$ 配离子的磁矩为零,可知在配离子中中心原子的 6 个 3d 电子挤在 3d 轨道上。因此,中心原子的杂化方式为 d^2sp^3 杂化,配离子的空间构型为八面体,中心原子的 d 电子排布为 $(d_\varepsilon)^6 (d_\gamma)^0$。配离子的晶体场稳定化能为 $CFSE = 6 \times (-4D_q) + (3-1)P = -24D_q + 2P$。

例 6　已知两个配离子的分裂能(Δ)和成对能(P):

	$[Co(NH_3)_6]^{3+}$	$[Fe(H_2O)_6]^{2+}$
Δ/cm^{-1}	23000	10400
P/cm^{-1}	21000	15000

(1)用价键理论及晶体场理论解释$[Fe(H_2O)_6]^{2+}$ 是高自旋的,$[Co(NH_3)_6]^{3+}$ 是低自旋的;

(2)计算两种配离子的晶体场稳定化能。

解:(1)由价键理论,H_2O 为弱配体,不能使 Fe^{2+} 的 d 轨道电子发生重排,因此$[Fe(H_2O)_6]^{2+}$ 是高自旋的;而 NH_3 对 Co^{3+} 是强配体,能使 Co^{3+} 的 d 轨道电子发生重排,因此$[Co(NH_3)_6]^{3+}$是低自旋的。

由晶体场理论,$[Fe(H_2O)_6]^{2+}$的$\Delta<P$,d轨道电子采取高自旋排布;而$[Co(NH_3)_6]^{3+}$的$\Delta>P$,d轨道电子采取低自旋排布。

(2)$[Fe(H_2O)_6]^{2+}$的d轨道电子排布为$(d_\epsilon)^4(d_\gamma)^2$,

$CFSE=0-(-0.4\Delta\times4+0.6\Delta\times2)=0.4\Delta=10400\times0.4=4160\ cm^{-1}$

$[Co(NH_3)_6]^{3+}$的d轨道电子排布为$(d_\epsilon)^6(d_\gamma)^0$,

$CFSE=0-(-0.4\Delta\times6+0.6\Delta\times0+2P)=2.4\Delta-2P$

$=23000\times2.4-2\times21000=13200\ cm^{-1}$

例7 在$0.20\ mol\cdot L^{-1}NH_3\cdot H_2O$和$0.20\ mol\cdot L^{-1}NH_4Cl$的缓冲溶液中加入等体积的$0.02\ mol\cdot L^{-1}[Cu(NH_3)_4]Cl_2$溶液,问混合后能否有$Cu(OH)_2$沉淀生成?

解:混合后:$c(NH_3)=c(NH_4^+)=0.10\ mol\cdot L^{-1}$,$c\{[Cu(NH_3)_4]^{2+}\}=0.01\ mol\cdot L^{-1}$

$$Cu^{2+}+4NH_3\rightarrow[Cu(NH_3)_4]^{2+}$$

$$K_f^\ominus\{[Cu(NH_3)_4]^{2+}\}=\frac{c\{[Cu(NH_3)_4]^{2+}\}}{c(Cu^{2+})\cdot[c(NH_3)]^4}\approx\frac{0.01}{c(Cu^{2+})\cdot(0.10)^4}=2.1\times10^{13}$$

则$c(Cu^{2+})=4.8\times10^{-12}\ mol\cdot L^{-1}$。

$$c(OH^-)=\frac{K_b^\ominus(NH_3)\cdot c(NH_3)}{c(NH_4^+)}=\frac{1.76\times10^{-5}\times0.10}{0.10}=1.76\times10^{-5}\ mol\cdot L^{-1}$$

$$Q=c(Cu^{2+})\cdot[c(OH^-)]^2=4.8\times10^{-12}\times(1.76\times10^{-5})^2$$

$$=1.5\times10^{-21}<K_{sp}^\ominus[Cu(OH)_2]=2.2\times10^{-20}$$

故没有$Cu(OH)_2$沉淀生成。

习题

1.下列关于各对配合物稳定性的判断,正确的是(　　　　)。

A. $[Ag(CN)_2]^-<[Ag(S_2O_3)_2]^{3-}$ 　　　　 B. $[FeF_5]^{2-}>[Fe(SCN)_5]^{2-}$

C. $[PtCl_4]^{2-}<[NiCl_4]^{2-}$ 　　　　 D. $[Co(NH_3)_6]^{3+}<[Ni(NH_3)_6]^{2+}$

2.在$[Ni(en)_2]^{2+}$离子中(en代表乙二胺),镍的配位数和氧化数分别是(　　　　)。

A. 2、+2 　　　 B. 2、+3 　　　 C. 6、+2 　　　 D. 4、+2

3.在$[Fe(CO)_5]$配合物中,Fe的配位数和氧化数分别是(　　　　)。

A. 1、0 　　　 B. 5、+5 　　　 C. 5、0 　　　 D. 5,+3

4.预测下列配合物中分裂能最大的是(　　　　)。

A. $[Zn(NH_3)_4]^{2+}$ 　　 B. $[Cu(NH_3)_4]^{2+}$ 　　 C. $[Ni(NH_3)_6]^{2+}$ 　　 D. $[Co(NH_3)_6]^{2+}$

5.下列配合物中,没有旋光异构体的是(　　　　)。

A. $K_3[Fe(C_2O_4)_3]$ 　　　　 B. $[Ni(en)_3]Cl_2$

C. $[Co(en)_2(NH_3)_2]Cl_2$ 　　　　 D. $[PtCl_3(NH_3)_2(OH)]$

6.下列配合物中,具有平面正方形结构的是(　　　　)。

A. $Fe(CO)_5$ 　　 B. $[Zn(NH_3)_4]^{2+}$ 　　 C. $Ni(CO)_4$ 　　 D. $[PtCl_4]^{2-}$

7.某金属离子在八面体弱场中的磁矩为2.84 B.M.,而在八面体强场中的磁矩为0 B.M.,该金属离子是(　　　　)。

A. Cu^{2+} 　　　 B. Co^{2+} 　　　 C. Ni^{2+} 　　　 D. Fe^{2+}

8. 下列化合物中,磁性最强的是( )。
A. $NiSO_4$　　　　　B. VSO_4　　　　　C. $TiCl_3$　　　　　D. $MnCl_2$

9. 中心离子以 sp^3 杂化的配离子 $[MX_2Y_2]$ 可能具有的几何异构体个数为( )。
A. 4　　　　　B. 3　　　　　C. 2　　　　　D. 1

10. 下列配合物中,通过磁矩判断属于外轨型配合物的是( )。
A. $[Fe(CN)_6]^{3-}$ (1.73 B. M.)　　　　　B. $[Fe(EDTA)]^-$ (1.80 B. M.)
C. $K_2[MnCl_4]$ (5.92 B. M.)　　　　　D. $[Co(NH_3)_6]Cl_3$ (0 B. M.)

11. 下列配离子中,构型会发生畸变的是( )。
A. $[Cr(H_2O)_6]^{3+}$　　B. $[Fe(CN)_6]^{4-}$　　C. $[Co(CN)_6]^{4-}$　　D. $[Ni(NH_3)_6]^{2+}$

12. 中心离子的 3d 电子排布为 $(t_{2g})^3(e_g)^0$ 的八面体配合物是( )。
A. $[Mn(H_2O)_6]^{2+}$　　B. $[FeF_6]^{3-}$　　C. $[Co(CN)_6]^{3-}$　　D. $[Cr(H_2O)_6]^{3+}$

13. 下列配离子中,分裂能最大的是( )。
A. $[Ni(CN)_4]^{2-}$　　B. $[Cu(NH_3)_4]^{2+}$　　C. $[Fe(CN)_6]^{4-}$　　D. $[Zn(CN)_4]^{2-}$

14. 下列配离子具有正方形或八面体结构,其中 CO_3^{2-} 作螯合剂的是( )。
A. $[Co(NH_3)_5(CO_3)]^+$　　　　　B. $K_2[Pt(en)(CO_3)_2]$
C. $[Pt(en)(NH_3)(CO_3)]$　　　　　D. $[Co(NH_3)_4(CO_3)]$

15. 中心原子以 sp^3 杂化轨道形成配离子时,可能具有的几何异构体的数目是( )。
A. 4　　　　　B. 3　　　　　C. 2　　　　　D. 0

16. 下列离子中,晶体场稳定化能最大的是( )。
A. $[Fe(H_2O)_6]^{2+}$　　B. $[Ni(H_2O)_6]^{2+}$　　C. $[Co(H_2O)_6]^{2+}$　　D. $[Mn(H_2O)_6]^{2+}$

17. 配合物 $(NH_4)_2[FeCl_5(H_2O)]$ 的系统命名为_____,配离子的电荷是
_____,配位体是_____,配位原子是_____。中心原子的配位
数是_____。根据晶体场理论,d^5 电子的排布为($\Delta_o < P$)_____,根据
价键理论,中心原子的杂化轨道为_____,属_____型配合物。

18. 配合物 $Na_3[Fe(CN)_5(CO)]$ 中配离子的电荷数应为_____,配离子的空间构
型为_____,配位原子为_____,中心离子的配位数为_____。d 电子在
t_{2g} 和 e_g 轨道上的排布方式为_____,中心离子所采取的轨道杂化方式为_____
_____,该配合物属_____磁性分子。

19. 指出下列配合物或配离子存在的异构现象(填序号):
(1) $[CoBrCl(NH_3)_2(en)]^+$ (顺式);(2) $[Co(NO_2)(NH_3)_5]^{2+}$;(3) $[PtCl_2(NH_3)_2]$;
(4) $[Cu(NH_3)_4][PtCl_4]$;(5) $[PtCl(NH_3)_5]Br$
几何异构_____,旋光异构_____,解离异构_____,键合
异构_____,配位异构_____。

20. 已知 $[PtCl_2(NH_3)_2]$ 有两种几何异构体,则中心离子所采取的杂化轨道应是
_____;$[Zn(NH_3)_4]^{2+}$ 的中心离子所采取的杂化轨道应是_____。

21. 已知 $[Co(NH_3)_6]^{3+}$ 的磁矩为 0 B. M. ,$[Co(NH_3)_6]^{2+}$ 的磁矩为 3.88 B. M. ,请指出:
(1) $[Co(NH_3)_6]^{2+}$ 配离子的成单电子数为_____个。
(2)按价键理论,上述两个配离子中心的杂化轨道类型分别为_____和_____;
形成的配合物分别属_____型和_____型。

(3)按晶体场理论,上述两种配离子中 d 电子排布方式分别为_____和_____;其 CFSE 分别为_____和_____。

(4)分裂能较大的是_____配离子。

22.根据软硬酸碱理论,Na^+ 属于_____,Hg^{2+} 属于_____,Cl^- 属于_____,I^- 属于_____。Hg^{2+}、Fe^{2+}、Co^{2+}、Al^{3+}、OH^-、Cl^-、I^- 中,与 SCN^- 形成的配离子中最稳定的离子是_____,与 F^- 形成配离子中最稳定的离子是_____,与 Hg^{2+} 形成配离子中最稳定的离子是_____。

23.将 0.2 g $ZnSO_4$ 溶于 50 L 水,缓慢加入 50 L 0.20 $mol \cdot L^{-1}$ 的氨水,观察到的现象是_____;向此溶液中再加入 0.10 $mol \cdot L^{-1}$ 的 Na_2S 溶液,可观察到_____(已知 $K_{sp}^{\ominus}(ZnS) = 2.2 \times 10^{-22}$,$K_f^{\ominus}\{[Zn(NH_3)_4]^{2+}\} = 2.9 \times 10^9$)。

24.下列各对配离子稳定性大小的对比关系是(填"$>$"或"$<$"):

(1)$[Cu(NH_3)_4]^{2+}$ _____ $[Cu(en)_2]^{2+}$;

(2)$[Ag(S_2O_3)_2]^{3-}$ _____ $[Ag(NH_3)_2]^+$;

(3)$[FeF_6]^{3-}$ _____ $[Fe(CN)_6]^{3-}$;

(4)$[Co(NH_3)_6]^{3+}$ _____ $[Co(NH_3)_6]^{2+}$。

25.给下列配位化合物命名:

(1)$[Co(C_2O_4)_3]^{3-}$;(2)$[Co(H_2NCH_2CH_2NH_2)_3]Cl_3$;(3)$[Pd(CN)_6]^{2-}$;

(4)$[Cr(NH_3)_6][Co(CN)_6]$;(5)$[Ag(NH_3)_2]^+$;(6)$[Pt(NH_3)_2Cl_2]$;

(7)$K[Cr(NH_3)_2Cl_4]$;(8)$[Co(NH_2)_3(NO_2)_3]^{3-}$;(9)$[PtCl(NO_2)(NH_3)_4]SO_4$;

(10)$[Cr(NH_3)_4Cl_2]NO_3$。

26.写出下列各配位化合物的化学式:

(1)四氰合镍(Ⅱ)离子;

(2)溴化一氯·三氨·二水合钴(Ⅲ);

(3)五氯·一氨合铂(Ⅳ)酸钾;

(4)六氨合镍(Ⅱ)离子;

(5)一氯·一硝基·双乙二胺合钴(Ⅲ)离子;

(6)氯化二氯·四氨合钴(Ⅲ);

(7)四氯合铂(Ⅱ)酸四氨合铜(Ⅱ)。

27.写出决定螯合物稳定性的因素。

28.为什么 Mn^{2+}、Fe^{3+} 的水合离子 $[Mn(H_2O)_6]^{2+}$、$[Fe(H_2O)_6]^{3+}$ 的颜色都很淡?

29.利用光谱化学序列确定下列配合物的配体是强场配体还是弱场配体,确定电子在 t_{2g} 和 e_g 的分布,未成对电子数和晶体场稳定化能。

(1)$[Co(CN)_6]^{3-}$;(2)$[Ni(H_2O)_6]^{2+}$;(3)$[FeF_6]^{3-}$;(4)$[Cr(NO_2)_6]^{3-}$;(5)$W(CO)_6$。

30.分别用价键理论和晶体场理论解释为什么 Ni^{2+} 与 NH_3 形成六配位的八面体配合物 $[Ni(NH_3)_6]^{2+}$ 而与 CN^- 形成平面正方形配合物 $[Ni(CN)_4]^{2-}$。

31.已知 CO 和 CN^- 都是强场配体,为什么配位数相同的 $Ni(CO)_4$ 和 $[Ni(CN)_4]^{2-}$ 的几何构型和中心的杂化方式不同?

32.在下列金属盐的氨水溶液中,有一半的金属离子已经形成了氨配离子。在溶液中平衡的自由氨浓度分别列在下表中,求这些配合物的不稳定常数。

金属离子	配离子	自由氨浓度/(mol·L^{-1})
Cu^+	$[Cu(NH_3)_2]^+$	5×10^{-6}
Ag^+	$[Ag(NH_3)_2]^+$	2×10^{-4}
Zn^{2+}	$[Zn(NH_3)_4]^{2+}$	5×10^{-3}
Cd^{2+}	$[Cd(NH_3)_4]^{2+}$	5×10^{-2}
Cd^{2+}	$[Cd(NH_3)_6]^{2+}$	10
Cu^{2+}	$[Cu(NH_3)_4]^{2+}$	5×10^{-4}

33. 将 Cu 片插入 0.10 mol·L^{-1} $[Cu(NH_3)_4]^{2+}$ 和 0.10 mol·L^{-1} NH$_3$ 的混合溶液中,298.15 K 时测得该电极的电极电势 $\varphi^\ominus=0.056$ V。求 $[Cu(NH_3)_4]^{2+}$ 的稳定常数 $K_f^\ominus$ 值(已知:$Cu^{2+}+2e^-\Longrightarrow Cu,\varphi^\ominus=0.3419$ V)。

34. 在 1 L 6 mol·L^{-1} 氨水溶液中,溶解 0.1 mol 的 AgCl 固体,试求溶液中的各组分 Ag^+、NH$_3$ 和 $[Ag(NH_3)_2]^+$ 的浓度(已知 $[Ag(NH_3)_2]^+$ 的不稳定常数 $K_{不稳}=6.2\times10^{-8}$)。

35. 如果在 34 题中的 1 L 溶液中加入 2 mol KCl,问能不能产生 AgCl 沉淀?氯化银的溶度积常数 K_{sp}(AgCl)为 1.6×10^{-10}。

习题参考答案

1. B　2. D　3. C　4. B　5. D　6. D　7. C　8. D　9. D

10. C　11. C　12. D　13. A　14. D　15. D　16. B

17. 五氯·一水合铁(Ⅲ)酸铵;-2;Cl^-、H_2O;Cl、O;6;$(d_\epsilon)^3(d_\gamma)^2$;$sp^3d^2$;外轨

18. -3;八面体;C(或碳);6;$t_{2g}^6e_g^0$;d^2sp^3;反

19. (3);(1);(5);(2);(4)

20. dsp^2;sp^3

21. (1) 3。(2) d^2sp^3,sp^3d^2;内轨,外轨。(3) $(d_\epsilon)^6(d_\gamma)^0$(或 $t_{2g}^6e_g^0$);$(d_\epsilon)^5(d_\gamma)^2$(或 $t_{2g}^5e_g^2$);$24D_q-2P$;$8D_q$。(4) $[Co(NH_3)_6]^{3+}$

22. 硬酸;软酸;硬碱;软碱;Hg^{2+};Al^{3+};I^-

23. 先有白色沉淀生成,随后沉淀溶解成无色溶液;又有白色沉淀生成。

24. (1)$<$;(2)$>$;(3)$<$;(4)$>$

25. 答:(1)三草酸根合钴(Ⅲ)酸根离子;(2)三氯化三乙二胺合钴(Ⅲ);
(3)六氰合钯(Ⅳ)酸根离子;(4)六氰合钴(Ⅲ)酸六氨合铬(Ⅲ);
(5)二氨合银(Ⅰ)离子;(6)二氯·二氨合铂(Ⅱ);
(7)四氯·二氨合铬(Ⅲ)酸钾;(8)三氨基·三硝基合钴(Ⅲ)酸根离子;
(9)硫酸一氯·一硝基·四氨合铂(Ⅳ);(10)硝酸二氯·四氨合铬(Ⅲ)。

26. 答:(1)$[Ni(CN)_4]^{2-}$;(2)$[Co(NH_3)_3(H_2O)_2Cl]Br_2$;(3)$K[Pt(NH_3)Cl_5]$;
(4)$[Ni(NH_3)_6]^{2+}$;(5)$[Co(en)_2(NO_2)Cl]^+$(en 代表乙二胺);(6)$[Co(NH_3)_4Cl_2]Cl$;
(7)$[Cu(NH_3)_4][PtCl_4]$。

27. 答:(1)螯环的大小:螯合物以五元环、六元环最稳定。(2)螯环的数目:中心离子相同时,螯环数目越多,螯合物越稳定。

28. 答：$[Mn(H_2O)_6]^{2+}$、$[Fe(H_2O)_6]^{3+}$ 都是 d^5 电子组态的中心离子的弱场八面体配合物，其电子构型为 $t_{2g}^3 e_g^2$。电子由 t_{2g} 能级向 e_g 能级跃迁时，其自旋方向要发生改变，这种跃迁是自旋禁阻的，换言之，d^5 电子组态中心离子的基谱项为 ^6S，该谱项在八面体场中，能级不发生分裂，同时又没有与基谱项具有相同的自旋多重度 $(2S+1)$ 的激发态，发生的 d-d 跃迁是自旋禁阻的，跃迁概率小，对光的吸收概率也小，因此配合物的颜色很淡。

29. 解：

化学式	强、弱场	电子排列式	未成对电子	CFSE/D_q
$[Co(CN)_6]^{3-}$	强场	$t_{2g}^6 e_g^0$	0	-24
$[Ni(H_2O)_6]^{2+}$	弱场	$t_{2g}^6 e_g^2$	2	-12
$[FeF_6]^{3-}$	弱场	$t_{2g}^3 e_g^2$	5	0
$[Cr(NO_2)_6]^{3-}$	强场	$t_{2g}^3 e_g^0$	3	-12
$W(CO)_6$	强场	$t_{2g}^6 e_g^0$	0	-24

30. 答：用价键理论解释：Ni^{2+} 电子构型为 $3d^8$，在强场配体 CN^- 作用下 3d 轨道电子发生重排，空出一个 3d 轨道，采取 dsp^2 杂化，形成平面正方形内轨型配合物 $[Ni(CN)_4]^{2-}$。NH_3 为弱场配体，不能使 Ni^{2+} 的 3d 轨道电子发生重排，只能采取 sp^3d^2 杂化，形成外轨型 $[Ni(NH_3)_6]^{2+}$ 配合物。用晶体场理论解释：CN^- 是强场配体，d^8 电子构型的中心离子形成平面正方形配合物时晶体场稳定化能（$CFSE = 24.56D_q - P$）比形成八面体配合物的晶体场稳定化能（$CFSE = 12D_q - P$）大得多，这两种配合物的 CFSE 差值较大（$12.56\ D_q$），所以 Ni^{2+} 与 CN^- 形成平面正方形配合物。因此，在强场下，d^8 电子组态的中心离子容易形成平面正方形配合物；反之，NH_3 为弱场配体，与 Ni^{2+} 形成平面正方形配合物时 CFSE 为 $14.56\ D_q$，形成八面体型配合物时 CFSE 为 $12D_q$，其差值仅为 $2.56D_q$。虽然 CFSE 对形成八面体型配合物不利，但多形成 2 个配位键，$[Ni(NH_3)_6]^{2+}$ 总的键能较大，即 Ni^{2+} 与弱场配体 NH_3 形成八面体型配合物。

31. 答：二者中心杂化方式和几何构型不同的原因在于中心的价电子构型不同。在 $Ni(CO)_4$ 中，Ni 原子的电子构型为 $3d^84s^2$，4s 上的两个电子重排到 3d 轨道中，4s、4p 轨道发生 sp^3 杂化，与 4 个 CO 形成四面体构型的配合物。

在 $[Ni(CN)_4]^{2-}$ 中，Ni^{2+} 的电子构型为 $3d^8$，d 电子发生重排，得到一个空的 3d 轨道，再与一个 4s、两个 4p 轨道进行 dsp^2 杂化，$[Ni(CN)_4]^{2-}$ 为正方形构型。

因此，Ni 与 Ni^{2+} 的电子构型不同，电子重排过程不同，产生的空轨道类型不同，造成轨道杂化方式不同；中心的杂化方式不同，使 $Ni(CO)_4$ 和 $[Ni(CN)_4]^{2-}$ 几何构型不同。

32. 解：由题意知，溶液中剩余金属离子的浓度和生成配离子的浓度相等。

(1) $[Cu(NH_3)_2]^+ \rightleftharpoons 2NH_3 + Cu^+$

$$K_{不稳} = \frac{c(Cu^+) \cdot [c(NH_3)]^2}{c\{[Cu(NH_3)_2]^+\}} = [c(NH_3)]^2 = (5 \times 10^{-6})^2 = 2.5 \times 10^{-11}\ (mol \cdot L^{-1})^2$$

(2) $[Ag(NH_3)_2]^+ \rightleftharpoons 2NH_3 + Ag^+$

$$K_{不稳} = \frac{c(Ag^+) \cdot [c(NH_3)]^2}{c\{[Ag(NH_3)_2]^+\}} = [c(NH_3)]^2 = (2 \times 10^{-4})^2 = 4 \times 10^{-8}\ (mol \cdot L^{-1})^2$$

(3) $[Zn(NH_3)_4]^{2+} \rightleftharpoons 4NH_3 + Zn^{2+}$

$$K_{不稳} = \frac{c(Zn^{2+}) \cdot [c(NH_3)]^4}{c\{[Zn(NH_3)_4]^{2+}\}} = [c(NH_3)]^4 = (5 \times 10^{-3})^4 = 6.25 \times 10^{-10} \ (mol \cdot L^{-1})^4$$

(4) $[Cd(NH_3)_4]^{2+} \Longrightarrow 4NH_3 + Cd^{2+}$

$$K_{不稳} = \frac{c(Cd^{2+}) \cdot [c(NH_3)]^4}{c\{[Cd(NH_3)_4]^{2+}\}} = [c(NH_3)]^4 = (5 \times 10^{-2})^4 = 6.25 \times 10^{-6} \ (mol \cdot L^{-1})^4$$

(5) $[Cd(NH_3)_6]^{2+} \Longrightarrow 6NH_3 + Cd^{2+}$

$$K_{不稳} = \frac{c(Cd^{2+}) \cdot [c(NH_3)]^6}{c\{[Cd(NH_3)_6]^{2+}\}} = [c(NH_3)]^6 = (10)^6 = 10^6 \ (mol \cdot L^{-1})^6$$

(6) $[Cu(NH_3)_4]^{2+} \Longrightarrow 4NH_3 + Cu^{2+}$

$$K_{不稳} = \frac{c(Cu^{2+}) \cdot [c(NH_3)]^4}{c\{[Cu(NH_3)_4]^{2+}\}} = [c(NH_3)]^4 = (5 \times 10^{-4})^4 = 6.25 \times 10^{-14} \ (mol \cdot L^{-1})^4$$

33. 解：$[Cu(NH_3)_4]^{2+} \Longrightarrow Cu^{2+} + 4NH_3$

平衡时 $0.1-x$ x $0.1+4x$

$$K_f^{\ominus} = \frac{0.1-x}{x \cdot (0.1+4x)^4} \approx \frac{0.1}{x \cdot (0.1)^4} = \frac{1000}{x}, c(Cu^{2+}) = x = 1000/K_f^{\ominus}$$

据 $Cu^{2+} + 2e^- \Longrightarrow Cu$ 电极反应，则

$$\varphi^{\ominus}\{[Cu(NH_3)_4]^{2+}/Cu\} = \varphi^{\ominus}(Cu^{2+}/Cu) + \frac{0.0592}{2} \times \lg \frac{1000}{K_f^{\ominus}}$$

由 $0.056 = 0.3419 + \dfrac{0.0592}{2} \times \lg \dfrac{1000}{K_f^{\ominus}}$ 得 $K_f^{\ominus} = 4.56 \times 10^{12}$。

34. 解：已知 $[Ag(NH_3)_2]^+$ 的 $K_{不稳} = 6.2 \times 10^{-8}$，1 L 6 mol $\cdot$ L^{-1} 氨水，溶解 0.1 mol 的 AgCl 固体，则相当于 $[Ag(NH_3)_2]^+$ 的浓度为 0.1 mol $\cdot$ L^{-1}。

求溶液中的各组分 Ag^+、NH_3 和 $[Ag(NH_3)_2]^+$ 的浓度，首先写出平衡关系式，并设平衡时 $c(Ag^+) = x$ mol $\cdot$ L^{-1} 则有

$$[Ag(NH_3)_2]^+ \Longrightarrow Ag^+ + 2NH_3$$

初始浓度/(mol $\cdot$ L^{-1})   0   0   6

平衡浓度/(mol $\cdot$ L^{-1}) $0.1-x$ x $6-0.1 \times 2 + 2x$

由于 $[Ag(NH_3)_2]^+$ 的 $K_{不稳}$ 很小，解离出的 $c(Ag^+)$ 浓度也很小，所以有

$c\{[Ag(NH_3)_2]^+\} = (0.1-x) \approx 0.1$ mol $\cdot$ L^{-1}，

$c[(NH_3)] = 6 - 0.1 \times 2 + 2x = (5.8 + 2x) \approx 5.8$ mol $\cdot$ L^{-1}，可以近似计算。

将以上各值代入平衡关系式

$$K_{不稳} = \frac{c(Ag^+) \cdot [c(NH_3)]^2}{c\{[Ag(NH_3)_2]^+\}} = \frac{x \cdot (5.8)^2}{0.1} = 6.2 \times 10^{-8} \ (mol \cdot L^{-1})^2$$

得：$x = c(Ag^+) = 1.8 \times 10^{-10}$ mol $\cdot$ L^{-1}，$c\{[Ag(NH_3)_2]^+\} \approx 0.1$ mol $\cdot$ L^{-1}，

$c[(NH_3)] \approx 5.8$ mol $\cdot$ L^{-1}。

35. 解：假设加入 KCl 后溶液体积不变，则 $c(Cl^-) = 2 + 0.1 = 2.1$ mol $\cdot$ L^{-1}，

$K_{sp}(AgCl) = 1.6 \times 10^{-10}$，$c(Ag^+) = 1.8 \times 10^{-10}$ mol $\cdot$ L^{-1}，则

$c(Ag^+) \cdot c(Cl^-) = 1.8 \times 10^{-10} \times 2.1 = 3.78 \times 10^{-10} > K_{sp}(AgCl) = 1.6 \times 10^{-10}$

故能产生 AgCl 沉淀。

第 10 章　卤素

⮕ 核心内容

一、卤素的通性

卤素是指ⅦA族中的氟(F)、氯(Cl)、溴(Br)、碘(I)、砹(At)和人造元素础(Ts)。卤素基态原子的价层电子构型为 ns^2np^5,有 7 个价层电子,再获得一个电子就能形成稳定的 8 电子构型,故卤素单质都具有较强的氧化能力。其中,氧化性最强的为氟单质;随原子序数增大,氧化能力递减。

二、卤素单质及卤化物

1. 单质

在同周期元素中,卤素原子半径最小,电子亲和能和电负性最大,非金属性最强。室温下,F_2 和 Cl_2 为气态,Br_2 呈液态,I_2 为固态。

卤素单质的化学性质主要以氧化性为主。

F_2 与水反应剧烈,可将水中的氧元素氧化成氧气,故 F_2 不溶于水。
$$2F_2+2H_2O=\!=\!=4HF+O_2$$

F_2 与金属反应生成高价氟化物。F_2 与 Cu、Ni、Mg 等金属反应,会在金属表面生成致密的保护膜,故可用 Cu、Ni、Mg 等金属容器储存 F_2。

F_2 与除 N_2、O_2、He 和 Ne 外所有的非金属反应,如与氢气反应剧烈,并放出大量热。
$$F_2+H_2=\!=\!=2HF$$

Cl_2、Br_2 和 I_2 在水中主要发生歧化反应。卤素的歧化反应过程受介质的酸碱性影响较大,碱性环境有助于歧化反应的进行,而酸性环境容易引发逆歧化反应。
$$Cl_2+H_2O=\!=\!=HClO+HCl$$

常温下,Cl_2 能与除 Fe 外的大部分金属反应,而 Br_2 和 I_2 只能与活泼金属作用。

Cl_2 也能与大部分非金属反应,但过程不及 F_2 剧烈。与 H_2 反应时,若有紫外光的照射,则由于链反应的出现而使反应剧烈进行,易引起爆炸。

Br_2 和 I_2 与非金属的反应速率更低,而且产物多为低价态化合物。

Cl_2、Br_2 和 I_2 还可与硫化氢反应,得到硫单质。
$$Br_2+H_2S=\!=\!=2HBr+S$$

Cl_2 与 CO 在高温和催化剂辅助下反应得到碳酰氯（$COCl_2$）。碳酰氯俗称光气，有剧毒。

2. 卤化氢和氢卤酸

卤素氢化物即为卤化氢（HX）。共价化合物的熔沸点随相对分子质量的增加而递增，但 HF 因为氢键的存在而具有最高的沸点。卤化氢都是极性分子，易溶于水，其水溶液称为氢卤酸。氢卤酸按 HF、HCl、HBr、HI 酸性逐渐增强。氢氟酸为弱酸，其余氢卤酸皆为强酸。氢氟酸会与玻璃中的 SiO_2 反应，生成气体 SiF_4。

$$4HF + SiO_2 =\!=\!= 2H_2O + SiF_4 \uparrow$$

除氢氟酸外，其余氢卤酸都具有一定的还原性，从氟离子到碘离子还原能力依次增强，氢碘酸可以被空气中的氧气氧化得到碘单质。

$$4HI(aq) + O_2 =\!=\!= 2H_2O + 2I_2$$

在加热条件下卤化氢可分解为卤素单质和氢气，热稳定性随相对分子质量的增加而递减。

卤化氢可通过卤化物与浓硫酸作用、卤素单质与氢气直接化合以及非金属卤化物水解等方式得到。

3. 卤化物和卤素互化物

卤素单质能与除惰性元素外几乎所有元素形成卤化物。其中，氟化物中相关元素的价态较高，而碘化物中的相关元素一般呈现出较低价态。卤化物包括离子型卤化物和共价型卤化物，但无明显界限。

金属卤化物的化学键类型与极化程度有关。过渡金属等金属离子电荷数越高，卤素离子半径越大，则变形性越大，极化能力增强，卤化物共价性越强；碱金属、碱土金属等金属离子电荷数越低，卤素离子半径越小，则变形性变小，不易被极化，卤化物离子性越强。

金属卤化物一般通过金属与卤素单质直接化合、金属氧化物的卤化、卤化物的转化或氢卤酸与相应物质反应得到。金属卤化物还可作为配体，与盐类化合物形成配位化合物。

由两种或三种卤素组成的共价化合物称为卤素互化物。大部分卤素互化物由两种卤素形成，通式为 XX'_n，其中，X 是电负性较小的中心原子，X' 是半径较小的配位原子，配位原子的个数 n 通常有 1、3、5、7 等。

大部分卤素互化物稳定性较差，易发生分解反应或歧化反应。

$$2ClF_3 =\!=\!= ClF + ClF_5$$

卤素互化物具有较强氧化性，能与多数金属、非金属发生氧化反应。

$$Se + 4ClF =\!=\!= SeF_4 + 2Cl_2$$

卤素互化物还易水解。

$$BrF_5 + 3H_2O =\!=\!= HBrO_3 + 5HF$$

三、卤素的含氧化合物

卤素的氧化物和含氧酸大多通过间接反应得到。在含氧化合物中，除氟外的其他卤素都显正氧化态。卤素含氧化合物的稳定性较差，而含氧酸盐较为稳定。

1. 卤素的氧化物

二氟化氧(OF_2)在室温下为无色气体,分子结构与 H_2O 相近,可作为很好的氧化剂和氟化剂。

二氟化二氧(O_2F_2)在室温下为红橙色气体,分子结构与 H_2O_2 相近。O_2F_2 相当不稳定,低温下($<-150\ ℃$)就能分解生成氟单质和氧单质,也能将低价态氟化物转化成高价态氟化物。

$$BrF_3+O_2F_2=\!=\!=BrF_5+O_2$$

Cl_2O 室温下为黄棕色气体,能溶于水,产物为次氯酸,故 Cl_2O 被认为是次氯酸的酸酐。Cl_2O 具有强氧化性,与还原性 NH_3 反应非常剧烈。

$$3Cl_2O+10NH_3=\!=\!=2N_2+6NH_4Cl+3H_2O$$

ClO_2 室温下为黄绿色气体,冷却时形成红色液体。ClO_2 在 Na_2O_2 的碱性溶液中发生还原反应,可得到较纯的 $NaClO_2$。

$$2ClO_2+Na_2O_2(aq)=\!=\!=2NaClO_2+O_2$$

ClO_2 有较强的氧化能力,极不稳定,升高温度或增大浓度等都会引发爆炸,并分解得到单质。

Cl_2O_7 室温下为无色液体,溶于水生成高氯酸,是高氯酸的酸酐。加热 Cl_2O_7 会剧烈分解,生成 ClO_3 和 ClO_4,其中红色的 ClO_3 会继续分解生成 ClO 和 O_2,ClO_4 继续分解变成 ClO_2 和 O_2。

Br_2O 具有一定的氧化能力,与 I_2 反应可得到 I_2O_5。将 Br_2O 置于碱性溶液中则形成次溴酸盐。

I_2O_5 室温下为白色粉末,溶于水生成碘酸,是碘酸的酸酐。I_2O_5 较为稳定,加热至 $300\ ℃$ 才会分解为 I_2 和 O_2。在 $70\ ℃$ 下,I_2O_5 能将 CO 完全氧化成 CO_2,并生成 I_2。通过测定 I_2 的量,即可准确分析体系中 CO 的含量。

$$I_2O_5+5CO=\!=\!=I_2+5CO_2$$

2. 卤素的含氧酸及其盐

氟元素电负性比氧大,故不存在氟的高价含氧酸;其余氯、溴、碘均具有四种类型的含氧酸,即次卤酸(HXO)、亚卤酸(HXO_2)、卤酸(HXO_3)和高卤酸(HXO_4)。

(1)次卤酸及其盐

次卤酸包括 $HClO$、$HBrO$ 和 HIO,均为弱酸,酸性递减。次卤酸不稳定,$HClO$、$HBrO$ 和 HIO 都只存在于水中,且稳定性递减。加热条件下,次氯酸歧化分解。

$$3HClO=\!=\!=2HCl+HClO_3$$

次卤酸盐均溶于水,但不稳定。在碱性环境中,次卤酸根离子发生歧化反应,生成卤离子和卤酸根离子。

$$3XO^-=\!=\!=2X^-+XO_3^-$$

次卤酸中,卤素的氧化数是 $+1$,有较强的氧化性。次氯酸能将盐酸氧化得到氯气。

$$HCl(aq)+HClO=\!=\!=Cl_2\uparrow+H_2O$$

次卤酸及其盐的氧化性强弱顺序分别为 $HClO>HBrO>HIO$ 和 $ClO^-<BrO^-\approx IO^-$。次氯酸盐的氧化能力比次氯酸弱,故次氯酸盐常在酸性介质中使用。

漂白粉是将氯气通入熟石灰进行反应后得到的混合物,产物次氯酸钙是漂白粉的主要成分。

$$2Cl_2 + 2Ca(OH)_2 === Ca(ClO)_2 + CaCl_2 + 2H_2O$$

次氯酸盐也可以在碱性溶液中充当氧化剂角色,如含乙酸铅的碱性溶液中加入次氯酸钠,可以得到黑色沉淀 PbO_2。

$$NaClO + Pb(Ac)_2 + 2OH^- === PbO_2\downarrow + NaCl + 2Ac^- + H_2O$$

(2)亚卤酸及其盐

亚卤酸不稳定,易分解,其酸性大于次卤酸。

$$5HXO_2 === 4XO_2\uparrow + X^- + H^+ + 2H_2O$$

亚卤酸盐相对稳定,如 $NaClO_2$ 被广泛用于织物漂白领域;但重金属的亚氯酸盐和亚氯酸铵不稳定,在加热或撞击下易爆炸。

(3)卤酸及其盐

卤酸按 $HClO_3$、$HBrO_3$、HIO_3 酸性递减,其中 $HClO_3$ 和 $HBrO_3$ 为强酸,HIO_3 为中强酸。卤酸稳定性强于次卤酸,浓 $HClO_3$ 才会发生分解反应,$HBrO_3$ 的分解浓度更高,HIO_3 最稳定,能以固体形式存在。

$$3HClO_3(浓) === 2ClO_2\uparrow + HClO_4 + H_2O$$

卤酸都是强氧化剂,氧化性强弱顺序为 $HBrO_3 > HClO_3 > HIO_3$。卤酸的氧化性也能体现在酸性介质中的卤酸盐上,如氯酸盐能将盐酸中的氯离子氧化得到氯气。

$$ClO_3^- + 6H^+ + 5Cl^- === 3Cl_2\uparrow + 3H_2O$$

KIO_3 和 H_2O_2 在酸性溶液中会发生反应,利用淀粉作为指示剂,可观察到蓝色—无色—蓝色—无色重复切换的化学震荡反应现象,即为经典的"碘钟反应"。

卤酸盐的稳定性大于相应的卤酸,但加热条件下也容易分解。

(4)高卤酸及其盐

高卤酸酸性都较强。其中,高氯酸($HClO_4$)是酸性最强的无机酸,高溴酸($HBrO_4$)也属强酸,高碘酸(H_5IO_6)为中强酸。高卤酸及其盐都具有很强的氧化能力,根据标准电极电势数值可知,其氧化性强弱顺序为 $HBrO_4 > H_5IO_6 > HClO_4$。稀 $HClO_4$ 氧化性较弱,浓溶液氧化能力较强,能将 I_2 氧化得到 H_5IO_6。

$$2HClO_4(浓) + I_2 + 4H_2O === 2H_5IO_6 + Cl_2\uparrow$$

浓的高氯酸不稳定,震动条件下就会爆炸式分解。

$$4HClO_4(浓) === 2Cl_2\uparrow + 7O_2\uparrow + 2H_2O$$

高卤酸盐的溶解性反常,与一般盐类的溶解性规律刚好相反。

▶ 例题解析

例 1　什么是卤素互化物? 试举例。

答:卤素互化物是指由两种或三种卤素组成的共价性化合物,如 BrF_5、IF_2Cl 等。

例 2　F_2 氧化性强的原因有哪些?

答:F 原子半径小,电负性大,F—F 键键能小,易断裂。

例 3　如何储存 Cl_2?

答：Cl_2 可以储存在铁罐中，因为干燥的 Cl_2 不与 Fe 反应。

例 4 什么是光气？如何制备？

答：光气是指碳酰氯（$COCl_2$），由 Cl_2 与 CO 在高温和催化剂辅助下反应得到。

例 5. 为什么纯的卤化氢液体不导电？

答：卤化氢中，氢与卤素之间以共价键相连，所以卤化氢不导电。

例 6 为什么碘化物的共价性较强？

答：因为碘的电负性小，半径又相对较大，故对周围电子的控制力较弱，变形性较大，容易被极化，所以碘化物的共价性较强。

例 7 高氯酸显强酸性的根本原因是什么？

答：Cl(Ⅶ)的半径较小，其对氧原子的吸引力大于氢与氧间的作用力，故氢离子的解离变得十分容易。

习题

1.实验室制备 Cl_2 气体的常用方法是（　　）。

A. 高锰酸钾与浓盐酸共热　　　　　　B. 二氧化锰与稀盐酸反应

C. 二氧化锰与浓盐酸共热　　　　　　D. 高锰酸钾与稀盐酸反应

2.室温下，下列反应式中产物正确的是（　　）。

A. $F_2 + 2OH^- \mathrm{=\!=\!=} F^- + FO^- + H_2O$

B. $Cl_2 + 2OH^- \mathrm{=\!=\!=} Cl^- + ClO^- + H_2O$

C. $Br_2 + 2OH^- \mathrm{=\!=\!=} Br^- + BrO^- + H_2O$

D. $I_2 + 2OH^- \mathrm{=\!=\!=} I^- + IO^- + H_2O$

3.下列酸中，酸性由强至弱排列顺序正确的是（　　）。

A. HF＞HCl＞HBr＞HI

B. HI＞HBr＞HCl＞HF

C. $HClO$＞$HClO_2$＞$HClO_3$＞$HClO_4$

D. HIO_4＞$HClO_4$＞$HBrO_4$

4.在热碱性溶液中，次氯酸根离子不稳定，它的分解产物是（　　）。

A. $Cl^-(aq)$ 和 $Cl_2(g)$　　　　　　　B. $Cl^-(aq)$ 和 $ClO_3^-(aq)$

C. $Cl^-(aq)$ 和 $ClO_2^-(aq)$　　　　　D. $Cl^-(aq)$ $ClO_4^-(aq)$

5.卤化氢的热稳定性从上到下减弱，其原因在于（　　）。

A. 相对分子质量增加　　B. 键能减弱　　　　C. 键长缩短　　　　D. 范德华力减小

6.酸性最强的无机酸是（　　）。

A. 高氯酸　　　　　　B. 浓硫酸　　　　　C. 浓硝酸　　　　　D. 浓盐酸

7.卤素单质中与水不发生水解反应的是（　　）。

A. F_2　　　　　　　B. Cl_2　　　　　　C. Br_2　　　　　　D. I_2

8.卤素单质的颜色：F_2＿＿＿＿，Cl_2＿＿＿＿，Br_2＿＿＿＿，I_2＿＿＿＿。

9.少量 Cl_2 与 P 反应，得到＿＿＿＿，为＿＿＿＿色＿＿＿＿体；过量 Cl_2 与 P 反应，得到＿＿＿＿，为＿＿＿＿色＿＿＿＿体。

10.离子型卤化物和共价型卤化物之间_____(填"有"或"无")明显的界线。

11.卤素的氧化物_____(填"能"或"不能")通过卤素和氧直接化合得到。

12.I_2溶于 KI 溶液中的颜色可能为_____、_____或_____,原因是_____。

13.漂白粉的有效成分是_____,漂白粉在空气中放置时会逐渐失效,其反应方程式为_____。

14.工业上,往往采用浓氨水来查验管道是否存在氯气泄漏。泄出的氯气,遇浓氨水会产生白烟。相关反应方程式为_____。上述反应中,氧化剂和还原剂的分子数之比为_____。

15.为什么 F_2 的解离能小于 Cl_2?

16.如何保存 F_2? 并解释原因。

17.Cl_2 和 H_2 的反应,在常温下和在紫外光照射下有什么差异?

18.氯气在日常生活中有什么作用?

19.卤化氢中,为什么 HF 的熔沸点最高?

20.如何判断氢卤酸的酸性强弱?

21.为什么氟化物的离子性较强?

22.完成并配平下列化学反应方程式。

(1)$Cl_2 + H_2O =\!=\!=$

(2)$CaSiO_3 + HF(aq) =\!=\!=$

(3)$CaF_2 + H_2SO_4 (浓) =\!=\!=$

(4)$CH_4 + Cl_2 \xrightarrow{450\ ℃}$

(5)$F_2 + NaOH =\!=\!=$

(6)$I_2 + Cl_2 + H_2O =\!=\!=$

(7)$KBrO_3 + Mn(NO_3)_2 + H_2O =\!=\!=$

(8)$KClO_4 + H_2SO_4 (浓) =\!=\!=$

(9)$BrO_3^- + F_2 + OH^- =\!=\!=$

(10)$Zn + HClO_4 (稀) =\!=\!=$

(11)氢氟酸腐蚀玻璃

(12)氢碘酸被氧气氧化

(13)Cl_2O 与 NH_3 混合

(14)氯气通入 NaOH 溶液中

(15)次氯酸受热分解

(16)熟石灰与氯气反应得到漂白粉

(17)加热氯酸锌

(18)将氯气通入碘酸盐的碱性溶液中

(19)震荡浓 $HClO_4$

(20)酸性条件下 H_5IO_6 氧化 Mn^{2+}

23.试比较次卤酸的酸性强弱,并解释原因。

24.与其他氢卤酸相比较,氢氟酸具有哪些特性?

25. 在卤化物中,为什么各种元素最高氧化态都以氟化物存在,而不以碘化物存在?

26. 氧的电负性比氯大,为什么很多金属与氧气反应较难,与氯气反应容易?

27. 为什么解离能从 Cl 到 I 逐渐下降?

28. 为什么 AlF_3 的熔点高达 1290 ℃,而 $AlCl_3$ 熔点只有 190 ℃?

29. 试解释"碘钟实验"的原理。

30. 为什么浓的 $HClO_4$ 不稳定,易爆炸?而稀的 $HClO_4$ 相对比较稳定?

习题参考答案

1. C 2. B 3. B 4. B 5. A 6. A 7. A

8. 浅黄;黄绿;棕红;紫黑

9. PCl_3;无;发烟液体;PCl_5;淡黄;固

10. 无

11. 不能

12. 黄、红、棕;I_2 浓度不同

13. 次氯酸钙;$Ca(ClO)_2 + CO_2 + H_2O \xrightarrow{\quad\quad} 2HClO + CaCO_3 \downarrow$,$2HClO \xrightarrow{光照} 2HCl + O_2 \uparrow$

14. $8NH_3 + 3Cl_2 \xrightarrow{\quad\quad} N_2 + 6NH_4Cl$;3∶2

15. 答:由于 F 原子的半径非常小,形成双原子分子后,虽然核与电子间的引力较大,但两个 F 原子核间斥力也很大,抵消部分吸引作用,导致其解离能下降,以致小于 Cl_2 的解离能。

16. 答:F_2 与 Cu、Ni、Mg 反应会在金属表面生成一层致密的氟化物保护膜,故可用 Cu、Ni、Mg 等金属容器储存 F_2。

17. 答:在常温下,Cl_2 和 H_2 反应较为缓慢;在紫外光照射下,会因为链反应的发生而导致反应剧烈进行,易引起爆炸。

18. 答:氯气可用于漂白或杀菌,如用于纸浆、纤维织物等的漂白,同时起杀菌作用。

19. 答:HF 分子间存在氢键,分子间引力很强,所以 HF 的熔沸点最高。

20. 答:按 F^-、Cl^-、Br^-、I^- 顺序,离子的半径逐渐增大,而离子所带电荷数相同,故有效核电荷数逐渐降低,故 X^- 对 H^+ 的吸引能力减弱,氢卤酸解离度增大,溶液的酸性变强。所以 HF、HCl、HBr、HI 酸性依次增强。

21. 答:因为氟的电负性大,半径小,故对周围电子的控制力较强,变形性小,不易被极化,所以形成的氟化物的离子性较强。

22. 答:(1) $Cl_2 + H_2O \xrightarrow{\quad\quad} HClO + HCl$

(2) $CaSiO_3 + 6HF(aq) \xrightarrow{\quad\quad} CaF_2 + SiF_4 \uparrow + 3H_2O$

(3) $CaF_2 + H_2SO_4(浓) \xrightarrow{\quad\quad} CaSO_4 + 2HF \uparrow$

(4) $CH_4 + Cl_2 \xrightarrow{450\ ℃} CH_3Cl + HCl$

(5) $2F_2 + 4NaOH \xrightarrow{\quad\quad} O_2 + 4NaF + 2H_2O$

(6) $I_2 + 5Cl_2 + 6H_2O \xrightarrow{\quad\quad} 2HIO_3 + 10HCl$

(7) $KBrO_3 + 3Mn(NO_3)_2 + 3H_2O \xrightarrow{\quad\quad} 3MnO_2 + KBr + 6HNO_3$

(8) $KClO_4 + H_2SO_4(浓) \xrightarrow{\quad\quad} HClO_4 + KHSO_4$

(9)$BrO_3^- + F_2 + 2OH^- \Longrightarrow BrO_4^- + 2F^- + H_2O$

(10)$Zn + 2HClO_4（稀）\Longrightarrow Zn(ClO_4)_2 + H_2\uparrow$

(11)$SiO_2 + 4HF(aq) \Longrightarrow SiF_4\uparrow + 2H_2O$

(12)$4HI(aq) + O_2 \Longrightarrow 2I_2 + 2H_2O$

(13)$3Cl_2O + 10NH_3 \Longrightarrow 2N_2 + 6NH_4Cl + 3H_2O$

(14)$Cl_2 + 2NaOH \Longrightarrow NaClO + NaCl + H_2O$

(15)$2HClO \overset{\triangle}{\Longrightarrow} 2HCl + O_2\uparrow$

(16)$2Cl_2 + 2Ca(OH)_2 \Longrightarrow Ca(ClO)_2 + CaCl_2 + 2H_2O$

(17)$2Zn(ClO_3)_2 \overset{\triangle}{\Longrightarrow} 2ZnO + 2Cl_2 + 5O_2\uparrow$

(18)$IO_3^- + Cl_2 + 3OH^- \Longrightarrow H_3IO_6^{2-} + 2Cl^-$

(19)$4HClO_4（浓）\Longrightarrow 2Cl_2\uparrow + 7O_2\uparrow + 2H_2O$

(20)$5H_5IO_6 + 2Mn^{2+} \Longrightarrow 2MnO_4^- + 5IO_3^- + 11H^+ + 7H_2O$

23.答:对于次卤酸分子(H—O—X)来说,随着卤素原子半径增大,X原子对O原子的电子云拉动逐渐减小,于是O原子的电子云对H原子的引力变大,不易解离出H^+,故酸性逐渐减弱。

24.答:(1)熔沸点反常地高;(2)稀酸为弱酸,浓酸为强酸;(3)可与SiO_2或硅酸盐反应,会腐蚀玻璃。

25.答:由于F_2的氧化能力最强,可以将其他元素氧化成最高氧化态,所以元素形成的氧化物往往表现最高氧化态,如SiF_4、SF_6、IF_7、OsF_8等。而I_2与F_2相比,氧化能力要小得多,所以元素在形成碘化物时,往往表现较低的氧化态,如CuI、Hg_2I_2等。同时F的原子半径很小,在形成高氧化态氟化物时,排列在中心原子周围的空间效应有利;而原子半径较大的I在中心原子周围排列时空间效应不利。

26.答:氧气的解离能远大于氯气的解离能,故很多金属与氧气反应相对更难。氧的第一、二电子亲和能之和为较大正值,表明过程中需要吸收热能,而氯的电子亲和能为负值,即为放热过程,故很多金属更容易与氯气发生反应。此外,同种金属的卤化物的挥发性往往强于氧化物,这也是卤化物更容易形成的原因。

27.答:从Cl到I,因为原子半径增大,分子中核与核之间的斥力可忽略,而核对成键电子的引力随原子半径增大而减小,所以导致解离能呈现逐渐下降的趋势。

28.答:氟的电负性大于氯,离子半径又小于氯,所以其变形性更小。AlF_3属于离子型化合物,氟与铝之间存在离子键;而$AlCl_3$是共价型化合物,是通过范德华力结合,所以AlF_3的熔点高于$AlCl_3$。

29.答:利用淀粉作为指示剂,在酸性溶液中,H_2O_2将KIO_3还原得到碘单质,溶液变蓝,并出现气泡;之后H_2O_2继续将碘单质氧化得到KIO_3,蓝色褪去。上述反应循环进行,观察到蓝色—无色—蓝色—无色重复切换的化学震荡反应现象,称为"碘钟实验"。

30.答:在浓溶液中,$HClO_4$是以分子形式存在的,只有一个氧原子与氢质子结合,分子对称性较低,同时,氢离子的反极化作用使得$HClO_4$分子不稳定;在稀溶液中,$HClO_4$完全解离,得到的ClO_4^-为正四面体构型,对称性高,且不易受氢离子的反极化作用的影响,比较稳定。

第 11 章　氧族元素

📎 核心内容

一、氧族元素的性质

氧族元素的价电子构型为 ns^2np^4，价电子为 6 个，有获得 2 个电子转变为稳定电子层结构趋势，呈现出较强的非金属特性。随着其原子序数的增加，氧族元素的非金属性依次减弱，而逐渐显示出金属性。

二、氧族元素单质及其化合物的性质

1. 氧

氧是地壳中含量最多和分布最广的元素，含有 3 种同位素，即 ^{16}O、^{17}O、^{18}O。基态氧原子的价层电子结构为 $2s^22p^4$。标况下，O_2 是一种无臭、无色的气体，当温度低至 90 K 时呈淡蓝色的液体，54 K 时为淡蓝色的固体，固态和液态氧均有明显的顺磁性。

在常温下，O_2 的化学性质不很活泼，只能将某些强还原性的物质如 H_2SO_3、NO 等氧化。在加热条件下，除卤素、少数贵金属（Au、Pt 外）及稀有气体外，O_2 几乎能与其他所有元素直接反应生成相应氧化物。

O_2 的用途很广泛。纯氧和富氧空气常用于医疗和高空飞行，氧炔焰和氢氧焰常用于焊接和切割金属，液氧常用作助燃剂。

2. 臭氧

O_3 是 O_2 的同素异形体。O_3 分子构型为 V 形，3 个 O 原子呈等腰三角形，其键角为 116.8°，键长为 127.8 pm。在臭氧分子中，2 个 σ 键由中心 O 原子以 2 个 sp^2 杂化轨道和另外 2 个 O 原子的各 1 个 sp^2 杂化轨道形成，而孤对电子占据中心 O 原子第 3 个 sp^2 杂化轨道。此外，中心 O 原子有 1 对电子未参与杂化 p 轨道，两端 O 原子未参与成键的 sp^2 杂化轨道上也各有 1 对孤对电子，剩下的未参与杂化的 p 轨道上各有 1 个电子，这 3 个 p 轨道相互平行，形成垂直于分子平面的 3 中心 4 电子大 π 键。O_3 分子是反磁性的，其分子中没有成单电子。

3. 水

H_2O 分子中心原子是 O，其价电子排布为 $2s^22p^4$，sp^3 杂化，2 对孤电子分别占据四面体

的 2 个顶点,压缩 O—H 键,使 H_2O 分子整体呈 V 形。O 的电负性较大,电子云在 O—H 键中偏向 O,使 H_2O 分子具有较强的极性,易于形成氢键。H_2O 分子既是氢键的供体,又是氢键的受体。

常温下纯水是一种无色透明液体,具有一些反常的物理性质,如 H_2O 的比热容为 $4.1868\ J\cdot kg^{-1}\cdot K^{-1}$,在所有固态和液态物质中其比热容最大;偶极矩为 1.87 D,表现出很大极性等,这与水的缔合有关。通常水受热时,要额外消耗其中一部分能量使缔合分子离解,故水的熔沸点、熔化热、蒸发热、比热容就异常地高。一般而言,H_2O 是比较稳定的,只有在特殊条件下,才表现出一定化学活性。

4. 过氧化氢

H_2O_2 分子中有过氧键—O—O—。每个氧原子以 sp^3 杂化轨道成键,除 O—O 键外,各与 1 个氢原子相连。H_2O_2 分子不是直线形的,而是不对称的结构。H_2O_2 中氧的氧化数为 -1,故表现出不稳定性和氧化性,在一定条件下也可表现出还原性。工业上多用电解硫酸氢铵水溶液的方法制取 H_2O_2,其主要用途是作氧化剂,优点是产物为水,不会引入新的杂质。工业上常将 H_2O_2 作为漂白剂,医药上用稀 H_2O_2 作为消毒杀菌剂,而纯 H_2O_2 可作为火箭燃料的氧化剂。

三、硫及其化合物

1. 单质硫

S 的电子壳层结构为 $3s^2 3p^4$,由于有可以利用的空 3d 轨道,因此 S 原子在形成化合物时具有如下特性:(1)通过接受 2 个电子,形成含 S^{2-} 的离子型硫化物;(2)可以形成 1 个共价双键;(3)形成 2 个共价单键,组成共价硫化物;(4)可以形成氧化数高于 2 的正氧化态;(5)能形成—S_n—长硫态。单质 S 是黄色晶状固体,其熔点和沸点分别为 385.8 K 和 717.6 K,导热性和导电性差,能溶解于 CS_2 中,但不溶水。

2. 硫化氢

常温下 H_2S 是一种无色有毒气体,其沸点为 213 K,熔点为 187 K。H_2S 分子的构型与 H_2O 分子相似,呈 V 形,但其 H—S 键长(136 pm)比水中的 H—O 键略长,键角∠HSH(92°)比∠HOH 小,极性比 H_2O 弱,这些归因于 O 和 S 的电负性差异。此外,H_2S 的酸性比 H_2O 强。

3. 硫的氧化物

气态 SO_2 分子构型为 V 形,S 原子其中 1 个 sp^2 杂化轨道上保留 1 对孤对电子,而其他 2 个 sp^2 杂化轨道分别与 2 个 O 原子形成 σ 键。∠OSO 为 119.5°,键长为 143 pm。SO_2 是一种无色有刺激臭味的气体,其汽化热大,可用作制冷剂。其同时具备氧化性和还原性,但以还原性为主。当遇到强还原剂时,SO_2 表现出氧化性。SO_2 常用作漂白和消毒杀菌剂。

SO_3 可通过 SO_2 的催化氧化来制备,在工业上常采用 V_2O_5 来作催化剂。气态 SO_3 分子构型为平面三角形,键角 120°,S—O 键长 143 pm,具有双键的特征。其具有很强的氧化性,极易与水化合生成 H_2SO_4。

4. 硫的含氧酸及其盐

H_2SO_3 是二元酸，是比较强的还原剂，存在正盐 M_2SO_3 和酸式盐 $MHSO_3$（M 代表一价金属元素）。Na_2SO_3 和 $NaHSO_3$ 常作为还原剂，用于染料工业中。H_2SO_4 是 SO_3 的水合物，是无色油状液体，其凝固点是 283.36 K，沸点为 611 K，具有脱水性和强氧化性。在 H_2SO_4 分子中，各键角和 S—O 键长是不全相等的。其中 2 个 σ 键由 S 原子采用 sp^3 杂化轨道与 4 个 O 原子中的 2 个 O 原子形成，另外 σ 配键由 2 个 O 原子接受 S 的电子对分别形成。每个硫氧四面体（SO_4 原子团）通过氢键与其他 4 个 SO_4 基团连接。浓 H_2SO_4 是工业上和实验室中最常用的干燥剂，用来干燥二氧化碳、氯气或氢气等气体。H_2SO_4 是一种重要的基本化工原料，其能生成酸式盐和正盐两类。硫酸盐一般较易溶于水，但 $CaSO_4$、$PbSO_4$、$SrSO_4$ 溶解度小，$BaSO_4$ 几乎不溶于水，而且也不溶于酸。许多硫酸盐有很重要的用途，如 $Na_2SO_4 \cdot 10H_2O$ 是重要的化工原料，$FeSO_4 \cdot 7H_2O$ 是治疗贫血的药剂和农药，$CuSO_4 \cdot 5H_2O$ 是农药和消毒剂，$Al_2(SO_4)_3$ 是净水剂、媒染剂和造纸充填剂等。

5. 硫代酸盐和过二硫酸及其盐

$Na_2S_2O_3$ 是无色透明的晶体，遇酸立即分解，生成单质 S，放出 SO_2 气体。$S_2O_3^{2-}$ 呈四面体构型，具有极强配位能力，可与 Cd^{2+}、Ag^+ 等形成配离子。$Na_2S_2O_3$ 用途广泛，可作为化工生产的还原剂，作照相的定影剂、棉织物漂白后的脱氯剂等。过二硫酸 $H_2S_2O_8$ 可看作 H_2O_2 的衍生物，即其中的 2 个氢原子被—SO_3H 基团取代，形成 $H_2S_2O_8$。纯净的 $H_2S_2O_8$ 是无色晶体，熔点为 65 ℃，有强氧化性和吸水性，其盐主要为 $(NH_4)_2S_2O_8$ 和 $K_2S_2O_8$，也属于强氧化剂，但稳定性差，受热易分解。

6. 金属硫化物和多硫化物

多数金属硫化物是有颜色的，难溶于水，有些还难溶于酸。$(NH_4)_2S$ 和 Na_2S 是常用的可溶性硫化物试剂，具有还原性，容易被空气中 O_2 氧化而形成多硫化物。多硫化物具有氧化性，但其氧化性不及过氧化物强。在多硫化物中，S 原子之间通过共享电子对相互连接形成多硫离子。多硫离子可以与 $Sb(Ⅲ)$、$As(Ⅲ)$ 和 $Sn(Ⅱ)$ 等作用生成相应的硫代酸盐。

📖 例题解析

例 1 臭氧分子是否为顺磁性物质？请用价键理论对其成键和结构进行分析。

答：O_3 是反磁性的，表明其分子中没有成单电子。其分子结构为 V 形，其中心的 O 原子是 sp^2 杂化，除了正常的 sp^2-p 的 σ 键外，还存在一个三中心四电子的 π_3^4 的离域 π 键，因此没有成单电子。

例 2 空气通过"负离子发生器"时，产生可以使空气清新的负离子。试分析这些负离子的组成和杀菌、使空气清新的机理。

答：空气通过"负离子发生器"时，其中的氧气分子可获得 1 个电子或 2 个电子，生成超氧离子 O_2^- 和过氧离子 O_2^{2-}。与 O_2 分子相比，超氧离子 O_2^- 和过氧离子 O_2^{2-} 的键级减小，其 O—O 键更容易断开，因此显示比 O_2 更强的氧化性，空气中的 H_2S、CO、SO_2 等还原性气体可被它们氧化，细菌也因其强氧化作用而被杀死，故负离子发生器可以使空气清新。

例 3 请用两种不同的方式鉴定 $S_2O_3^{2-}$，并写出具体步骤和化学方程式。

答：(1)$Na_2S_2O_3$ 在酸性溶液中不稳定,遇酸生成 S 和 SO_2。

$$S_2O_3^{2-} + 2H^+ \Longrightarrow S\downarrow + SO_2\uparrow + H_2O$$

(2)重金属的硫代硫酸盐难溶且不稳定,$Ag_2S_2O_3$ 在溶液中迅速分解,颜色由白色经黄色、棕色,最后生成黑色的 Ag_2S。

$$2Ag^+ + S_2O_3^{2-} \Longrightarrow Ag_2S_2O_3\downarrow$$

$$Ag_2S_2O_3 + H_2O \Longrightarrow Ag_2S\downarrow + H_2SO_4$$

例 4　室温下,可用铁、铝容器盛放浓硫酸,却不可盛放稀硫酸,为什么?

答:冷的浓硫酸与铁、铝等金属作用会在金属表面生成一层致密的保护膜,而使金属不继续与酸反应,称为"钝化",所以可用铁、铝容器(或陶瓷容器)盛放浓硫酸。但铁、铝会与稀硫酸反应,析出氢气,故不可用铁、铝容器盛放稀硫酸。

例 5　氧的电负性比氯大,但为何很多金属与氧反应较困难,和氯作用却比较容易?

答:因为氯气的离解能比氧气的要小得多,并且氯的电子亲和能为负值,而氧的第一二电子亲和能之和为较大正值(吸热),因此,很多金属比较容易和氯气作用,而同氧作用较困难。另外又因为同种金属的卤化物的挥发性比氧化物更强,所以容易形成卤化物。

例 6　试用最简便方法区别下列 5 种固体盐:Na_2S、Na_2S_2、$Na_2S_2O_3$、Na_2SO_3 和 Na_2SO_4。

答:取这 5 种盐少许,分别溶解于水,加入盐酸,根据发生的现象,区分它们:

(1)有 H_2S 恶臭气味产生并使 $Pb(Ac)_2$ 试纸变黑者,原试样是 Na_2S。反应如下:

$$Na_2S + 2HCl \Longrightarrow H_2S(g) + 2NaCl$$

$$Pb(Ac)_2 + H_2S(g) \Longrightarrow PbS(s) + 2HAc$$

(2)有 H_2S 恶臭气味产生同时出现浅黄白色沉淀并使 $Pb(Ac)_2$ 试纸变黑者,原试样是 Na_2S_2。反应如下:

$$Na_2S_2 + 2HCl \Longrightarrow H_2S(g) + S(s) + 2NaCl$$

$$Pb(Ac)_2 + H_2S(g) \Longrightarrow PbS(s) + 2HAc$$

(3)放出无色气体并使 $KMnO_4$ 溶液褪去紫红色者,原试样是 Na_2SO_3。反应如下:

$$Na_2SO_3 + 2HCl \Longrightarrow 2NaCl + SO_2(g) + H_2O$$

$$2MnO_4^- + 5SO_2(g) + 2H_2O \Longrightarrow 2Mn^{2+} + 5SO_4^{2-} + 4H^+$$

(4)放出无色气体同时出现浅黄白色沉淀,并使 $KMnO_4$ 溶液褪去紫红色者,原试样是 $Na_2S_2O_3$。反应如下:

$$Na_2S_2O_3 + 2HCl \Longrightarrow 2NaCl + SO_2(g) + S(s) + H_2O$$

$$2MnO_4^- + 5SO_2(g) + 2H_2O \Longrightarrow 2Mn^{2+} + 5SO_4^{2-} + 4H^+$$

(5)无显著现象者,原试样是 Na_2SO_4。

➦ 习题

1.标态下晶体硫最稳定的分子式为(　　　　)。

A. S_6　　　　　　　B. S_4　　　　　　　C. S_2　　　　　　　D. S_8

2.下列几种物质中,其酸性最强的是(　　　　)。

A. H_2SO_4　　　　　B. H_2SO_3　　　　　C. H_2S　　　　　　D. $H_2S_2O_7$

3. 下列只有还原性的物质是(　　)。

A. $Na_2S_2O_3$　　　　　　B. Na_2S　　　　　　C. Na_2SO_3　　　　　　D. Na_2S_2

4. SO_2 的制备方法中,工业上主要是(　　)。

A. 单质硫在空气中燃烧　　　　　　　　B. 焙烧 FeS_2

C. 浓硫酸与铜反应　　　　　　　　　　D. 亚硫酸盐与酸反应

5. 下列关于氧族元素的说法错误的是(　　)。

A. 原子的电子层结构相似

B. 随着核电荷数的增加原子半径增大

C. +2 价的硫、硒、碲稳定性逐渐增大

D. 氧族元素都表现出金属性

6. 以下几种构型中,属于气态 SO_3 分子的是(　　)。

A. 直线形　　　　　　B. V 形　　　　　　C. 平面三角形　　　　　　D. 三角锥形

7. 下列说法错误的是(　　)。

A. TeO_3 溶于稀酸或稀的强碱溶液

B. Sn 是典型的半导体材料

C. H_2SeO_4 的氧化性比硫酸和碲酸都强

D. H_2Se 稳定性差,易溶于水

8. O_3 分子经测定为平面三角形结构,说明中心 O 原子采取＿＿＿＿＿＿＿杂化,形成＿＿＿＿＿的离域 π 键。

9. H_2O 的氧原子采取＿＿＿＿＿杂化,分子的空间构型为＿＿＿＿＿,键角为＿＿＿＿。

10. $Na_2S_2O_4 \cdot 2H_2O$ 俗称＿＿＿＿＿＿＿＿。

11. 过量的 $Na_2S_2O_3$ 溶液与 $AgNO_3$ 溶液反应生成＿＿＿＿色的＿＿＿＿＿＿＿。$Na_2S_2O_3$ 溶液与过量的 $AgNO_3$ 溶液反应生成＿＿＿＿色的＿＿＿＿＿,后变为＿＿＿＿＿色的＿＿＿＿＿＿。

12. 硫化物 ZnS、CuS、MnS、HgS、SnS 中,不溶于稀盐酸,但溶于浓盐酸的是＿＿＿＿＿＿,易溶于稀盐酸的是＿＿＿＿＿＿＿＿,只溶于王水的是＿＿＿＿＿＿＿,不溶于浓盐酸,但可溶于硝酸的是＿＿＿＿＿＿。

13. 硫酸表现出沸点高和不易挥发性是因为＿＿＿＿＿＿＿＿＿＿＿＿。

14. 氧的化学性质与同族其他元素比较有较大差异,其主要原因是＿＿＿＿＿＿＿＿＿＿＿＿＿＿＿＿＿＿＿＿＿＿＿。

15. 斜方硫和＿＿＿＿＿是硫的两种主要的同素异形体。其中,稳定态的单质是＿＿＿＿＿,当温度增加至 95 ℃时,转变为＿＿＿＿＿＿,其中硫原子的杂化方式是＿＿＿＿＿＿。

16. 以下几种硫的含氧酸盐,如连多硫酸盐、硫酸盐、硫代硫酸盐和过二硫酸盐中,还原能力最强的是＿＿＿＿＿＿＿＿＿＿＿,而氧化能力最强的是＿＿＿＿＿＿＿＿＿＿＿＿。

17. H_2SeO_3、H_2Se、H_2S、H_2SO_4、H_2Te 中最弱的酸是＿＿＿＿＿＿。

18. 为什么 SF_6 稳定,不易水解,而 SF_4 不稳定,又易水解?

19. 把 H_2S 和 SO_2 气体同时通入 $NaOH$ 溶液中至溶液呈中性,有何结果? 请写出相应的化学方程式。

20. SF_4 和 TeF_6 均发生水解,而 SF_6 虽然水解的热力学倾向很大,但实际上不水解,试从结构角度分析原因。

21. 完成并配平下列化学反应方程式。

(1) $MnSO_4(aq) + K_2S_2O_8(aq) + H_2O(l) ==$

(2) $S(s) + H_2SO_4(浓) ==$

(3) $Na_2SO_3(aq) + KMnO_4(aq) + H_2SO_4(aq) ==$

(4) $Na_2S_2O_3(aq) + I_2(s) ==$

(5) $O_3(g) + KI(aq) + H_2O(l) ==$

(6) $H_2O_2(aq) + Cl_2(g) ==$

(7) $Al_2S_3(s) + H_2O(l) ==$

(8) $SO_2(g) + H_2SeO_4(aq) + H_2O(l) ==$

(9) $H_2S(g) + H_2SO_4(浓) ==$

(10) $Na_2S_2O_4(aq) + Cl_2(g) + H_2O(l) ==$

22. 油画久置后会局部变黑,用过氧化氢溶液处理后,可恢复,请简要解释,并写出相关的化学反应方程式。

23. 请指出 $CaSO_4$、$CdSO_4$、$MgSO_4$、$SrSO_4$ 热分解温度顺序,并解释其原因。

24. 根据 SOF_2、$SOCl_2$、$SOBr_2$ 分子的结构式,推测其中 S—O 键的强弱顺序,并简述理由。

25. 根据 H_2SO_4 与 H_2SeO_4 的氧化性强弱顺序,推测 $HClO_4$ 与 $HBrO_4$、H_3PO_4 与 H_3AsO_4 的氧化性强弱,简述原因。

26. 根据杂化轨道理论说明 H_2O_2 的成键情况和结构。

27. 焦硫酸钾用作熔矿剂,请解释其中的化学原理。

28. 某无色溶液 A 显碱性,由一无色钠盐溶于水制得。向 A 中滴加 $KMnO_4$ 溶液,得到 B,伴随着紫红色褪去。向 B 溶液中加入 $BaCl_2$ 溶液,得到白色沉淀 C,其不溶于强酸。向 A 溶液中加入盐酸,产生无色气体 D,将气体 D 通入 $KMnO_4$ 溶液中,得到无色的 B 溶液。向含有淀粉的 KIO_3 溶液中滴加少许 A,生成 E,且溶液立即变蓝,而 A 过量时蓝色消失,得无色溶液 F。判断 A、B、C、D、E、F 各为何物,写出 A→B,B→C 的化学反应方程式。

习题参考答案

1. D　2. D　3. B　4. B　5. D　6. C　7. A

8. sp^2;三中心四电子　9. sp^3;V 形;$109°28'$　10. 保险粉

11. 无;$[Ag(S_2O_3)_2]^{3-}$;白;$Ag_2S_2O_3$;黑;Ag_2S

12. SnS;ZnS、MnS;HgS;CuS　13. 硫酸分子间氢键多而强

14. 氧的原子半径与同族相比要小得多,而电负性却很大

15. 单斜硫;斜方硫;单斜硫;sp^3　16. 硫代硫酸盐;过二硫酸盐　17. H_2S

18. 答:SF_6 为正八面体构型,热力学结构不稳定,但动力学稳定,不易受水的进攻;SF_4 为变形的三角锥结构,硫原子裸露在外,容易受水的进攻,不稳定。

19. 答:结果是生成了 $Na_2S_2O_3$,主要反应方程式如下:

$$NaOH+SO_2\!=\!\!=\!NaHSO_3$$
$$NaOH+H_2S\!=\!\!=\!NaHS+H_2O$$
$$4NaHSO_3+2NaHS\!=\!\!=\!3Na_2S_2O_3+3H_2O$$

20.答:SF_4 发生水解：$SF_4(g)+2H_2O\!=\!\!=\!SO_2(g)+4HF(aq)$。

其结构原因是 SF_4 分子中，S 原子的配位数未达到饱和，S 原子受到 H_2O 的 O 原子的亲核进攻而发生水解。

TeF_6 也发生水解，因为 TeF_6 的 Te—F 键能较小，而且 Te 为第五周期元素，其最高配位数可达 8，故配位数未达到饱和，Te 原子以其 5d 空轨道接受 H_2O 的 O 原子的亲核进攻而发生水解：$TeF_6+6H_2O\!=\!\!=\!H_6TeO_6(aq)+6HF(aq)$。

SF_6 的中心 S 原子为 sp^3d^2 杂化，是正八面体型分子。六氟化硫水解反应的标准吉布斯自由能为负值，热力学自发反应倾向大，反应如下：
$$SF_6(g)+3H_2O(g)\!=\!\!=\!SO_3(g)+6HF(g)\quad \Delta_rG_m^{\ominus}=-208\ kJ\cdot mol^{-1}$$

但实际上未观察到水解。这可以归因于反应的动力学障碍，即活化能大，其结构原因是 SF_6 的 S—F 键能大，S 原子的配位数已达到饱和状态及高度对称的分子结构。

21.答:(1)$2MnSO_4(aq)+5K_2S_2O_8(aq)+8H_2O(l)\!=\!\!=\!2KMnO_4(aq)+4K_2SO_4(aq)+8H_2SO_4(aq)$

(2)$S(s)+2H_2SO_4(浓)\!=\!\!=\!3SO_2(g)+2H_2O(l)$

(3)$5Na_2SO_3(aq)+2KMnO_4(aq)+3H_2SO_4(aq)\!=\!\!=\!5Na_2SO_4(aq)+2MnSO_4(aq)+K_2SO_4(aq)+3H_2O(l)$

(4)$2Na_2S_2O_3(aq)+I_2(s)\!=\!\!=\!Na_2S_4O_6(aq)+2NaI(aq)$

(5)$O_3(g)+2KI(aq)+H_2O(l)\!=\!\!=\!I_2(s)+O_2(g)+2KOH(aq)$

(6)$H_2O_2(aq)+Cl_2(g)\!=\!\!=\!2HCl(aq)+O_2(g)$

(7)$Al_2S_3(s)+6H_2O(l)\!=\!\!=\!2Al(OH)_3(s)+3H_2S(g)$

(8)$SO_2(g)+H_2SeO_4(aq)+H_2O(l)\!=\!\!=\!H_2SO_4(aq)+H_2SeO_3(aq)$

(9)$H_2S(g)+3H_2SO_4(浓)\!=\!\!=\!4SO_2(g)+4H_2O(l)$

(10)$Na_2S_2O_4(aq)+3Cl_2(g)+4H_2O(l)\!=\!\!=\!2NaHSO_4(aq)+6HCl(aq)$

22.答:油画久置后会局部变黑，是由于油墨中含有 Pb^{2+}，久置后与空气中的 $H_2S(g)$ 发生反应，生成黑色的 PbS。用过氧化氢溶液处理，过氧化氢可以把 PbS 氧化为白色的 $PbSO_4$，使油画恢复。相应的化学反应方程式为
$$Pb^{2+}+H_2S(g)\!=\!\!=\!PbS(s)+2H^+$$
$$PbS(s)+4H_2O_2\!=\!\!=\!PbSO_4(s)+4H_2O$$

23.答:硫酸盐的热稳定性、热分解产物与其金属离子的离子势 φ 和外层电子构型有关。(1)对于同一外层电子构型的金属离子，金属离子的离子势 φ 越大，M^{2+} 对 SO_4^{2-} 的反极化作用就越强，S—O 键越容易断开，硫酸盐的热分解温度就越低。$MgSO_4$、$CaSO_4$、$SrSO_4$ 的金属离子同为 8 电子外层电子构型，金属离子的离子势顺序为 $Mg^{2+}>Ca^{2+}>Sr^{2+}$，则硫酸盐的热稳定性顺序为 $MgSO_4<CaSO_4<SrSO_4$，三者热分解温度顺次为 895 ℃、1149 ℃、1374 ℃。(2)在金属离子半径相近的情况下，外层电子构型为 8 电子的金属离子因极化力小，对 SO_4^{2-} 的反极化作用弱，故相应硫酸盐的热稳定性高，热分解温度高；而外层电子构型为 18 电子、(18+2)电子或(9~17)电子的金属离子因极化力大，对 SO_4^{2-} 的反极化作用强，

故相熔融应硫酸盐的热稳定性小,热分解温度低。Ca^{2+}(99 pm)与 Cd^{2+}(97 pm)半径相近,Ca^{2+} 为 8 电子构型,而 Cd^{2+} 为 18 电子构型,对 SO_4^{2-} 的反极化作用更强,故 $CdSO_4$ 的热稳定性比 $CaSO_4$ 低,热分解温度仅为 816 ℃。

24.答:S—O 键的强弱顺序为:$SOF_2 > SOCl_2 > SOBr_2$。共价键的强度取解决于三个因素:(1)共价能:成键原子轨道重叠面积越大,共价能越大;(2)电负性能:成键两元素电负性差越大,电负性越大;(3)马德隆(Madelung)能:键极性越大,马德隆能越大。对于 SOX_2 分子中的 S—O 键,前两个因素相同,只有键极性不同,即马德隆能不同。显然,电负性 F>Cl>Br,键极性 $^{\delta+}S \to F^{\delta-} > ^{\delta+}S \to Cl^{\delta-} > ^{\delta+}S \to Br^{\delta-}$,导致 SOF_2 分子中 S—O 键的 S 原子带有最多的负电荷,$SOCl_2$ 次之,$SOBr_2$ 最少,故 S—O 键极性顺序为 $SOF_2 > SOCl_2 > SOBr_2$,这也是 S—O 键马德隆能大小的顺序和总的共价能大小的顺序。

25.答:氧化性强弱:$H_2SO_4 < H_2SeO_4$,$HClO_4 < HBrO_4$,$H_3PO_4 < H_3AsO_4$。第四周期元素 Se、Br、As 的高价态化合物表现出特别高的氧化性,称为"次周期性"。原因是与同族的第三、第五周期元素相比,第四周期元素 Se、Br、As 在其高价态化合物中显示出最大的有效离子势($\varphi^* = Z^*/r$),因而"回收"电子的能力最强。

26.答:H_2O_2 分子中氧原子采取不等性的 sp^3 杂化,H—O σ键由两个 sp^3 杂化轨道中的一个单电子同氢原子的 1s 轨道重叠形成,O—O σ键由另一个单电子同第二个氧原子的 sp^3 杂化轨道头对头重叠形成。而其他两个 sp^3 杂化轨道中的电子是孤对电子,其中的排斥作用使得 O—H 键向 O—O 键靠拢,所以 O—O 键长比计算的单值大,∠HOO 小于四面体的值(109.5°)。

27.答:焦硫酸钾受热时分解,释放 SO_3,具有强氧化性,反应如下:
$$K_2S_2O_7(s) = 2K^+ + SO_4^{2-} + SO_3(g)$$
同时 SO_3 是酸性氧化物,而大多数金属氧化物是碱性氧化物,故焦硫酸钾可用作熔矿剂。

28.答:A:$NaHSO_3$;B:SO_4^{2-};C:$BaSO_4$;D:SO_2;E:I_2;F:I^-。
有关反应方程式为
$$5HSO_3^- + 2MnO_4^- + H^+ = 5SO_4^{2-} + 2Mn^{2+} + 3H_2O$$
$$SO_4^{2-} + Ba^{2+} = BaSO_4$$

第 12 章　氮族元素

⟫ 核心内容

一、氮族元素的性质

氮族元素的价电子构型为 ns^2np^3，价电子为 5 个，电负性偏小。其形成的化合物以共价型为主，且原子愈小，形成共价键的趋势愈大。除氮气外，氮族元素中其他元素的单质都比较活泼。氮气只有在高温时表现出化学活泼性。

二、氮族元素单质及其化合物的性质

1. 氮

氮原子价电子构型为 $2s^22p^3$，在氮气形成时，会产生 1 个 σ 键和 2 个 π 键，故氮气是双原子分子，以叁键结合在一起。氮气的总键能为 941.7 kJ·mol^{-1}，断开第一个和第二个 π 键分别需要 523.3 kJ·mol^{-1} 和 236.6 kJ·mol^{-1} 的能量，断开最后一个 σ 键需 154.8 kJ·mol^{-1} 的能量。因此其性质稳定，经常被当作保护气。

在标况下，氮气是一种无色无臭的气体，化学性质稳定，不易与其他物质发生反应，但可直接与金属锂反应生成 Li_3N。高温时，能与 Ba、Ca、Mg、Al、Si、B 等物质反应生成氮化物。同时，在催化剂作用下，氮气和氢气在高温高压条件下可生成氨。

2. 氨

在氨分子中，氮原子采用不等性 sp^3 杂化，其 3 个杂化轨道与 H 的 1s 轨道重叠形成 σ 键，剩余 1 个杂化轨道被孤对电子占据。N—H 键角为 $107°18'$，故氨分子是三角锥形，属于结构不对称的极性分子。

3. 铵盐

NH_4^+ 中的氮原子采用 sp^3 杂化，与氢原子形成 4 个 σ 键（包括 1 个配位键），其几何构型为四面体。铵盐与碱金属盐相似，一般是无色晶体，易溶于水，受热易分解。

4. 一氧化氮

NO 是单电子分子，在反应中，π^* 轨道的单电子易失去，形成亚硝酰离子。

常温下，能与 O_2、Cl_2、F_2 等反应，能与金属离子形成配合物。工业上常采用氨氧化来制备，实验室常用稀硝酸与铜反应来制备。

5. 二氧化氮和四氧化二氮

NO_2 是一种有毒气体，呈红棕色，同时具备氧化性和还原性，以氧化性为主。实验中常用浓硝酸与铜反应制备。N_2O_4 是前者的二聚体，无色，极易分解为 NO_2。

6. 亚硝酸及其盐

HNO_2 具有反式和顺式两种结构，一般反式结构更稳定。其中的氮采用 sp^2 杂化，形成 1 个双键和 1 个单键。大多数亚硝酸盐是稳定的，易溶于水，且一般有毒。

7. 硝酸及其盐

HNO_3 的分子是平面型的，其中的氮采用 sp^2 杂化，形成 1 个 π_3^4 键和 3 个 σ 键。纯 HNO_3 是无色液体，见光或受热易分解，应储存在棕色试剂瓶中。其具有很强的氧化性，能与多数的金属和非金属反应。大多数硝酸盐易溶于水，受热易分解。

8. 氮的卤化物

氮的卤化物只有 NCl_3 和 NF_3，三碘化氮和三溴化氮仅能制得它们的氨合物，没有得到过自由的单分子化合物。

三、磷及其化合物

1. 磷

磷的价电子壳层结构是 $3s^2 3p^3 3d^0$，由于第三电子层有空的 3d 轨道，在形成单质或化合物时的价键特征如下：(1)形成离子键；(2)形成共价键；(3)形成配位键。磷有多种同素异形体，常见的是黑磷、红磷、白磷三种。

2. 磷的氢化物

磷和氢可组成 PH_3、P_2H_4 和 $(P_2H)_x$ 等系列氢化物，其中最重要的是 PH_3。PH_3 分子结构与 NH_3 相似，几何构型是三角锥形，具有较强的还原性，能使 Ag^+、Cu^{2+} 等还原成单质。PH_3 碱性和稳定性都低于 NH_3。

3. 磷的含氧化合物

磷的含氧化合物主要包括三氧化二磷、五氧化二磷、含氧酸及其盐等。P_2O_3 具有很强的毒性，溶于冷水后生成亚磷酸。P_2O_5 是一种很强的干燥剂，在空气中很快潮解。磷的含氧酸包括次磷酸、偏磷酸、焦磷酸、正磷酸等，其中 P(Ⅴ)的含氧酸最重要。

4. 砷、锑、铋

砷、锑、铋的价电子结构与氮、磷一样，但次外层是 18 电子层结构，在性质上与氮、磷有很大的差别。其主要氧化态为 +3 和 +5，很难形成 M^{3-}。单质砷、锑、铋一般是将其氧化物还原制得，其熔点依次降低，容易挥发。在水和空气中比较稳定，不与稀硝酸反应，但与强氧化性酸反应。其氧化物主要有 2 种形式，即 M_4O_6 或 M_2O_3、M_4O_{10} 或 M_2O_5。其中 As_4O_6 是以酸性为主的两性氧化物，Sb_4O_6 是以碱性为主的两性氧化物，Bi_2O_3 是碱性氧化物。同时其氧化物的还原性按照砷、锑、铋顺序依次减小。砷、锑、铋的五氧化物是酸性氧化物，其含氧酸的酸性按照砷、锑、铋顺序依次减弱,氧化性强于三氧化物。它们的硫化物都有颜色,且氧化还原性、酸碱性的变化规律与相应的氧化物类似。

➲ 例题解析

例 1 为什么磷的电负性比氮低,但其化学性质却更活泼?

答:这是由它们的结构不同决定的。氮的半径虽然很小,但容易形成三重键,键能相对很高,难以断开,因而表现得不活泼。磷原子的半径较大,其 P 轨道重叠很小,不能形成多重键。由于单键键能很小,很容易断开,故化学性质更活泼。

例 2 分析 PF_3、PCl_3、PBr_3 与 PI_3 的分子中键角大小变化的规律,并说明理由。

答:3 种分子均为 sp^3 杂化,原子半径 $F<Cl<Br<I$,所以键角依次上升。

例 3 试说明为什么氮族元素中,只有氮可以生成二原子分子 N_2。

答:N 的半径很小,容易形成三重键,叁键的键能很高,难以断开,因而 N_2 很不活泼。而同族其他的元素则不行,故不可以生成二原子分子。

例 4 给出 $BiCl_3$、PCl_3、NCl_3、$SbCl_3$、$AsCl_3$ 的水解反应,并说明 PCl_3 与 NCl_3 水解产物不同的原因。

答:各化合物的水解反应为

$$BiCl_3 + H_2O =\!=\!= BiOCl\downarrow + 2HCl$$
$$PCl_3 + 3H_2O =\!=\!= H_3PO_3 + 3HCl$$
$$NCl_3 + 3H_2O =\!=\!= NH_3\uparrow + 3HClO$$
$$SbCl_3 + H_2O =\!=\!= SbOCl\downarrow + 2HCl$$
$$AsCl_3 + 3H_2O =\!=\!= H_3AsO_3 + 3HCl$$

PCl_3 与 NCl_3 水解产物不同的原因:由于 Cl 的电负性比 P 大,故 PCl_3 水解时 P 与 OH^- 结合,而 Cl 与 H^+ 结合,水解产物为 $P(OH)_3$(即 H_3PO_3)和 HCl。且在 NCl_3 中,Cl 与 N 的电负性相近,但 Cl 的半径比 N 大得多,N 上的孤对电子向 H_2O 中 H 的配位能力较强。因而水解时 Cl 与 OH^- 结合为 HClO,N 与 H^+ 结合为 NH_3。

例 5 简述氨气易与金属离子形成配位键的原因。

答:因为(1)在氨分子中,氮原子为 sp^3 不等性杂化,有一对孤电子对;(2)由于孤电子对对成键电子对的排斥作用,分子中 H—N—H 键角减小;(3)这种结构使得 NH_3 分子有较强的极性,其偶极矩为较小,也使得 NH_3 分子有较强的配位能力。

例 6 如何鉴别溶液中的 As^{3+}、Sb^{3+}、Bi^{3+} 3 种离子?请列举出 3 种方法。

答:鉴别方法如下:

(1)向溶液中通入 H_2S,再加入浓 HCl,其中不溶的是 As_2S_3,再加 NaOH 溶液,不溶的是 Bi_2S_3。

(2)向溶液中通 H_2S 直至生成沉淀,向沉淀中依次加 $2\ mol\cdot L^{-1}$ NaOH 溶液,其中不溶的是 Bi_2S_3;再向沉淀中加浓 HCl,不溶的是 As_2S_3。

(3)向溶液中通 H_2S 后加入 Na_2S_x 溶液,其中不溶的是 Bi_2S_3;其余两种沉淀加入浓 HCl,其中不溶的是 As_2S_3。

▶ 习题

1. 下列单质有关性质判断正确的是（　　　）。

A. 熔点：$As<Sb<Bi$　　　　　　　　B. 活泼性：$N_2<P<As<Sb$

C. 金属性：$As>Sb>Bi$　　　　　　　D. 原子化热：$As<Sb<Bi$

2. 下列各物质按酸性顺序排列正确的是（　　　）。

A. $HNO_2>H_3PO_4>H_4P_2O_7$　　　　　　B. $H_4P_2O_7>H_3PO_4>HNO_2$

C. $H_4P_2O_7>HNO_2>H_3PO_4$　　　　　　D. $H_3PO_4>H_4P_2O_7>HNO_2$

3. 下列几种物质中，热稳定性相对最差的氢化物是（　　　）。

A. SbH_3　　　　　　B. PH_3　　　　　　C. NH_3　　　　　　D. AsH_3

4. 制备 NO 气体有很多种，以下几种方法中，最适宜的是（　　　）。

A. Zn 粒与 $2\ mol\cdot L^{-1}\ HNO_3$ 反应

B. 向酸化的 $NaNO_2$ 溶液中滴加 KI 溶液

C. 向酸化的 KI 溶液中滴加 $NaNO_2$ 溶液

D. 向双氧水中滴加 $NaNO_2$ 溶液

5. 下列叙述正确的是（　　　）。

A. 磷酸和磷酸盐都是弱氧化剂　　　　B. 三氯化磷都是共价化合物，不易水解

C. 五卤化磷都是稳定的　　　　　　　D. 次磷酸盐有较强的还原性

6. 下列分子中，不存在 π_3^4 离域键的是（　　　）。

A. HNO_3　　　　　　B. HNO_2　　　　　　C. N_2O　　　　　　D. N_3^-

7. 遇水后能放出气体并有沉淀生成的是（　　　）。

A. $Bi(NO_3)_2$　　　　B. $(NH_4)_2SO_4$　　　　C. Mg_3N_2　　　　D. NCl_3

8. PH_3 的分子构型为_____，其毒性比 NH_3_____，其溶解性比 NH_3_____
_____。

9. 氨气分子中，N 原子的结构为_____杂化，3 个 N—H 为_____键，含有一对孤对电子。

10. 磷的同素异形体常见的有_____，其中最活泼的是_____，其分子式为_____。

11. PCl_5 晶体中包含 2 种离子，分别是_____和_____，其构型分别为_____和_____。

12. 叠氮酸的分子式为_____，属于_____酸，其相应的盐称_____，叠氮酸根的构型为_____形。

13. 碱性：NH_3_____PH_3（填"＞"或"＜"，下同）；与过渡金属生成配合物的能力：NH_3_____PH_3；稀酸的氧化性：HNO_3_____HNO_2。

14. 马氏试砷法中，把砷的化合物与锌和盐酸作用，生成分子式为_____的气体，气体受热，在玻璃管中出现_____。

15. 为什么 P_4O_{10} 中 P—O 键长有 2 种，分别为 139 pm 和 162 pm？

16. 为什么 Bi(V)的氧化能力比同族其他元素强？

17. 为什么 $NaNO_2$ 会加速铜和硝酸反应？

18. As_2O_3 在盐酸中的溶解度随酸的浓度增大而减小后又增大,请解释其中的原因。

19. 为什么磷和 KOH 溶液反应生成的 PH_3 气体遇空气冒白烟？

20. 简要说明硝酸的性质,并用化学式加以解释。

21. 如何配制 $SbCl_3$ 溶液和 $Bi(NO_3)_3$ 溶液？

22. 完成并配平下列化学反应方程式。

(1)$NaOH + NO_2 ===$

(2)$NaOH(过量) + As_2O_3 ===$

(3)$HNO_3(浓) + Bi ===$

(4)$N_2H_4 + AgCl ===$

(5)$PCl_3 + H_2O ===$

(6)$P_4 + HNO_3 ===$

(7)$Zn_3P_2 + HCl(稀) ===$

(8)$(NH_4)_2CO_3 \overset{\triangle}{===}$

(9)$Sb_2O_3 + HNO_3(浓) ===$

(10)$N_2H_4 + HNO_2 ===$

23. 用反应方程式表示由 $BiCl_3$ 制备 $NaBiO_3$ 的过程。

24. 用反应方程式表示由 $SbCl_3$ 制备较纯净的 Sb_2S_5 的过程。

25. 用 3 种方法鉴定 $NaNO_2$ 和 $NaNO_3$,并书写出相关的化学方程式。

26. 解释下列实验现象:向 $NaPO_3$ 溶液中滴加 $AgNO_3$ 溶液时却生成白色沉淀,但向 Na_3PO_4 溶液中滴加 $AgNO_3$ 溶液时生成黄色沉淀。

27. 为什么与过渡金属的配位能力 $NH_3 < PH_3$,$NF_3 < PF_3$,而与 H^+ 的配位能力 $NH_3 > PH_3$？

28. A 是无色晶体,加热后得到无色气体 B。在更高的温度下,加热 B 后,再恢复到原来的温度,气体体积却增加了 50%。将晶体 A 与等物质的量的 NaOH 固体一起加热,可得到无色气体 C 和白色固体 D。将无色气体 C 通入 $AgNO_3$ 溶液中,得到 E,其为棕黑色沉淀。继续通入过量 C 时,发现棕黑色沉淀 E 消失,溶液变为无色。将 A 溶于浓盐酸后,加入 KI 溶液,溶液又变黄。试写出上述 A、B、C、D 和 E 所代表物质的化学式,并用化学反应方程式表示各反应过程。

习题参考答案

1.B　2.B　3.A　4.C　5.D　6.B　7.C

8.三角锥;大;小　　9. sp^3;σ　　10.红磷、白磷、黑磷;白磷;P_4

11.$[PCl_4]^+$;$[PCl_6]^-$;正四面体;正八面体　　12.HN_3;弱;叠氮化合物;直线

13.$>$;$<$;$<$　　14.AsH_3;亮黑色的砷镜

15.答:在 P_4O_{10} 分子中,存在两种氧,一种是同时与两个磷成键的桥氧(P—O—P),另一种是与磷形成双键的端氧(P=O)。其中端氧单键(桥氧)的键略长,磷氧双键略短,分别为 162 pm 和 139 pm。

16. 答:这主要是因为 4f、5d 对电子的屏蔽作用较小,而 Bi(Ⅴ)出现了充满的 4f、5d。而 6s 具有较大的穿透能力,6s 电子能级显著降低,不易失去,有"惰性电子对效应"。

17. 答:这主要是因为 $NaNO_2$ 与 HNO_3 反应,生成 NO_2,其作为反应的催化剂,起电子传递作用,通过 NO_2 获得还原剂 Cu 的电子,而使反应速率加快。反应如下:

$$HNO_3 + NO_2^- + H^+ = 2NO_2 + H_2O$$
$$NO_2 + e^- = NO_2^-$$
$$2NO_2 + Cu = 2NO_2^- + Cu^{2+}$$

18. 答:在酸浓度较小时,存在以下反应:

$$As_2O_3 + 3H_2O = 2As(OH)_3$$

随着酸的浓度增加,阻碍着水解反应,反应如下:

$$As_2O_3 + 8HCl = 2H[AsCl_4] + 3H_2O$$

增大盐酸的浓度,平衡向右移动。

19. 答:这主要是因为反应生成的 PH_3 气体中含有少量的 P_2H_4,P_2H_4 在空气中易自燃生成 P_2O_3 而冒白烟。

20. 答:(1)浓硝酸不稳定,遇光或热会分解而放出二氧化氮,分解产生的二氧化氮溶于硝酸,从而使外观带有浅黄色:$4HNO_3(浓) = 2H_2O + 4NO_2\uparrow + O_2\uparrow$。

(2)硝酸是重要的氧化剂,除了 Au 等少数金属外,许多金属都能被硝酸氧化。硝酸与金属反应,金属越活泼,硝酸的浓度越稀,还原产物中氮的氧化数越低,例如

$$4HNO_3(浓) + Cu = Cu(NO_3)_2 + 2NO_2\uparrow + 2H_2O$$
$$8HNO_3(稀) + 3Cu = 3Cu(NO_3)_2 + 2NO\uparrow + 4H_2O$$

(3)Fe、Al、Cr 与冷的浓硝酸作用时会有钝化现象发生,而稀硝酸氧化能力较弱,反应速度慢,被氧化的物质有时不能达到最高氧化态,生成的 NO_2 来不及逸出反应体系就又被进一步还原,例如

$$9HNO_3 + 4Hg = 4Hg(NO_3)_2 + NH_3\uparrow + 3H_2O$$

21. 答:二者易水解,生成沉淀,反应如下:

$$SbCl_3 + H_2O = SbOCl\downarrow + 2HCl$$
$$Bi(NO_3)_3 + H_2O = BiONO_3\downarrow + 2HNO_3$$

为避免水解,在配制上述溶液时,先将一定量的 $Bi(NO_3)_3$ 和 $SbCl_3$ 溶于酸中,再稀释到所需体积即可。具体如下:配制 $Bi(NO_3)_3$ 溶液和 $SbCl_3$ 溶液时,先将 $Bi(NO_3)_3$ 水合晶体和 $SbCl_3$ 水合晶体分别溶于 1∶1 硝酸和 1∶1 盐酸中,再稀释到所需浓度即可。

22. 答:(1)$2NaOH + 2NO_2 = NaNO_2 + NaNO_3 + H_2O$

(2)$6NaOH(过量) + As_2O_3 = 2Na_3AsO_3 + 3H_2O$

(3)$6HNO_3(浓) + Bi = Bi(NO_3)_3 + 3NO_2\uparrow + 3H_2O$

(4)$N_2H_4 + 4AgCl = 4Ag + N_2\uparrow + 4HCl$

(5)$PCl_3 + 3H_2O = H_3PO_3 + 3HCl$

(6)$3P_4 + 20HNO_3 + 8H_2O = 12H_3PO_4 + 20NO$

(7)$Zn_3P_2 + 6HCl(稀) = 2PH_3 + 3ZnCl_2$

(8)$(NH_4)_2CO_3 \xrightarrow{\triangle} 2NH_3\uparrow + CO_2\uparrow + H_2O$

(9)$4HNO_3(浓) + Sb_2O_3 + H_2O = 2H_3SbO_4 + 4NO_2\uparrow$

(10)$N_2H_4 + HNO_2 = HN_3 + 2H_2O$

23.答:$BiCl_3 + 6NaOH + Cl_2 = NaBiO_3\downarrow + 5NaCl + 3H_2O$。

24.答:先加入适量 NaOH 溶液和氯水于 $SbCl_3$ 溶液中,生成 $Sb(OH)_5$ 沉淀,反应如下:

$$SbCl_3 + Cl_2 + 5NaOH = Sb(OH)_5\downarrow + 5NaCl$$

过滤洗涤得到 $Sb(OH)_5$ 沉淀。向沉淀中,加入过量 Na_2S 溶液,反应如下:

$$Sb(OH)_5 + 4Na_2S = Na_3SbS_4 + 5NaOH$$

在向溶液中小心滴加稀盐酸,即可得到 Sb_2S_5 沉淀,反应如下:

$$2Na_3SbS_4 + 6HCl = Sb_2S_5\downarrow + 3H_2S\uparrow + 6NaCl$$

25.答:(1)加入 AgCl 溶液于两种盐的溶液中,有黄色沉淀生成的是 $NaNO_2$,另一种盐是 $NaNO_3$,反应如下:

$$Ag^+ + NO_2^- = AgNO_2\downarrow$$

(2)先加入少量 HAc 酸化,再加入 KI 溶液,颜色变黄的是 $NaNO_2$,另一种盐是 $NaNO_3$,反应如下:

$$2HNO_2 + 2I^- + 6H^+ = I_2 + 2NO\uparrow + 2H_2O$$

(3)加入酸性 $KMnO_4$ 溶液,溶液褪色的是 $NaNO_2$,另一种盐是 $NaNO_3$,反应如下:

$$2MnO_4^- + 5NO_2^- + 6H^+ = 2Mn^{2+} + 5NO_3^- + 3H_2O$$

26.答:这主要是因为 Ag^+ 的半径较大,极化能力较强,因而 Ag_3PO_4 中负电荷多的 PO_4^{3-} 与 Ag^+ 之间的附加极化作用较强,容易发生电荷跃迁,吸收可见光显颜色。而 $AgPO_3$ 中负电荷少的 PO_3^- 与 Ag^+ 之间的附加极化作用较弱,很难发生电荷跃迁,因而显白色。

27.答:NH_3 和 NF_3 的配位键是利用 N 的孤对电子对向过渡金属配位形成的;而 PH_3 和 PF_3 中,其中心原子 P 有空的 d 轨道,可以接受过渡金属 d 轨道电子的配位,形成 d-dπ 配键,同时 P 的孤电子对向过渡金属配位形成配位键,使其与过渡金属生成的配合物更稳定。故配位能力:$NH_3 < PH_3$,$NF_3 < PF_3$。

由于 H 不存在价层 d 轨道,在 H^+ 与配位时,NH_3 和 PH_3 只能以孤电子对向 H^+ 的 1s 空轨道配位。H^+ 的半径很小,与半径小的 N 形成的配位键较强,而与半径较大的 P 形成的配位键较弱。因此,与 H^+ 的配位能力 $NH_3 > PH_3$。

28.答:A:NH_4NO_3;B:N_2O;C:NH_3;D:$NaNO_3$;E:Ag_2O。

各步反应方程式如下

$$NH_4NO_3 \xrightarrow{\triangle} N_2O\uparrow + 2H_2O$$

$$2N_2O \xrightarrow{\triangle} 2N_2\uparrow + O_2$$

$$NH_4NO_3 + NaOH \xrightarrow{\triangle} NH_3\uparrow + NaNO_3 + H_2O$$

$$2Ag^+ + 2NH_3 + H_2O = Ag_2O\downarrow + 2NH_4^+$$

$$Ag_2O + 4NH_3 + 2H_2O = Ag(NH_3)_2^+ + 2OH^-$$

$$2NO_3^- + 9I^- + 8H^+ = 2NO\uparrow + 3I_3^- + 4H_2O$$

第 13 章　碳族元素

📀 核心内容

一、碳族元素的通性

碳族元素基态原子的价层电子构型为 ns^2np^2，其最高氧化数为 $+4$。

二、碳单质的结构和性质

1. 金刚石

金刚石属于立方晶系，晶体中每个碳原子都以 sp^3 等性杂化与相邻 4 个碳原子成键。金刚石中所有的价层电子都参与形成共价键，并无离域 π 电子，故金刚石不导电。

金刚石是原子晶体，熔点为 4440 ℃，莫氏硬度为 10，是自然界中最坚硬的物质，常用于制造精密仪器的轴和钻头等磨削工具。

天然金刚石较为稀少，人们开发出了在高温、高压下将石墨等碳质原料转变成金刚石的工艺，金刚石产量大幅提升。

2. 石墨

石墨属六方晶系。在石墨晶体中，碳原子以 sp^2 等性杂化与邻近 3 个碳原子形成共价键，继而延伸形成片层状结构。同层的碳原子均剩余一个未杂化的 p 轨道，相互重叠形成离域 π 键，使电子能自由移动，故石墨能导电、传热。

石墨可从天然石墨矿藏中获得，日常中的木炭、焦炭等物质中也含有丰富的石墨。由于石墨层与层之间的范德华力较小，导致层间容易滑动，故石墨质软，莫氏硬度仅为 1，常被用来制造铅笔芯、电极、模具等。

3. C_{60}

碳原子簇为碳单质的第三种晶体，其分子式为 $C_n (n < 200)$，其中研究较多的为 C_{60}。C_{60} 分子具有 32 个面，包含 12 个正五边形和 20 个正六边形，与足球相似。C_{60} 分子中每个碳原子形成共价键后，均剩下一个 p 轨道。p 轨道相互重叠，形成一个离域闭壳电子云。C_{60} 分子含有类似烯烃的双键，具有不饱和性，故又称足球烯。

在实验室中，C_{60} 通常由石墨、苯等原料在高温高压下反应得到，具有超导、强磁、耐腐蚀等特性。

三、碳的化合物

1. 一氧化碳

一氧化碳（CO）是结构最为简单的碳氧化合物，室温下为无色、无味气体。

实验室中，通过将甲酸滴到加热的浓硫酸中得到 CO。

$$HCOOH \xrightarrow{\text{热浓硫酸}} H_2O + CO\uparrow$$

工业上，通过将空气和水蒸气交替通入高热焦炭来制备大量 CO。

CO 主要体现出还原性，可将金属氧化物还原成金属；CO 能与过渡金属反应生成金属羰基配合物，羰基配合物与 CO 均具有较大毒性。

2. 二氧化碳

二氧化碳（CO_2）是一种常见的温室气体，室温下无色、无味。CO_2 在低温或加压环境下易液化，故 CO_2 常以液态形式保存在高压钢瓶中。固态 CO_2 称为干冰，是常用的制冷剂。CO_2 是工业上制备碳酸盐、碳酸氢盐等的重要原料。

CO_2 分子中，C 原子采用 sp 等性杂化与氧原子形成共价键，剩余电子形成大 π 键，故 CO_2 分子为直线形。

实验室常利用启普发生器通过碳酸盐和盐酸反应得到 CO_2。CO_2 通入澄清石灰水会生成碳酸钙，使溶液浑浊，依此可检验 CO_2。

3. 碳酸及其盐

CO_2 与水反应生成碳酸（H_2CO_3）。H_2CO_3 是二元弱酸。碳酸的盐类主要有碳酸氢盐和碳酸盐。

碱金属（除锂外）碳酸盐和碳酸铵都易溶于水，而锂和其他金属的碳酸盐水溶性较差。一般而言，难溶碳酸盐的碳酸氢盐往往易溶于水，而易溶碳酸盐的碳酸氢盐的溶解度相对较小。

碳酸盐的热稳定性低于相应的硫酸盐和硅酸盐，而碳酸氢盐的热稳定性低于碳酸正盐。

4. 碳的氢化物

碳氢元素之间较易形成化学键，此外，碳碳原子之间形成的共价键键能较高，允许较长碳链的稳定存在。以上因素决定了碳的氢化物种类繁多，成为有机化合物的重要组成部分。

四、硅单质及其化合物

1. 硅单质

硅单质只能通过人工合成得到。晶体硅中所有价层电子均参与形成 σ 键，晶体结构与金刚石相似，所以晶体硅不导电，且熔点和硬度均较高，一般呈灰黑色。掺杂少量磷原子或硼原子的高纯硅是良好的半导体材料。

常温下,硅与强碱溶液反应并放出氢气。在氧化剂或加热辅助下,硅能与氢氟酸反应。

$$3Si+18HF+4HNO_3(浓)=\!=\!=3H_2[SiF_6]+4NO\uparrow+8H_2O$$

单质硅也能与卤素单质反应,卤素单质相对分子质量越大,反应所需温度越高。在高温下,硅还可以与氧气、氮气、硫、磷等物质发生反应。

2. 硅的氢化物

硅的氢化物不如碳氢化合物种类丰富,其中以甲硅烷(SiH_4)最为稳定。SiH_4 为无色、无味气体,分子结构与甲烷(CH_4)类似。SiH_4 的化学性质与烷烃和硼烷相近。SiH_4 的热分解温度较低,具有较强的还原性,在空气中会自燃,也能与 $KMnO_4$ 反应。

$$SiH_4+2KMnO_4=\!=\!=2MnO_2\downarrow+K_2SiO_3+H_2O+H_2\uparrow$$

SiH_4 还容易发生水解反应。

$$SiH_4+(n+2)H_2O=\!=\!=SiO_2\cdot nH_2O\downarrow+4H_2\uparrow$$

3. 二氧化硅

二氧化硅晶体(SiO_2)俗称石英,属于原子晶体,无色,具有较高的熔点和硬度。

常温下,SiO_2 可以与氢氟酸(HF)反应,生成 SiF_4 气体。

$$SiO_2+4HF(aq)=\!=\!=SiF_4\uparrow+2H_2O$$

当氢氟酸浓度较高时,生成 $H_2[SiF_6]$。

$$SiO_2+6HF(aq)=\!=\!=H_2[SiF_6]+2H_2O$$

SiO_2 与热的强碱溶液反应,生成可溶性硅酸盐。

$$SiO_2+2OH^-\overset{\triangle}{=\!=\!=}SiO_3^{2-}+H_2O$$

4. 硅的含氧酸及其盐

硅的含氧酸种类繁多,可用通式 $xSiO_2\cdot yH_2O$ 表示。其中,较为常见的有硅酸(H_2SiO_3,$x=1$,$y=1$)、焦硅酸($H_2Si_2O_5$,$x=2$,$y=1$)、原硅酸(H_4SiO_4,$x=1$,$y=2$)和焦原硅酸($H_6Si_2O_7$,$x=2$,$y=3$)等。

硅酸钠(Na_2SiO_3)为最常见的可溶性硅酸盐,其水溶液呈碱性,又称水玻璃,可用作黏合剂、防腐剂。Na_2SiO_3 与盐酸或氯化铵反应可制得硅酸,硅酸经加热脱水后可得到硅胶,硅胶具有吸附作用,可用作干燥剂。

5. 硅的卤化物

四氯化硅($SiCl_4$)为无色液体,易挥发,易水解。

$$SiCl_4+4H_2O=\!=\!=H_4SiO_4\downarrow+4HCl\uparrow$$

$SiCl_4$ 可通过硅和氯气在加热条件下反应获得,将炭、SiO_2 和氯气一起加热也可以得到 $SiCl_4$。

$$SiO_2+2C+2Cl_2\overset{\triangle}{=\!=\!=}SiCl_4+2CO$$

四氟化硅(SiF_4)是一种有刺激性臭味的气体,SiO_2 与氢氟酸反应产物之一就是 SiF_4。SiF_4 也易水解。

$$SiF_4+4H_2O=\!=\!=H_4SiO_4\downarrow+4HF$$

五、锗、锡、铅

1. 锗、锡、铅的氧化物

锗、锡、铅均具有 MO 和 MO_2 这两种形式的氧化物。其中，MO 偏碱性，MO_2 偏酸性。

铅在空气中加热即可得到黄色的 PbO，PbO 又称铅黄或密陀僧。PbO_2 则需要用 NaClO 在碱性环境中氧化 Pb(Ⅱ) 才能得到。PbO_2 为黑色粉末，具有相当强的氧化性，可在酸性溶液中将 Mn^{2+} 氧化成 MnO_4^-。

$$5PbO_2 + 4H^+ + 2Mn^{2+} = 5Pb^{2+} + 2MnO_4^- + 2H_2O$$

将 PbO_2 加热，产物中除了 PbO 外，还有红色的 Pb_3O_4 和橙色的 Pb_2O_3。

Sn(Ⅱ) 具有较强的还原性。

$$SnCl_2 + 2HgCl_2 + 2HCl = Hg_2Cl_2 \downarrow + H_2SnCl_6$$

若 Sn(Ⅱ) 过量，Hg_2Cl_2 白色沉淀可被进一步还原成单质 Hg。

锗、锡、铅的含氧酸或氢氧化物中，H_2GeO_3 的酸性最强，而 $Pb(OH)_2$ 的碱性最强。

2. 锗、锡、铅的硫化物

硫化锗(GeS)和二硫化锗(GeS_2)有一定的水溶性，但灰色的硫化亚锡(SnS)、黄色的硫化锡(SnS_2)、黑色的硫化铅(PbS)等硫化物水溶性较差，只溶于浓盐酸。

SnS_2 和 GeS_2 等高价态硫化物呈酸性，可溶于 NaOH 溶液。

$$3SnS_2 + 6NaOH(aq) = Na_2SnO_3 + 2Na_2SnS_3 + 3H_2O$$

SnS 和 GeS 等低价态的硫化物可以被氧化性的过硫化钠(Na_2S_2)溶液氧化溶解。

$$SnS + Na_2S_2(aq) = SnS_2 + Na_2S$$

例题解析

例 1 简述人造金刚石的制备过程。

答：石墨等碳质原料在高温、高压下转变成金刚石。

例 2 简述石墨的结构特点。

答：碳原子以 sp^2 等性杂化与邻近 3 个碳原子形成共价键，并组合形成正六边形的碳环，继而延伸形成片层状结构。石墨晶体中，碳层之间以范德华力结合。由于范德华力较小，层与层之间较易滑动，故石墨质软。

例 3 实验室制取 CO_2 的常用方式是什么？

答：实验室常利用启普发生器通过碳酸盐和盐酸反应得到 CO_2。

例 4 简述碳的氢化物种类繁多的原因。

答：碳氢元素之间较易形成化学键。此外，碳碳原子之间形成的共价键键能较高，允许较长碳链的稳定存在。以上因素决定了碳的氢化物种类繁多。

例 5 简述四氯化硅($SiCl_4$)的性质。

答：$SiCl_4$ 为无色液体，易挥发，易水解。

例 6　PbO_2 有什么性质？请举例说明。

答：PbO_2 为黑色粉末，具有相当强的氧化性，可在酸性溶液中将 Mn^{2+} 氧化成 MnO_4^-。

习题

1. 下列叙述正确的是（　　）。

A. 自然界中存在大量的单质硅

B. 石英、水晶、硅石的主要成分都是二氧化硅

C. 二氧化硅的化学性质活泼，溶于水形成难溶的硅酸

D. 自然界的二氧化硅都存在于水晶矿中

2. 下列气态氢化物中最不稳定的是（　　）。

A. CH_4　　　　　　B. SiH_4　　　　　　C. H_2O　　　　　　D. HCl

3. 下列（　　）形式的硫化物不存在。

A. SnS　　　　　　B. SnS_2　　　　　　C. PbS　　　　　　D. PbS_3

4. 下列说法中正确的是（　　）。

A. 碳是非金属元素，所以碳单质都是绝缘体

B. 硅的导电性介于金属和绝缘体之间

C. 锗的非金属性比金属性强

D. 锗不存在气态氢化物

5. 将过量的 CO_2 通入下列溶液中，最终出现浑浊的是（　　）。

A. $CaCl_2$ 溶液　　　B. 石灰水　　　　　C. Na_2CO_3 溶液　　D. 水玻璃

6. 下列氧化物中，氧化性最强的是（　　）。

A. CO_2　　　　　　B. PbO_2　　　　　　C. GeO_2　　　　　　D. SnO_2

7. 往碳酸钠溶液中滴入两滴酚酞试剂，微热后溶液颜色（　　）。

A. 无色，加热后颜色不变　　　　　　B. 先呈粉红色，加热后颜色变浅

C. 先呈粉红色，加热后颜色加深　　　D. 先呈粉红色，加热后颜色消失

8. 常温下，不能稳定存在的化合物是（　　）。

A. $GaCl_3$　　　　　B. $GaCl_4$　　　　　C. $SnCl_4$　　　　　D. $PbCl_4$

9. 在 CO_3^{2-} 中，中心 C 原子轨道杂化形式为＿＿＿＿＿＿＿＿；O_3 分子的分子构型为＿＿＿＿＿＿＿＿。

10. 硅酸钠的水溶液呈＿＿＿＿性，又称＿＿＿＿，与盐酸反应可制得＿＿＿＿，产物经加热脱水后可得到＿＿＿＿，该物质具有＿＿＿＿作用，可用作＿＿＿＿。

11. 铅有三种氧化物：PbO、PbO_2 和 Pb_3O_4。请问：

(1)铅元素在元素周期表中的位置是第＿＿＿＿周期＿＿＿＿族；铅的金属活泼性比锡＿＿＿＿（填"强"或"弱"）。

(2)PbO_2 是两性氧化物，能与 NaOH 发生反应。写出 PbO_2 和 NaOH 的反应方程式：＿＿＿＿＿＿＿＿＿＿＿＿＿＿。

(3)Pb_3O_4 呈＿＿＿＿色，又称＿＿＿＿。将 Pb_3O_4 写成两种氧化物的形式，则 Pb_3O_4 可

以表示为_____。

12. $Pb(OH)_2$ 与_____酸或_____酸反应得到无色清液,而在过量的 $NaOH$ 溶液中,$Pb(OH)_2$ 以_____形式存在,所以 $Pb(OH)_2$ 是_____性氢氧化物。

13. 白锡变为粉末状灰锡,此现象叫作_____。

14. 二价锗、锡、铅中还原性最弱的是_____(写离子)。

15. 完成并配平下列化学反应方程式。

(1) $CO+Fe \xrightarrow{\text{高温}}$

(2) $SiO_2+Mg \xrightarrow{\text{高温}}$

(3) $Si+F_2 =\!=\!=$

(4) $SiCl_4+H_2O =\!=\!=$

(5) $Sn+Cl_2 =\!=\!=$

(6) $SiO_2+NaOH =\!=\!=$

(7) $Pb+HCl(浓) =\!=\!=$

(8) $Sn+HNO_3(极稀) =\!=\!=$

(9) $Sn+NaOH =\!=\!=$

(10) $GeS_2+Na_2S(aq) =\!=\!=$

16. 完成并配平下列化学反应方程式。

(1) $CuO(s)$ 与 CO 共热;

(2) $Ca(OH)_2$ 水溶液中通入少量 CO_2;

(3) SiO_2 与熔融的 Na_2CO_3 反应;

(4) SiO_2 高温下与 C 反应;

(5) 甲硅烷在空气中自燃;

(6) 甲硅烷与高锰酸钾反应;

(7) 四氟化硅的水解反应;

(8) 硫化亚锡溶解于过硫化钠(Na_2S_2)溶液;

(9) 二硫化锡与氢氧化钠溶液反应;

(10) 二氧化铅与盐酸反应。

17. CO_2 分子是什么形状? 并简述原因。

18. 将 CO 气体通入 $PdCl_2$ 溶液中,溶液会变成什么颜色? 为什么? 并写出相关反应方程式。

19. 工业上用什么方法制取 K_2CO_3? 能用氨碱法制 K_2CO_3 吗? 为什么?

20. 列出至少两种区别开 $NaHCO_3$ 和 Na_2CO_3 的方法。

21. 为什么难溶的碳酸盐(如 $CaCO_3$),其酸式盐溶解度比正盐溶解度大? 而 $NaHCO_3$、$KHCO_3$ 等酸式盐的溶解度却小于相应的正盐(Na_2CO_3、K_2CO_3)?

22. 硅化合物多以 Si—O 键形式存在,而不是像 C—C 键一样的 Si—Si 键,原因是什么?

23. 为什么 CCl_4 遇水不发生水解,而 BCl_3 和 $SiCl_4$ 却强烈水解?

24. 简述 CO 和 CO_2 的实验室制备方法和工业生产方法。

25. 相比于碳的氢化物种类繁多,为什么硅的氢化物种类较少?

26. 为什么常温下 SiO_2 是一种熔点极高的固体,而 CO_2 却是气态物质?

27. 为什么 $SiCl_2$ 是固体,而 $SiCl_4$ 是液体?

28. 如何配制 $SnCl_2$ 溶液?

29. Pb_3O_4 有较强的氧化性,能将盐酸氧化,也会与硝酸发生反应。请写出对应的反应方程式及反应现象。

30. 向 $HgCl_2$ 溶液中滴加 $SnCl_2$ 溶液,会发生什么现象? 为什么? 并写出相关反应方程式。继续滴加 $SnCl_2$ 直至过量,又会发生什么现象?

习题参考答案

1. B　2. B　3. D　4. B　5. D　6. B　7. C　8. D

9. sp^2;V 形

10. 碱;水玻璃;硅酸;硅胶;吸附;干燥剂

11. (1)六;ⅣA;弱

(2)$PbO_2 + 2NaOH =\!=\!= Na_2PbO_3 + H_2O$

(3)红;铅丹;$2PbO \cdot PbO_2$

12. 醋;硝;$Pb(OH)_4^{2-}$;两

13. 锡疫

14. Pb^{2+}

15. (1)$5CO + Fe \xrightarrow{\text{高温}} Fe(CO)_5$

(2)$SiO_2 + 2Mg \xrightarrow{\text{高温}} Si + 2MgO$

(3)$Si + 2F_2 =\!=\!= SiF_4$

(4)$SiCl_4 + H_2O =\!=\!= 4HCl\uparrow + H_4SiO_4$

(5)$Sn + Cl_2 =\!=\!= SnCl_4$

(6)$SiO_2 + 2NaOH =\!=\!= Na_2SiO_3 + H_2O$

(7)$Pb + 4HCl(浓) =\!=\!= H_2[PbCl_4]$

(8)$3Sn + 8HNO_3(极稀) =\!=\!= 3Sn(NO_3)_2 + 2NO\uparrow + 4H_2O$

(9)$Sn + 2NaOH =\!=\!= Na_2SnO_2 + H_2\uparrow$

(10)$GeS_2 + Na_2S(aq) =\!=\!= Na_2GeS_3$

16. (1)$CuO + CO \xrightarrow{\triangle} Cu + CO_2$

(2)$Ca(OH)_2 + CO_2 =\!=\!= CaCO_3 + H_2O$

(3)$2Na_2CO_3 + SiO_2 \xrightarrow{\text{高温}} Na_4SiO_4 + 2CO_2$

(4)$2C + SiO_2 \xrightarrow{\text{高温}} Si + 2CO\uparrow$

(5)$SiH_4 + 2O_2 =\!=\!= SiO_2 + 2H_2O$

(6)$SiH_4 + 2KMnO_4 =\!=\!= 2MnO_2\downarrow + K_2SiO_3 + H_2O + H_2\uparrow$

（7）$SiF_4 + 4H_2O \Longrightarrow H_4SiO_4\downarrow + 4HF$

（8）$SnS + Na_2S_2(aq) \Longrightarrow SnS_2 + Na_2S$

（9）$3SnS_2 + 6NaOH(aq) \Longrightarrow Na_2SnO_3 + Na_2SnS_3 + 3H_2O$

（10）$PbO_2 + 4HCl \Longrightarrow PbCl_2 + Cl_2\uparrow + 2H_2O$

17．答：CO_2分子中，C原子采用sp等性杂化与氧原子形成共价键，剩余电子形成大π键，故CO_2分子为直线形。

18．答：溶液会变黑。CO属于还原性气体，可以将$PdCl_2$还原成黑色沉淀Pd，所以溶液会变黑。

$$CO + PdCl_2 + H_2O \Longrightarrow CO_2 + Pd\downarrow + 2HCl$$

19．答：向氢氧化钾溶液中通入二氧化碳。

不能，因为用氨碱法制取碳酸钾主要得到碳酸氢钾。但由于其较大的溶解度，较难从溶液中析出得到碳酸氢钾固体，所以不能用氨碱法制取碳酸钾。

20．答：（1）$NaHCO_3$固体加热，会有CO_2气体产生，而Na_2CO_3加热到熔融也不分解。

（2）$NaHCO_3$饱和溶液的pH值（约为8）小于Na_2CO_3饱和溶液的pH值（约为11）。

21．答：$CaCO_3$的解离须克服+2价阳离子与-2价阴离子之间的引力，即离子键能非常大，所以$CaCO_3$很难溶于水；而$Ca(HCO_3)_2$的解离只需克服+2价阳离子与-1价阴离子之间的引力，离子键能相对较小，所以$Ca(HCO_3)_2$的溶解度更大。但对于$NaHCO_3$来说，碳酸氢根之间由于氢键的存在而缔合形成相对分子质量较大的酸根，故溶解度相对较小。

22．答：氧的原子半径更小，电负性更高，Si—O的键能要比Si—Si的键能大得多，故硅的化合物多以Si—O键的形式存在。

23．答：BCl_3中心原子B采用sp^2杂化，具有一个空的垂直于平面的p轨道，是一个很强的路易斯酸，所以BCl_3能够强烈水解。$SiCl_4$虽然内层没有空轨道，但是Si却有着外层的d轨道，可以容纳水电离出的氢氧根离子，而且水解产物硅酸溶解度小，从而离开体系使得水解完全，所以$SiCl_4$也会强烈水解。CCl_4的中心C原子既没有内侧空轨道也没有外层d轨道，所以不会水解。

24．答：（1）实验室中制备CO气体有两种方法。

一是把甲酸加到热的浓硫酸中，产生的CO因较小的溶解度从溶液逸出，反应如下：

$$HCOOH \xrightarrow{热浓硫酸} H_2O + CO\uparrow$$

二是将草酸晶体与浓硫酸共热，反应如下：

$$H_2C_2O_4 \xrightarrow[\triangle]{浓硫酸} H_2O + CO\uparrow + CO_2\uparrow$$

得到的混合气通过固体氢氧化钠，将CO_2和少量的水汽吸收，得到纯净CO。

工业上，是将空气和水蒸气交替通入燃烧的煤炭来制备CO。反应过程中放出大量的热，得到的混合气体称为发生炉煤气，其中CO约占四分之一。通入水蒸气时得到的混合气体称为水煤气，其中CO约占40%（体积）。

（2）实验室用碳酸盐和盐酸的反应来制备CO_2，反应如下：

$$CaCO_3 + 2HCl \Longrightarrow CaCl_2 + H_2O + CO_2\uparrow$$

工业上,煅烧石灰生产生石灰的过程中,有大量 CO_2 生成,反应如下:
$$CaCO_3 == CaO + CO_2\uparrow$$
采用降温和减压方法使 CO_2 变成液体,储存在高压钢瓶中。

25.答:因为 Si—Si 的键能要比 Si—O 的键能小得多,无法稳定形成长硅链化合物;Si—H 的键能也比 C—H 的键能要小;硅原子之间很难形成像碳原子之间那样的多重键。

26.答:SiO_2 属于原子晶体,原子晶体中原子间都是以共价键相互连接的。由于共价键十分强,所以这类物质具有很高的熔点,在室温下多以固体形式存在。CO_2 属于分子晶体,晶体中质点之间的结合力是微弱的分子间作用力,所以一般来说分子晶体熔点低,在室温下多以气体形式存在。

27.答:对于阳离子,正电荷越高,其极化能力越强,使得物质的共价性较大,离子性较小。Si^{2+} 电荷小于 Si^{4+},因此 $SiCl_2$ 是离子晶体,熔点较高,常温下是固体。$SiCl_4$ 是分子晶体,熔点较低,常温下为液体。

28.答:在水中加入一定量的 $SnCl_2$,滴加稀盐酸并持续搅拌,待沉淀完全溶解后,继续滴加少量稀盐酸,并加入少量锡粒,转移至试剂瓶,贴标签备用。

29.答:与盐酸反应:$Pb_3O_4 + 8HCl == 3PbCl_2 + Cl_2\uparrow + 4H_2O$,现象是红色粉末消失,并生成气体。

与硝酸反应:$Pb_3O_4 + 4HNO_3 == PbO_2 + 2Pb(NO_3)_2 + 2H_2O$,现象是红色粉末逐渐变成棕黑色。

30.答:二价锡的还原性较强,能把 $HgCl_2$ 还原,并生成白色沉淀 Hg_2Cl_2,反应方程式为
$$2HgCl_2 + SnCl_2 + 2HCl == Hg_2Cl_2 + H_2SnCl_6$$
当二价锡过量时,Hg_2Cl_2 沉淀将被继续还原为单质汞。

第 14 章　硼族元素

⏩ 核心内容

一、硼族元素的缺电子性质

硼族元素的价电子构型为 ns^2np^1，价轨道数为 4，价电子却只有 3 个，价轨道数比价电子数多，所以表现为缺电子性。如 BCl_3、$B(OH)_3$、$AlCl_3$ 等就是常见的缺电子化合物。

二、硼族元素单质及化合物的性质

1. 硼单质

硼单质包括晶体硼和无定形硼两大类，晶体硼的基本结构单元为 B_{12}。硼在高温时能与 N_2、O_2、S、X_2（X 为 F 时常温下可反应）等非金属单质反应，因此，硼在空气中燃烧时，会有氮化硼生成。无定形硼可以被热的浓硝酸或浓硫酸氧化，产物之一为硼酸；也可以在高温下和水蒸气作用生成硼酸。通常条件下，硼与碱不反应，但在强热、氧化剂存在的条件下与强碱共熔得到偏硼酸盐。

2. 硼氢化物

硼氢化物的物理性质与烷烃类似，故也称硼烷。硼烷的组成包括 B_nH_{n+4}、B_nH_{n+6}（$n=$ 6～12）等，其中，最简单的硼烷是乙硼烷（B_2H_6）。B_2H_6 是缺电子化合物，BHB 三原子形成的化学键称为"三中心二电子键"，用"3c—2e"表示。B_2H_6 的化学性质主要表现为还原性和路易斯酸性。

3. 硼的含氧化合物

B_2O_3 是一种白色固体，包括晶体和无定形两种，晶体 B_2O_3 更为稳定。B_2O_3 是酸性氧化物，能和碱性金属氧化物反应。熔融的 B_2O_3 与金属氧化物化合，生成有特征颜色的偏硼酸盐，定性分析中硼砂珠实验的基础就是这类反应。B_2O_3 还能与水反应，生成硼酸或偏硼酸。

硼酸（H_3BO_3）是一种白色晶体，具有层状结构，层与层之间通过范德华力联系在一起，与石墨类似，具有解离性，可作润滑剂。硼酸是一元弱酸，其酸性并非通过电离出 H^+ 所致，而是溶于水后与水中的 OH^- 结合，游离出水中的 H^+，因此硼酸是一种典型的路易斯酸。硼酸遇到较强的酸或酸性氧化物时，表现为弱碱性，如 $B(OH)_3 + H_3PO_4 \rightleftharpoons BPO_4 + 3H_2O$。

硼砂($Na_2B_4O_7 \cdot 10H_2O$)是一种重要的硼酸盐,基本结构单元有 BO_3(sp^2)、BO_4(sp^3)两种。硼砂属于强酸弱碱盐,水解呈碱性,生成等物质的量的 H_3PO_4 和 $[B(OH)_3]^-$,形成缓冲体系,反应如下:$[B_4O_5(OH)_4]^{2-} + 5H_2O \Longrightarrow 2H_3BO_3 + 2[B(OH)_4]^-$。实验中常选择硼砂溶液作为标准的缓冲溶液之一(pH=9.24)。硼砂与一些金属氧化物共熔,生成带有特征颜色的偏硼酸盐,可用来鉴定金属离子,即硼砂珠实验。

4. 硼的卤化物

硼的卤化物(BX_3)包括 BF_3、BCl_3、BBr_3、BI_3,几何构型均为平面三角形,熔沸点随相对分子质量的增大而升高。BX_3 是路易斯酸,能与路易斯碱结合形成酸碱配合物,如 $BF_3 + :NH_3 \Longrightarrow F_3B\leftarrow NH_3$。

三、铝、镓、铟、铊及其化合物

1. 铝及其化合物

铝是一种两性金属,与酸或强碱反应均能放出氢气,常被用于制造轻合金,用于航天航空领域。氧化铝主要包括 $\alpha\text{-}Al_2O_3$ 和 $\gamma\text{-}Al_2O_3$ 两种晶型。前者硬度高,不溶于水,也不溶于酸或碱。后者性质活泼,较易溶于酸或碱中,中学课本中讲的 Al_2O_3 属于这种晶型。$\gamma\text{-}Al_2O_3$ 受强热时可转变为 $\alpha\text{-}Al_2O_3$。卤化铝中,除 AlF_3 是离子化合物,其余均为共价化合物。其中,$AlCl_3$ 是典型的路易斯酸,由于铝的缺电子性,$AlCl_3$ 易二聚成 Al_2Cl_6。

2. 镓、铟、铊

镓、铟、铊三种物质都是软的白色金属,都能与非氧化性酸(如稀硫酸)反应。$Ga(OH)_3$、$In(OH)_3$ 显两性,$Tl(OH)_3$ 几乎不存在。$Ga(OH)_3$ 的酸性强于 $Al(OH)_3$,能和氨水反应。

🔊 例题解析

例 1　什么是缺电子化合物?

答:当价层轨道数比价层电子数多的原子与其他原子形成化合物时,中心原子还有空的轨道能够容纳电子,该种化合物称为缺电子化合物。

例 2　请解释什么是三中心二电子键,并举例说明。

答:三个原子共享两个电子所形成的化学键叫作三中心二电子键,用 3c—2e 表示。例如,B_2H_6 的 BHB 三原子所构成的氢桥键就是三中心二电子键。

例 3　无定形硼可以被热的浓硝酸氧化,试写出该反应的化学方程式。

答:$B + 3HNO_3(浓) \xrightarrow{\triangle} H_3BO_3 + 3NO_2\uparrow$

例 4　什么是硼砂珠实验?请写出硼砂与 NiO、CoO 共熔时的反应方程式和特征颜色。

答:硼砂与一些金属氧化物共熔,生成带特征颜色的偏硼酸盐,可用来鉴定金属离子,即硼砂珠实验。

$$Na_2B_4O_7 + NiO \Longrightarrow Ni(BO_2)_2 \cdot 2NaBO_2(绿色)$$
$$Na_2B_4O_7 + CoO \Longrightarrow Co(BO_2)_2 \cdot 2NaBO_2(蓝色)$$

例 5 乙硼烷极易水解,试写出相关的化学方程式。

答:$B_2H_6 + 6H_2O \Longrightarrow 2B(OH)_3 + 6H_2$

例 6 BF_3 能与 NH_3 反应吗? 为什么?

答:BF_3 是路易斯酸,NH_3 是路易斯碱,二者结合形成酸碱配合物。反应方程式为 $BF_3 +$ $:NH_3 \Longrightarrow F_3B \leftarrow NH_3$。

例 7 在硼族元素中,铝、镓、铟、铊 $+3$ 价氢氧化物的稳定性如何变化?

答:从铝到铊,$+3$ 价氢氧化物的稳定性依次降低,其中,$Tl(OH)_3$ 由于太不稳定,几乎不存在。

▶ 习题

1.下列化合物中,不属于缺电子化合物的是( )。

A. B_2H_6 B. BCl_3 C. H_3BO_3 D. $H[BF_4]$

2.下列物质中,酸性最弱的是( )。

A. H_3BO_3 B. H_2CO_3 C. H_3PO_3 D. H_2S

3.下列物质中,熔点最高的是( )。

A. BF_3 B. BCl_3 C. BBr_3 D. BI_3

4.下列硼的化合物中,B 原子为 sp^3 杂化的是( )。

A. H_3BO_3 B. BCl_3 C. B_2H_6 D. $(BN)_2$

5.将 BF_3 通入过量的 Na_2CO_3 溶液,得到的产物是( )。

A. HF 和 B_2O_3 B. $NaBF_4$ 和 $NaB(OH)_4$

C. HBF_4 和 $B(OH)_3$ D. HF 和 H_3BO_3

6.下列物质名称与化学式相符合的一项是( )。

A. 硼镁矿:$MgO \cdot B_2O_3 \cdot H_2O$ B. 刚玉:$\beta\text{-}Al_2O_3$

C. 明矾:$Al_2(SO_4)_3 \cdot 12H_2O$ D. 偏硼酸:HBO_2

7.下列选项中物质与作用不符合的一项是( )。

A. 硼:炼钢过程中作脱氧剂   B. 硼酸晶体:作润滑剂

C. 镓:良好的半导体材料   D. 铟:制造测量高温的温度计

8.$(BN)_n$ 与 $(CC)_n$ 互为_____,B—N 键为_____键。

9.BF_3 中心原子的杂化类型是_____,几何构型为_____;$[BF_4]^-$ 中心原子的杂化类型是_____,几何构型为_____。

10.硼砂的化学式为_____,水解呈_____性。

11.在硼砂珠实验中,$Cu(BO_2)_2$ 的颜色是_____色,$CuBO_2$ 的颜色是_____色,$Fe(BO_2)_2$ 的颜色是_____色,$Fe(BO_2)_3$ 的颜色是_____色,$Mn(BO_2)_4$ 的颜色是_____色。

12.AlF_3 是_____化合物,AlI_3 是_____化合物;Al_2O_3 包括_____和_____两种晶型。

13.无水氯化铝通常选择_____和_____这两种物质在_____的条件下制备,而不是直接加热 $AlCl_3 \cdot 6H_2O$,因为直接加热 $AlCl_3 \cdot 6H_2O$ 得到的最终产物是_____。

14. $InCl_2$ 是 _____ 磁性物质，结构式可写成 _____。

15. 硼酸是三元酸吗？为什么？

16. 在实验中，硼砂水溶液作为标准的缓冲溶液之一（pH＝9.24），请写出水解方程式，并简要说明缓冲作用的原理。

17. 在卤化硼中，为什么 BI_3 的稳定性最差？

18. 为什么 BF_3 能够稳定存在，而 BH_3 却不存在呢？

19. 为什么 $Ga(OH)_3$ 能溶于氨水而 $Al(OH)_3$ 不能？请加以解释并写出相关的化学方程式。

20. 为什么 $AlCl_3$ 易形成二聚分子？

21. 为什么 $TlBr_3$、TlI_3 难以存在，而 $TlBr$、TlI 可以存在？

22. 完成并配平下列化学反应方程式。

(1) $B + H_2SO_4$（浓）$=\!=\!=$

(2) $B + KOH + KNO_3 =\!=\!=$

(3) $LiAlH_4 + BCl_3 =\!=\!=$

(4) $B_2H_6 + H_2O =\!=\!=$

(5) $H_3BO_3 + H_3PO_4 =\!=\!=$

(6) $Na_2B_4O_7 + Cr_2O_3 =\!=\!=$

(7) $Ga + HNO_3$（浓）$=\!=\!=$

(8) $Tl + HNO_3$（浓）$=\!=\!=$

(9) $In + H_2SO_4$（稀）$=\!=\!=$

(10) $Ga + NaOH + H_2O =\!=\!=$

23. 工业上，可通过加压碱解法来制备硼砂，主要操作为：硼镁矿与苛性钠充分反应后，再通入二氧化碳，反应后即得所需物质，请写出相关的化学反应方程式。

24. 请简述用铝土矿（$Al_2O_3 \cdot nH_2O$）为原料提取和冶炼铝的过程，并书写出相关的化学方程式。

25. 通常可用一元醇、二元醇等物质鉴别硼酸，请描述如何用甲醇来鉴别硼酸，并书写相关的化学方程式。

26. 某气态硼烷在室温和 50.20 kPa 时的密度为 $0.81\ \mathrm{g \cdot L^{-1}}$，试求出该物质的摩尔质量，并推测其化学式。

27. 铝作为一种较为活泼的金属，却在航空领域、电器制造工业、电线电缆工业等方面有广泛应用，还常被用来制造化学反应器、医疗器械、石油和天然气管道等，试解释其原因。

28. B_5H_9 的结构中有多少种类型的化学键？这些类型的化学键各有多少个？

29. 硼砂常作为焊药用来焊接某些金属，请解释其中的化学原理。

30. 能否用 $TlCl_3$ 和 Na_2S 反应制备 Tl_2Cl_3？为什么？

习题参考答案

1. D　2. A　3. D　4. C　5. B　6. D　7. D

8. 等电子体；极性

9. sp^2 杂化;平面三角形;sp^3 杂化;正四面体

10. $Na_2B_4O_7 \cdot 10H_2O$;碱

11. 蓝;红;绿;棕;紫

12. 离子;共价;α-Al_2O_3;γ-Al_2O_3

13. 干燥的氯气;金属铝;高温;Al_2O_3

14. 反;$In[InCl_4]$

15. 答:硼酸是一元酸,其在水中表现出来的酸性并不是通过 H_3BO_3 电离出 H^+ 体现的,而是接受水中的 OH^-,游离出水中的 H^+,反应为 $H_3BO_3 + H_2O \Longrightarrow [B(OH)_4]^- + H^+$。硼酸是路易斯酸,这主要是由 B 的缺电子性导致的。

16. 答:硼砂溶于水后的反应如下:
$$B_4O_5(OH)_4^{2-} + 5H_2O \Longrightarrow 2H_3BO_3 + 2B(OH)_4^-$$

在水溶液中,离解出等物质的量的 H_3BO_3 和 $B(OH)_4^-$,这两种物质构成了共轭酸碱对,因此具有缓冲作用。

17. 答:在 BI_3 中,B 和 I 的外层原子轨道尺寸相差最大,轨道间重叠效率最低,因此形成的 σ 键是最弱的。BF_3、BCl_3、BBr_3 中还能够形成 π_4^6 大 π 键,而 BI_3 中大 π 键可忽略。因此,BI_3 在硼的卤化物中稳定性最差。

18. 答:二者均为缺电子化合物,但 BF_3 中的 F 有未成键的孤对电子,与 B 的空轨道形成 π_4^6 大 π 键,弥补了缺电子性;而 BH_3 的 H 不能提供孤对电子形成大 π 键,极易形成 B_2H_6。因此 BF_3 能够稳定存在,而 BH_3 不存在。

19. 答:$Ga(OH)_3$ 的酸性强于 $Al(OH)_3$,能和弱碱氨水反应,而 $Al(OH)_3$ 则不溶于氨水。反应方程式如下:
$$Ga(OH)_3 + NH_3 \cdot H_2O \Longrightarrow [Ga(OH)_4]^- + NH_4^+$$

20. 答:$AlCl_3$ 是缺电子化合物,而 Al 和 Cl 的原子半径相差较大,难以通过形成类似 BF_3 的大 π 键来解决其缺电子的问题,因此 $AlCl_3$ 易形成二聚分子,来解决缺电子问题。

21. 答:由于 Tl 的 $6s^2$ 惰性电子对效应,Tl(Ⅲ)表现出强氧化性,易将 I^-、Br^- 氧化成 I_2、Br_2,所以 $TlBr_3$、TlI_3 难以存在,而 TlBr、TlI 可以存在。

22. 答:(1)$2B + 3H_2SO_4(浓) \xrightarrow{\triangle} 2H_3BO_3 + 3SO_2 \uparrow$

(2)$2B + 2KOH + 3KNO_3 \xrightarrow{共熔} 3KNO_2 + 2KBO_2 + H_2O$

(3)$3LiAlH_4 + 4BCl_3 \xrightarrow{乙醚中} 2B_2H_6 + 3LiCl + 3AlCl_3$

(4)$B_2H_6 + 6H_2O \Longrightarrow 2H_3BO_3 + 6H_2 \uparrow$

(5)$H_3BO_3 + H_3PO_4 \Longrightarrow BPO_4 + 3H_2O$

(6)$3Na_2B_4O_7 + Cr_2O_3 \Longrightarrow 2Cr(BO_2)_3 \cdot 6NaBO_2$

(7)$Ga + 6HNO_3(浓) \Longrightarrow Ga(NO_3)_3 + 3NO_2 \uparrow + 3H_2O$

(8)$Tl + 2HNO_3(浓) \Longrightarrow TlNO_3 + NO_2 \uparrow + H_2O$

(9)$2In + 3H_2SO_4(稀) \Longrightarrow In_2(SO_4)_3 + 3H_2 \uparrow$

(10)$2Ga + 2NaOH + 6H_2O \Longrightarrow 2Na[Ga(OH)_4] + 3H_2 \uparrow$

23. 答:$2MgO \cdot B_2O_3 + H_2O + 2NaOH \Longrightarrow 2Mg(OH)_2 + 2NaBO_2$
$4NaBO_2 + CO_2 + 10H_2O \Longrightarrow Na_2B_4O_7 \cdot 10H_2O + Na_2CO_3$

24.答:用铝土矿制备单质铝,主要包括四步。

首先在粉碎后的铝土矿中加入 NaOH 溶液,加压煮沸后得到可溶性的铝酸钠:

$$Al_2O_3+2NaOH+3H_2O \xrightarrow[\text{煮沸}]{\text{加压}} 2Na[Al(OH)_4]$$

然后过滤掉溶液中的杂质,通入二氧化碳气体,得到 $Al(OH)_3$ 白色沉淀:

$$2Na[Al(OH)_4]+CO_2 = 2Al(OH)_3+Na_2CO_3+H_2O$$

再将 $Al(OH)_3$ 沉淀经加热分解得到 Al_2O_3:

$$2Al(OH)_3 \xrightarrow{\triangle} Al_2O_3+3H_2O\uparrow$$

最后用冰晶石($Na[AlF_6]$)作助溶剂,电解熔融的 Al_2O_3,即可得到单质 Al:

$$2Al_2O_3(\text{熔融}) \xrightarrow{\text{电解}} 4Al(\text{液态})+3O_2\uparrow$$

25.答:硼酸与甲醇可在浓硫酸的催化作用下发生酯化反应,生成硼酸三甲酯和水,反应如下:

$$H_3BO_3+3CH_3OH \xrightarrow{\text{浓硫酸}} (CH_3O)_3B+3H_2O$$

点燃 $(CH_3O)_3B$,观察到绿色火焰,即可鉴别硼酸。

26.解:由 $M=\dfrac{\rho RT}{p}$ 得 $M=\dfrac{0.81\times8.314\times(273.15+25)}{50.20\times10^3}=40\ \text{g}\cdot\text{mol}^{-1}$。

硼烷的化学组成包括 B_nH_{n+4}、B_nH_{n+6}($n=6\sim12$)两类。

当化学式为 B_nH_{n+4} 时,$11n+(n+4)=40$,则 $n=3$;

当化学式为 B_nH_{n+6} 时,$11n+(n+6)=40$,n 不为整数。

因此,$n=3$,该物质的化学式为 B_3H_7。

27.答:铝是亲氧元素,易被空气中的氧气氧化生成致密的氧化物薄膜。这层薄膜紧缚在铝表面,防止内层的铝被氧化,从而表现出较强的抗腐蚀性能,因此常被用来制造化学反应器、医疗器械、石油和天然气管道。再加上铝的导电性能较好,仅次于银和铜,所以在电器制造工业、电线电缆工业等方面也有广泛应用。铝及其合金常被用于航空领域,主要由于其质量轻、强度高、价格相对便宜,所以飞机、人造卫星等大量使用铝及其合金。

28.答:在 B_5H_9 中,共有四种类型的化学键,分别是 B—H 键、B—B 键、氢桥键(B—H—B)、硼桥键(B—B—B)。键的数量和电子数如下:

键的类型	B—H 键	B—B 键	氢桥键(B—H—B)	硼桥键(B—B—B)
数量	5	2	4	1
电子数	10	4	8	2

29.答:硼砂在高温下能够清除金属表面的杂物,常用来净化金属表面,故多用作焊药。

30.答:Tl(Ⅲ)具有出强氧化性,能氧化许多物质;而 S(Ⅱ)具有强还原性,$TlCl_3$ 和 Na_2S 发生氧化还原反应,生成 Tl(Ⅰ),不能得到 Tl_2Cl_3。

第 15 章 碱金属和碱土金属

核心内容

一、碱金属和碱土金属的通性

碱金属是指元素周期表中 I A 族的元素,包括锂、钠、钾、铷、铯、钫 6 种金属元素。碱土金属是指元素周期表中 II A 族的元素,包括铍、镁、钙、锶、钡、镭 6 种金属元素,由于这类元素的氧化物熔点极高,与水作用显碱性,故称为碱土金属。碱金属与碱土金属的价层电子构型分别为 ns^1 和 ns^2,易失去价层电子达到稳定结构,因此均为活泼金属。在同一族中,从上至下,原子半径依次增大,金属性、还原性逐渐增强,电离能和电负性逐渐减小。碱金属和碱土金属在物理性质和化学性质上表现出一定的通性。在物理性质方面,它们都是金属元素,具有金属光泽,表现出良好的导电性、导热性,且密度相对较小,可以被归类为轻金属。在化学性质方面,这两类金属易与 H_2 直接化合成 MH、MH_2 离子型化合物;与氧气反应除生成正常氧化物外,还能生成过氧化物、超氧化物等;易与水反应(Be、Mg 除外),且溶液显碱性。

二、金属单质

1. 单质的性质

碱金属和碱土金属的单质具有金属光泽,除钡为银黄色外,其余单质均有银白色光泽。单质的熔点较低,如铯放在手中就能熔化;硬度小(铍、镁较硬),用小刀就能切开;密度小,锂、钠、钾的密度均比水小。碱金属和碱土金属的单质或化合物在高温火焰中灼烧时会呈现特征的颜色,这就是焰色反应。

碱金属和碱土金属有很强的还原性,易与氧、硫、氮、卤素等反应,还能够与水反应(铍、镁除外)生成氢氧化物和氢气。碱金属和碱土金属中的钙、锶、钡能和液氨反应生成蓝色的导电溶液。该溶液有强还原性、良好的导电性,呈顺磁性。

2. 单质的制备

碱金属和碱土金属均以矿物形式存在于自然界中,如自然界中存在的钠长石($Na[AlSi_3O_8]$)、钾长石($K[AlSi_3O_8]$)、菱镁矿($MgCO_3$)、大理石($CaCO_3$)等。由于 s 区元素单质的活泼性高,因此不能从水溶液中制备,而是采用电解熔融盐法和金属热还原法来制备。如金属钠可通过电解熔融氯化钠来制备,反应方程式如下:

$$2NaCl(熔融) \xrightarrow{电解} 2Na + Cl_2 \uparrow$$

钾、铷、铯等金属则可通过热还原法制备,如可在 850 ℃下用钠还原氯化钾制备得到金属钾。

三、重要化合物

1. 氧化物

碱金属和碱土金属与氧气反应能形成多种类型的氧化物,包括正常氧化物、过氧化物、超氧化物、臭氧化物。Li、Be、Mg、Ca、Sr 在空气中燃烧生成正常氧化物,而其他金属在空气中燃烧则生成过氧化物或超氧化物。因此制备 Na、K 等金属的正常氧化物,可采用还原其过氧化物、硝酸盐、亚硝酸盐的方法。制备 Mg、Ca 等碱土金属的正常氧化物,可采用热分解其过氢氧化物、碳酸盐、硝酸盐的方法。在过氧化物中,过氧化钠、过氧化钡、过氧化钙这三种物质最为重要。Na_2O_2 被用作防毒面具、潜水艇中的供氧剂和 CO_2 的吸收剂,还被用作氧化剂和熔矿剂;BaO_2 是实验室制取 H_2O_2 的反应物之一。超氧化物可作供氧剂,如 KO_2 与 CO_2 反应产生 O_2。臭氧化物经缓慢分解后形成超氧化物和氧气。

2. 氢氧化物

s 区元素除 $Be(OH)_2$ 为两性外,其余氢氧化物都显碱性。碱金属和碱土金属的氢氧化物的碱性强弱可通过 R—H 模型来判断。ROH(R 表示 Mn^+)在水中有两种解离方式,具体如下:

$$酸式解离:RO—H \longrightarrow RO^- + H^+$$
$$碱式解离:R—OH \longrightarrow R^+ + OH^-$$

氢氧化物发生何种解离,与 Mn^+ 的电荷高低和半径大小有关,可通过 $\varphi = z/r$ 来判断。其中,φ 表示 Mn^+ 的离子势,z 表示电荷数,r 表示离子半径。若 φ 值大,则氢氧化物发生酸式解离,反之则发生碱式解离。$\sqrt{\varphi}$ 可作为粗略判断氢氧化物酸碱性的经验公式:

$\sqrt{\varphi} < 0.22$,氢氧化物显碱性;

$0.22 < \sqrt{\varphi} < 0.32$,氢氧化物显中性;

$\sqrt{\varphi} > 0.32$,氢氧化物显酸性。

例如 $Be(OH)_2$ 的 $\sqrt{\varphi}$ 值为 0.27,呈两性;$Ca(OH)_2$ 的 $\sqrt{\varphi}$ 值为 0.14,呈碱性。

四、盐类

1. 离子型盐类的溶解性

碱金属盐(除锂外)都是离子型化合物,绝大部分易溶于水,难溶于水的一般为锂盐和大的阳离子与大的阴离子组成的盐,如 LiF、Li_2CO_3、$KClO_4$ 等。

碱土金属盐多为离子型化合物,溶解度比相应的碱金属盐小,并且许多碱土金属盐难溶于水,如碳酸盐、磷酸盐、草酸盐等。而卤化物(除 F 外)、硝酸盐、氯酸盐、醋酸盐等一般易溶于水。

2. 几种重要的盐类

s 区元素的卤化物中,氯化钠、氯化镁、氯化钙是几种重要的盐。NaCl 俗称食盐,在钢铁工业、食品工业、医学、冶金工业等多方面有广泛应用,常通过海水晒盐得到粗产品。$MgCl_2$ 在冶金工业、建材工业、交通行业等方面均有广泛应用,其水溶液可用于点制豆腐。可通过直接化合镁与氯气来制备氯化镁,也可在氯化氢氛围中加热 $MgCl_2 \cdot 6H_2O$ 来制备。$CaCl_2$ 常用作干燥剂、食品防腐剂、固化剂等,在医学上可用于治疗镁中毒。

$Na_2SO_4 \cdot 10H_2O$ 俗称芒硝,可用来制取硫酸铵、硫酸钠、硫酸等化工原料。$MgSO_4 \cdot 7H_2O$ 易溶于水,可作填充剂,医学上可作泻药,能降血压。$CaSO_4 \cdot 2H_2O$ 俗称生石膏,加热到 120 ℃ 可转化为熟石膏($2CaSO_4 \cdot H_2O$)。石膏可制作水泥、油漆、白颜料等。$BaSO_4$ 是唯一没有毒性的钡盐,在医学上常作"钡餐"用来进行胃部 X 射线检查。

Na_2CO_3 俗称纯碱或苏打,是重要的化工原料,大量用于造纸、玻璃、染料等工业。$NaHCO_3$ 俗称小苏打,受热易分解生成 Na_2CO_3。$NaHCO_3$ 可用于治疗胃酸过多,也可作发酵剂用于制作糕点。我国化学家侯德榜发明了侯氏制碱法,得到了普遍采用。

例题解析

例 1 下列元素中,第一电离能最小的是(　　)。

A. Li　　　　　B. Be　　　　　C. Mg　　　　　D. K

答:D。同一主族,从上到下,第一电离能依次减小;同一周期,从左至右,第一电离能依次增大(B、O、Al 等特殊情况除外)。因此,在上述四种元素中,K 的第一电离能最小。

例 2 下列选项中,化学性质最相似的两种元素是(　　)。

A. Li、Be　　　B. Be、Al　　　C. Mg、Al　　　D. Na、Mg

答:B。由于对角线规则,Be 和 Al 的化学性质十分相似。

例 3 写出下列物质的化学式:

(1)岩盐;(2)硝石;(3)萤石;(4)光卤石;(5)电石;(6)纯碱。

答:(1)岩盐:NaCl;(2)硝石:$NaNO_3$;(3)萤石:CaF_2;(4)光卤石:$KCl \cdot MgCl_2 \cdot 6H_2O$;(5)电石:$CaC_2$;(6)纯碱:$Na_2CO_3$。

例 4 为什么碱金属含氧酸盐的热稳定性一般比碱土金属含氧酸盐的热稳定性高?如 $MgCO_3$、$CaCO_3$ 的分解温度分别为 540 ℃、900 ℃,而 Na_2CO_3、K_2CO_3 在 1000 ℃ 基本不分解。

答:阳离子电荷数越高,半径越小,极化能力越强,其含氧酸盐越不稳定,分解温度越低,则碱金属含氧酸盐的热稳定性一般比碱土金属含氧酸盐的热稳定性高。

例 5 如何用离子势 φ 来判断 s 区氢氧化物的酸碱性?

答:$\sqrt{\varphi}$ 可作为粗略判断氢氧化物酸碱性的经验公式。判断依据如下:

$\sqrt{\varphi} < 0.22$,氢氧化物显碱性;

$0.22 < \sqrt{\varphi} < 0.32$,氢氧化物显中性;

$\sqrt{\varphi} > 0.32$,氢氧化物显酸性。

例如,$Be(OH)_2$ 的 $\sqrt{\varphi}$ 值为 0.27,呈两性;$Ca(OH)_2$ 的 $\sqrt{\varphi}$ 值为 0.14,呈碱性。

例 6　能否通过直接加热 $MgCl_2 \cdot 6H_2O$ 来制备无水 $MgCl_2$？如果不能，那么应该如何制备无水 $MgCl_2$？

答：不能，因为直接加热 $MgCl_2 \cdot 6H_2O$ 得到的最终产物是 MgO。可以在氯化氢氛围中加热 $MgCl_2 \cdot 6H_2O$ 来制备无水 $MgCl_2$，也可以直接化合金属镁与氯气来制备无水 $MgCl_2$。

例 7　如何制备 K_2O 和 K_2O_2？

答：可通过还原 K 的过氧化物、硝酸盐或亚硝酸盐来制备 K_2O，如

$$10K + 2KNO_3 \xrightarrow{\quad\quad} 6K_2O + N_2 \uparrow$$

在真空中长时间加热 KO_2，则可制备得到 K_2O_2。

$$2KO_2 \xrightarrow[\triangle]{\text{真空}} K_2O_2 + O_2 \uparrow$$

➡ 习题

1. 下列元素中，电负性最小的是（　　）。

A. Li　　　　　　　B. Be　　　　　　　C. K　　　　　　　D. Ca

2. 下列金属在空气中燃烧能生成过氧化物的是（　　）。

A. K　　　　　　　B. Ca　　　　　　　C. Sr　　　　　　　D. Ba

3. 下列物质名称与化学式不相符合的一项是（　　）。

A. 芒硝：$Na_2SO_4 \cdot 10H_2O$

B. 方解石：$CaCO_3$

C. 熟石膏：$CaSO_4 \cdot 2H_2O$

D. 重晶石：$BaSO_4$

4. 下列物质中，溶解度最小的是（　　）。

A. LiF　　　　　　　B. $BeSO_4$　　　　　　　C. $MgCrO_4$　　　　　　　D. KCl

5. 下列离子水合时，放出热量最多的是（　　）。

A. Ba^{2+}　　　　　　　B. Ca^{2+}　　　　　　　C. K^+　　　　　　　D. Be^{2+}

6. 下列物质中，稳定性最差的一种是（　　）。

A. $BeCO_3$　　　　　　　B. Na_2CO_3　　　　　　　C. K_2CO_3　　　　　　　D. $MgCO_3$

7. 以下物质与作用不符合的一项是（　　）。

A. Na_2CO_3：用于生产纸浆

B. $BaSO_4$：医学上作"钡餐"用来进行胃部 X 射线检查

C. $KClO_3$：可用作炸药

D. $MgCl_2$：医学上可作泻药

8. 金属_____和金属镓的熔点很低，放在手中就能熔化。

9. 钾、钙、钡的焰色反应的颜色分别为_____、_____、_____。

10. 金属锂一般保存在_____中，金属钠和钾保存在_____。

11. $BeCl_2$ 是_____化合物，$CaCl_2$ 是_____化合物。

12. 电解熔盐法制得的金属钠中一般含有少量的_____，其原因是_____

_____。

13. 直接加热 $MgCl_2 \cdot 6H_2O$ 得到的最终产物为_____，直接加热 $CaCl_2 \cdot 6H_2O$

得到的产物为_____。

14. $Mg(NO_3)_2$ 受热分解的产物为 O_2、_____ 和 _____；$NaNO_3$ 受热分解的产物为 _____ 和 _____。

15. 什么是对角线规则？请举例说明。

16. 试解释为什么碱金属的液氨溶液有很好的导电性、极强的还原性。当长期放置或有催化剂存在时，溶液中发生反应生成氨基化物，以金属钠为例，请写出相关的化学反应方程式。

17. 为什么碱土金属的熔点比相应的碱金属的熔点高？

18. 为什么 LiCl 能溶于有机溶剂，而 NaCl 则不溶于有机溶剂？

19. 为什么碱金属元素中锂的标准还原电势最低，而锂与水的反应却最缓和？

20. 为什么金属钙与盐酸能够剧烈反应，而与硫酸则缓慢反应？

21. 钾盐的价格一般比钠盐高，但实验室中常使用钾盐而不使用钠盐，如配置炸药时使用 KNO_3 和 $KClO_4$，而不使用 $NaNO_3$ 和 $NaClO_4$，请解释其中的原理。

22. 完成并配平下列化学反应方程式。

(1) $H_2 + Ca \xrightarrow{150\sim300\ ℃}$

(2) $NbCl_2 + Na \xrightarrow{共熔}$

(3) $K + KNO_3 \Longrightarrow$

(4) $Na_2O_2 + Fe_2O_3 \xrightarrow{共熔}$

(5) $BaO_2 + H_2SO_4 \Longrightarrow$

(6) $KO_3 + H_2O \Longrightarrow$

(7) $KO_3 \Longrightarrow$

(8) $BaSO_4 + C \xrightarrow{高温}$

(9) $BeCl_2 \cdot 4H_2O \xrightarrow{\triangle}$

(10) $Li + N_2 \xrightarrow{\triangle}$

23. 电解熔融 NaCl 制备金属 Na 时一般会加入 $CaCl_2$，请简述其中的原理。

24. 为什么工业上一般采用热还原法来制 K，而不采用电解熔融氯化物的方法？试写出用金属 Na 还原 KCl 的反应方程式。

25. 氯化钠是一种重要的化工原料，可用来制备金属钠、氢氧化钠、碳酸钠，请简述其过程并写出相关的化学方程式。

26. 超氧化物是很强的氧化剂，其中一个重要用途就是作氧气源，请解释其中的原理，并以 KO_2 为例，写出相关的化学方程式。

27. 试用简便的方法来鉴别下列各组物质：

(1) $Be(OH)_2$ 和 $Mg(OH)_2$；

(2) KOH 和 $Ba(OH)_2$；

(3) CaH_2 和 $CaCl_2$。

28. 某工厂的回收溶液中含 SO_4^{2-} 的浓度为 $1.0\times10^{-5}\ mol \cdot L^{-1}$。在 8.0 L 这种回收液中，加入 2.0 L 0.010 $mol \cdot L^{-1}$ 的 $BaCl_2$ 溶液，试计算能否生成沉淀（已知：$K_{sp}^{\ominus}(BaSO_4) =$

1.1×10^{-10}）。

29. 将 K_2CrO_4 溶液滴加到含有 Ba^{2+} 和 Sr^{2+} 的混合溶液中，其中，$c(Ba^{2+})=c(Sr^{2+})=0.10\ mol\cdot L^{-1}$，试分析哪种离子先沉淀？如果忽略反应中溶液的体积变化，那么能否分离 Ba^{2+} 和 Sr^{2+} 两种离子（已知：$K_{sp}^{\ominus}(BaCrO_4)=1.17\times10^{-10}$，$K_{sp}^{\ominus}(SrCrO_4)=2.2\times10^{-5}$）？

30. 已知，$K(s)$ 的升华焓为 $+89\ kJ\cdot mol^{-1}$，$K(g)$ 的电离能为 $+425\ kJ\cdot mol^{-1}$，$Cl_2(g)$ 的解离能为 $+244\ kJ\cdot mol^{-1}$，$Cl(g)$ 的电子亲和能为 $-355\ kJ\cdot mol^{-1}$，$KCl(g)$ 的标准摩尔生成焓为 $-438\ kJ\cdot mol^{-1}$，试计算 $KCl(s)$ 的晶格能。

习题参考答案

1. C　2. D　3. C　4. A　5. D　6. A　7. D

8. 铯　9. 紫色；橙红色；黄绿色　10. 液态石蜡；煤油　11. 共价；离子

12. 钙；电解时加入氯化钙助溶剂而有少量的钙电解时析出

13. MgO；$CaCl_2$　14. NO_2；MgO；$NaNO_2$；O_2

15. 答：在元素周期表中，Li 和 Mg、Be 和 Al、B 和 Si 处于对角线位置，相应的元素和化合物的性质十分相似，这种现象被称为对角线规则。如 Li 和 Mg 在加热时直接与氮气反应生成氮化物（Li_3N 和 Mg_3N_2），而其他碱金属不能直接与氮气作用。Be 和 Al 的氧化物、氢氧化物均为两性，ⅡA 族其他 $M(OH)_2$ 均显碱性。

16. 答：在碱金属的液氨溶液中，存在金属离子和溶剂化的自由电子，这种电子非常活泼，有极强的还原能力，因此碱金属的液氨溶液能作为强还原剂使用；由于存在溶剂化的自由电子，所以该溶液有很好的导电性。当长期放置或有催化剂存在时，反应方程式如下

$$2Na+2NH_3(l)=\!=\!=2NaNH_2+H_2\uparrow$$

17. 答：碱土金属有两个价层电子，半径比同周期的碱金属小，形成的金属键更强，因此碱土金属的熔点比相应的碱金属的熔点更高。

18. 答：Li^+ 半径非常小，电子构型为 2 电子型，极化能力极强，形成共价键的倾向大，所以 LiCl 表现出一定的共价特性，能溶于有机溶剂；而 NaCl 是离子型化合物，不溶于有机溶剂。

19. 答：电极电势属于热力学范畴，反应剧烈程度属于动力学范畴，二者并无直接联系。锂与水反应缓和的原因主要有：锂的熔点（180 ℃）比钠、钾高，与水反应产生的热量不足以使之熔化，与钠、钾不同；反应生成的 LiOH 溶解度小，生成后会覆盖在锂表面，阻碍反应继续进行。

20. 答：金属钙与硫酸反应时，产物硫酸钙微溶于水，会覆盖在钙的表面，从而阻碍反应继续进行；而钙与盐酸反应时，产物氯化钙易溶于水，因此钙与盐酸能够剧烈反应，而与硫酸则缓慢反应。

21. 答：Na^+ 半径比 K^+ 小，极化能力强，水合热大，钠盐更易吸水潮解，而钾盐不易吸水潮解。配置炸药时使用的 KNO_3 和 $KClO_4$ 不易潮解，制得的炸药保质期长，不易失效。

22. 答：(1) $H_2+Ca\xrightarrow{150\sim300\ ℃}CaH_2$

(2) $NbCl_2+2Na\xrightarrow{共熔}Nb+2NaCl$

(3) $10K+2KNO_3=\!=\!=6K_2O+N_2\uparrow$

(4) $3Na_2O_2 + Fe_2O_3 \xrightarrow{\text{共熔}} 2Na_2FeO_4 + Na_2O$

(5) $BaO_2 + H_2SO_4 = H_2O_2 + BaSO_4$

(6) $4KO_3 + 2H_2O = 4KOH + 5O_2\uparrow$

(7) $2KO_3 = 2KO_2 + O_2\uparrow$

(8) $BaSO_4 + 4C \xrightarrow{\text{高温}} BaS + 4CO\uparrow$

(9) $BeCl_2 \cdot 4H_2O \xrightarrow{\triangle} BeO + 2HCl\uparrow + 3H_2O$

(10) $6Li + N_2 \xrightarrow{\triangle} 2Li_3N$

23. 答：$CaCl_2$ 在电解过程中作助溶剂，通过与 NaCl 形成共熔物而使盐的熔点降低，达到降低能耗的目的。同时，降低电解操作温度还可减少 Na 的挥发，降低电解生成的 Na 在熔融体中的溶解度，便于产品的分离。

24. 答：因为金属钾极易溶于熔融氯化物中，导致产物难以分离；且金属钾的熔、沸点不高，高温下其蒸气易从电解槽中逸出，故工业上采用热还原法制备金属钾，可在 850 ℃下用钠还原氯化钾制备得到金属钾，反应方程式如下

$$Na(l) + KCl(l) \xrightarrow{850 ℃} NaCl(l) + K(g)$$

25. 答：(1) 制备金属钠：可通过电解熔融 NaCl 来制备，反应方程式如下

$$2NaCl(\text{熔融}) \xrightarrow{\text{电解}} 2Na + Cl_2\uparrow$$

(2) 制备氢氧化钠：一般采用电解食盐水来制备，还可得到氢气、氯气、盐酸等产物，反应方程式如下

$$2NaCl + 2H_2O \xrightarrow{\text{电解}} 2NaOH + Cl_2\uparrow + H_2\uparrow$$

(3) 制备碳酸钠：首先将 CO_2 通入含有 NH_3 的饱和氯化钠溶液中，反应生成的碳酸氢钠由于溶解度较小从溶液中析出，经过加热分解后得到碳酸钠，相关的反应方程式如下

$$NaCl + CO_2 + NH_3 + H_2O = NaHCO_3\downarrow + NH_4Cl$$

$$2NaHCO_3 = Na_2CO_3 + H_2O + CO_2\uparrow$$

26. 答：超氧化物与水或其他质子溶剂发生剧烈反应，生成氧气，如 KO_2 与水反应的方程式如下

$$2KO_2 + 2H_2O = 2KOH + H_2O_2 + O_2\uparrow$$

超氧化物与二氧化碳反应也产生氧气，如 KO_2 与 CO_2 反应的方程式如下

$$4KO_2 + 2CO_2 = 2K_2CO_3 + 3O_2$$

超氧化物在真空中长时间加热也会释放氧气，如

$$2KO_2 \xrightarrow[\triangle]{\text{真空}} K_2O_2 + O_2\uparrow$$

因此，超氧化物能够用作氧气源。

27. 答：(1) 加入过量的 NaOH 溶液，$Be(OH)_2$ 溶解，$Mg(OH)_2$ 不溶解。

(2) 加入稀硫酸，KOH 无明显现象，$Ba(OH)_2$ 产生白色沉淀。

(3) 溶于水，有气体产生的为 CaH_2，$CaCl_2$ 无明显现象。

28. 解：在混合的瞬间，离子浓度如下

$c(SO_4^{2-}) = 1.0 \times 10^{-5} \times 8.0 \div 10.0 = 8.0 \times 10^{-6}$ mol $\cdot$ L^{-1}

$c(Ba^{2+})=0.010\times2.0\div10.0=2.0\times10^{-3}$ mol $\cdot$ L^{-1}

$c(SO_4^{2-})\cdot c(Ba^{2+})=8.0\times10^{-6}\times2.0\times10^{-3}=1.6\times10^{-8}>K_{sp}^{\ominus}(BaSO_4)=1.1\times10^{-10}$

因此能够生成沉淀。

29. 解：已知 Ba^{2+} 和 Sr^{2+} 与 K_2CrO_4 的反应如下：

$Ba^{2+}+CrO_4^{2-}\rule[0.4em]{1.5em}{0.05em}BaCrO_4\downarrow$　　$K_{sp}^{\ominus}(BaCrO_4)=1.17\times10^{-10}$

$Sr^{2+}+CrO_4^{2-}\rule[0.4em]{1.5em}{0.05em}SrCrO_4\downarrow$　　$K_{sp}^{\ominus}(SrCrO_4)=2.2\times10^{-5}$

沉淀 Ba^{2+} 所需的 K_2CrO_4 的最低浓度为

$$c(CrO_4^{2-})=\frac{K_{sp}^{\ominus}(BaCrO_4)}{c(Ba^{2+})}=\frac{1.17\times10^{-10}}{0.10}=1.17\times10^{-9}\text{ mol}\cdot\text{L}^{-1}$$

沉淀 Sr^{2+} 所需的 K_2CrO_4 的最低浓度为

$$c(CrO_4^{2-})=\frac{K_{sp}^{\ominus}(SrCrO_4)}{c(Sr^{2+})}=\frac{2.2\times10^{-5}}{0.10}=2.2\times10^{-4}\text{ mol}\cdot\text{L}^{-1}$$

由此可见，Ba^{2+} 先沉淀。

Ba^{2+} 沉淀完全时所需的 K_2CrO_4 的浓度为

$$c(CrO_4^{2-})=\frac{K_{sp}^{\ominus}(BaCrO_4)}{1\times10^{-5}}=\frac{1.17\times10^{-10}}{1\times10^{-5}}=1.17\times10^{-5}\text{ mol}\cdot\text{L}^{-1}$$

此时 K_2CrO_4 的浓度的小于 Sr^{2+} 开始沉淀时的浓度，因此可以将二者分开。

30. 解：由 $\Delta_f H_m^{\ominus}=\frac{1}{2}D+S+I+A+(-U)$ 得

$$U=\frac{1}{2}D+S+I+A-\Delta_f H_m^{\ominus}$$

$$=\frac{1}{2}\times244+89+425+(-355)-(-438)$$

$$=719\text{ kJ}\cdot\text{mol}^{-1}$$

第 16 章　铜、锌副族

核心内容

一、铜副族

1. 铜副族元素的通性

铜族元素包括铜、银、金、铊 4 种金属,其价电子构型为 $(n-1)d^{10}ns^1$。与 I A 族元素比较,熔、沸点更高,第一电离能、升华热、水合能更高,金属性更强,而化合物的共价键更明显。铜族元素阳离子易水解,易与软碱结合,能形成稳定的配合物。在自然界中,铜、金、银能以单质形式存在,银更多以硫化物形式存在,如闪银矿(Ag_2S)。

2. 铜副族元素单质

铜族元素具有金属光泽,纯铜为紫红色,银为银白色,金为黄色。这三种金属具有良好的导电性、导热性、延展性,如银的导电性最好,铜次之。它们易与其他金属形成合金,用途广泛,如黄铜被用来制造精密仪器。

由于原子半径、电子结构、有效核电荷的影响,铜、银、金的金属活泼性依次递减。铜置于含有 CO_2 的潮湿空气中,表面会生成一层铜绿,银、金则无该反应。铜、银可与硝酸、浓硫酸等氧化性酸反应,而金只能溶于王水中。铜、银、金可与浓的碱金属氰化物反应,生成稳定的配合物。铜可用黄铜矿($CuFeS_2$)为原料进行提炼,银可用氰化钠浸取的方法提取,金可用淘金法、氰化法提取。

3. 铜的化合物

加热某些含氧酸盐(如硝酸铜)或直接在氧气中加热铜粉,均可制备 CuO,CuO 在高温加热条件下可转化成 Cu_2O。Cu_2O 在酸溶液中歧化为 Cu 和 Cu^{2+},溶于氨水生成无色的 $[Cu(NH_3)_2]^+$,易被氧化成蓝色的 $[Cu(NH_3)_4]^{2+}$。葡萄糖还原 Cu^{2+},生成红色的 Cu_2O,医学上常用这个反应来检测尿液中的糖分。

$CuOH$ 为黄色固体,很不稳定,易脱水变为 Cu_2O。$Cu(OH)_2$ 受热易分解为 CuO,溶于氨水可生成 $[Cu(NH_3)_4]^{2+}$,还可溶于过量浓碱溶液,如

$$Cu(OH)_2 + 2NaOH(浓) =\!=\!= Na_2[Cu(OH)_4]$$

CuS 为黑色固体,溶于热硝酸及碱金属氰化物的水溶液,加热至一定温度分解为 Cu_2S。Cu_2S 为黑色固体,难溶于水,可通过 Cu 与 S 直接化合而成。Cu_2S 只能溶于浓、热硝酸或氰化钠(钾)溶液中。$CuSO_4 \cdot 5H_2O$ 俗称胆矾,在不同温度下可逐步失水。无水 $CuSO_4$ 为白

色粉末,遇水显蓝色,可作干燥剂。

卤化物中,CuF_2 为白色,$CuCl_2$ 为黄棕色,$CuBr_2$ 为黑色。$CuCl_2$ 易溶于水,易溶于乙醇、丙酮等有机溶剂。无水 $CuCl_2$ 受热分解为 $CuCl$。$CuCl$、$CuBr$、CuI 均为白色难溶物,且溶解度逐渐减小。$CuCl$ 易溶于盐酸,可溶于氨水、碱金属的氯化物溶液中。

4. 银的化合物

Ag_2O 为褐色固体,可溶于氨水生成无色的 $[Ag(NH_3)_2]^+$。Ag_2O 是构成银锌蓄电池的重要原材料,还可用于防毒面具中。$AgOH$ 十分不稳定,只有在 $-45\ ℃$ 以下,用强碱和硝酸银的 90% 乙醇溶液,才能制备得到白色的 $AgOH$。$AgNO_3$ 加热或光照可分解为单质银,一般保存在棕色瓶中,可作消毒剂和防腐剂。

卤化物中,AgF 易溶于水,$AgCl$、$AgBr$、AgI 难溶于水,且溶解度依次减小。卤化银有感旋光性,黑白照相技术上就利用了这一性质。Ag_2S 为黑色难溶物,能溶解在热的浓硝酸溶液中。

5. 金的化合物

在化合物中 Au 主要显 $+3$ 价,如 $AuCl_3$、$Au_2O_3\cdot H_2O$ 等。$AuCl_3$ 是一种红色晶体,加热到一定温度时,可分解为 $AuCl$ 和 Cl_2。$AuCl_3$ 在气态或固态时,以二聚体 Au_2Cl_6 的形式存在,Au 基本上为平面正方形结构。

二、锌副族

1. 锌副族元素的通性

锌副族锌、镉、汞 3 种元素的价层电子构型为 $(n-1)d^{10}ns^2$,原子半径大,金属键较弱。锌族元素金属活泼性较好,化合物价态主要为 $+2$ 价,能形成稳定的配合物。

2. 锌副族元素单质

锌、镉、汞均为银白色金属,熔、沸点较低,汞在常温下为液态。此三种金属单质在常温下性质稳定,与 O_2 可在加热条件下反应生成氧化物。其中,Zn 有两性,可与碱反应。冶炼单质锌可以闪锌矿为原料,采用火法冶炼;制备纯度更高的锌时,可用湿法冶金。通常金属镉是在冶炼锌时作为副产品提取出来的,汞可通过灼烧 HgS 制备得到。

3. 锌的化合物

ZnO 俗称锌白,为白色固体,受热变为黄色,是两性氧化物,与强碱反应生成 $Zn(OH)_2$。$Zn(OH)_2$ 与强碱反应生成 $[Zn(OH)_4]^{2-}$,与氨水反应可形成配位离子 $[Zn(NH_3)_4]^{2+}$,可在加热条件下分解为 ZnO。ZnS 为白色物质,难溶于水,能溶于稀盐酸。ZnS 可作白色颜料,还可用于荧光材料的制作。无水 $ZnCl_2$ 吸水性强,易潮解,可作脱水剂和催化剂。制备无水 $ZnCl_2$ 可直接化合 Zn 和 Cl_2,也可通过 Zn 与干燥的 HCl 反应制得。

4. 镉的化合物

CdO 是碱性氧化物,可通过其碳酸盐、硝酸盐加热分解来制备。镉盐与强碱反应可得白色的 $Cd(OH)_2$。$Cd(OH)_2$ 稍显两性,偏向碱性,能在浓热的强碱中缓慢溶解。$Cd(OH)_2$ 同 $Zn(OH)_2$ 类似,也可溶于氨水形成配位离子,受热分解为 CdO。CdS 俗称镉黄,可作颜料,能溶于浓盐酸、浓硫酸、热的稀硝酸中。

5. 汞的化合物

在汞的化合物中,汞的价态有 +1、+2 价。汞盐与强碱反应生成 HgO,而非 $Hg(OH)_2$。HgO 的热稳定性比 ZnO、CdO 低,热分解可得单质汞。HgS 是溶解度最小的硫化物,只溶于王水或 Na_2S 溶液中。黑色的 HgS 加热到 386 ℃ 转变为比较稳定的红色变体。$HgCl_2$ 俗称升汞,极毒,在水中电离程度低,主要以分子形式存在,与 H_2O 反应生成 $Hg(OH)Cl$。$HgCl_2$ 与氨水反应生成白色沉淀 $Hg(NH_2)Cl$。在酸性条件下 $HgCl_2$ 可作氧化剂,与适量 $SnCl_2$ 反应生成 Hg_2Cl_2,与过量 $SnCl_2$ 反应生成 Hg。Hg_2Cl_2 俗称甘汞,可被用于制作甘汞电极。Hg_2Cl_2 见光分解为 Hg 和 Cl_2,与浓氨水反应生成白色的 $Hg(NH_2)Cl$。

⊙ 例题解析

例 1 写出下列化合物的颜色。

(1)$CuCl_2$;(2)$CuCl_2 \cdot 2H_2O$;(3)$AgBr$;(4)AgI;(5)ZnS;(5)CdS;(6)CdO;(7)HgO;(8)Hg_2I_2。

答:(1)$CuCl_2$:棕黄色;(2)$CuCl_2 \cdot 2H_2O$:绿色;(3)$AgBr$:浅黄色;(4)AgI:黄色;(5)ZnS:白色;(5)CdS:黄色;(6)CdO:暗棕色;(7)HgO:黄色/红色;(8)Hg_2I_2:黄色。

例 2 写出下列物质的化学式。

(1)赤铜矿;(2)黑铜矿;(3)孔雀石;(4)立德粉;(5)镉黄;(6)升汞。

答:(1)赤铜矿:Cu_2O;(2)黑铜矿:CuO;(3)孔雀石:$CuCO_3 \cdot Cu(OH)_2$;(4)立德粉:$ZnS \cdot BaSO_4$;(5)镉黄:CdS;(6)升汞:$HgCl_2$。

例 3 请写出下列过程中涉及的化学反应:

(1)丹砂烧之成水银,积变又还为丹砂;

(2)曾青得铁化为铜。

答:(1)丹砂烧之成水银:$HgS \xrightarrow{\triangle} Hg + S$

积变又还为丹砂:$Hg + S \longrightarrow HgS$

(2)$Fe + CuSO_4 \longrightarrow Cu + FeSO_4$

例 4 $AgBr$ 常被用于黑白照相技术上,试解释其中的原理。

答:$AgBr$ 有感光性,在光的作用下分解为 Ag 和 Br_2,胶片在摄影过程中的感光就是这一反应。分解生成的 Ag 形成银核,用显影剂将含有银核的 $AgBr$ 还原为单质银而显黑色,这就是显影的过程。然后用 $Na_2S_2O_3$ 等定影液通过配位反应溶解掉未感光的 $AgBr$,这就是定影的过程。

例 5 和其他过渡金属相比,为什么 ⅡB 族元素的熔点较低?

答:因为对于 ⅡB 族元素,只有 ns 电子参与金属键的形成,$(n-1)d$ 电子不参与金属键的形成,金属键不完全,故熔点相对较低。

例 6 请解释为什么向 $[Zn(OH)_4]^{2-}$ 溶液中不断滴加盐酸,先有白色沉淀生成,继而沉淀溶解。

答:$Zn(OH)_2$ 具有两性,$[Zn(OH)_4]^{2-}$ 遇酸后先生成 $Zn(OH)_2$ 白色沉淀;继续加入盐酸,$Zn(OH)_2$ 溶解成 Zn^{2+},沉淀消失。

例 7　Hg_2Cl_2、$CuCl$、$AgCl$ 都是白色固体,试用一种试剂区分它们。

答:用氨水可区分。在 Hg_2Cl_2、$CuCl$、$AgCl$ 3 种白色固体中分别加入适量氨水,充分震荡并等待一段时间后观察。有黑色沉淀出现的是 Hg_2Cl_2;先变成无色溶液,后转变为蓝色溶液的是 $CuCl$;溶解后得到无色溶液的是 $AgCl$。

⊙ 习题

1. 下列化合物中,不存在的是(　　　)。

A. CuF_2　　　　　　　B. $CuCl_2$　　　　　　　C. $CuBr_2$　　　　　　　D. CuI_2

2. 下列氧化物为两性氧化物的是(　　　)。

A. CdO　　　　　　　B. Ag_2O　　　　　　　C. CuO　　　　　　　D. Cu_2O

3. 下列硫化物中,在水中溶解度最小的是(　　　)。

A. CuS　　　　　　　B. Ag_2S　　　　　　　C. CdS　　　　　　　D. HgS

4. 下列金属不与汞形成汞齐的是(　　　)。

A. Zn　　　　　　　B. Fe　　　　　　　C. Na　　　　　　　D. Ni

5. 下列化合物与其颜色不对应的一项是(　　　)。

A. $CuCN$:蓝色　　　B. Ag_2O:褐色　　　C. HgI_2:红色　　　D. $Cd(OH)_2$:白色

6. 下列物质名称与化学式相符合的一项是(　　　)。

A. 黄铜矿:$CuFeS_2$　　B. 菱锌矿:$ZnSO_4$　　C. 辰砂:HgS　　D. 甘汞:Hg_2Cl_2

7. 下列选项中物质与作用不符合的一项是(　　　)。

A. 无水 $CuSO_4$:可作干燥剂

B. $AgBr$:有感光性,可用于黑白照相技术

C. $ZnCl_2$:可作白色颜料

D. $HgCl_2$:在医学中作消毒剂

8. 铜与含有 CO_2 的潮湿空气接触,发生的反应为＿＿＿＿＿＿＿＿＿＿＿＿＿＿＿＿＿＿＿＿。

9. ZnO、CdO、HgO 的热稳定性从大到小的顺序为＿＿＿＿＿＿＿＿＿＿；$AgCl$、$AgBr$、AgI 在水中的溶解度从小到大的顺序为＿＿＿＿＿＿＿＿＿＿。

10. 加热 $CuCl_2 \cdot 2H_2O$ 会得到＿＿＿＿＿＿、＿＿＿＿＿＿和水;无水 $CuCl_2$ 在 HCl 气流中加热得到＿＿＿＿＿＿和＿＿＿＿＿＿。

11. 黄色 HgO 在低于 573 K 时加热可转化为红色 HgO,是因为＿＿＿＿＿＿＿＿＿＿＿＿；ZnO 长时间加热后由白色变为黄色,是因为＿＿＿＿＿＿＿＿＿＿＿＿＿。

12. AgF 是＿＿＿＿＿＿＿＿化合物,AgI 是＿＿＿＿＿＿化合物。

13. 汞必须密封保存的原因是＿＿＿＿＿＿＿＿＿＿＿＿＿＿＿＿；若不慎洒落,可选用＿＿＿＿＿＿＿覆盖;为除去室内的汞蒸气,可加热一些＿＿＿＿＿＿,使之生成难挥发的物体加以除去。

14. 写出组成以下合金的金属:黄铜＿＿＿＿＿＿,青铜＿＿＿＿＿＿,白铜＿＿＿＿＿＿。

15. 请解释为什么金能溶于王水,写出相关的反应方程式。

16. $Cu(II)$ 的配合物通常有颜色,而 $Zn(II)$ 和 $Cd(II)$ 的配离子为无色,请解释其中的原理。

17. 请解释为什么 Cu_2O 溶于氨水后溶液一开始为无色,放置在空气中一段时间后溶液变蓝。

18. 实验室常用王水来溶解 HgS,请写出相关的反应方程式;并解释在反应过程中,为什么有时溶液呈红棕色,且没有固体析出。

19. 在酸性条件下,$HgCl_2$ 是一种较强的氧化剂。在 $HgCl_2$ 溶液中加入适量的 $SnCl_2$ 溶液有何现象? 加入过量的 $SnCl_2$ 溶液又有何现象? 写出相关的化学方程式。

20. 能用银盐与强碱在常温下制备 AgOH 吗? 如不能,该如何制备 AgOH?

21. 简述氰化法炼金的过程。

22. 请完成下列物质的制备:

(1)分别以 Zn、$ZnCl_2 \cdot H_2O$ 为原材料制备无水 $ZnCl_2$;

(2)以闪锌矿(ZnS)为原材料制备单质 Zn。

23. 请选择合适的配位剂溶解下列沉淀物。

(1)CuS;(2)$Cu(OH)_2$;(3)AgBr;(4)$Cd(OH)_2$;(5)HgI_2。

24. 完成并配平下列化学反应方程式。

(1)$Cu + NaCN + H_2O \Longrightarrow$

(2)$CuS(s) \xrightarrow{\triangle}$

(3)$Ag + H_2S + O_2 \Longrightarrow$

(4)$AuCl_3 \xrightarrow{\triangle}$

(5)$Zn + NH_3 + H_2O \Longrightarrow$

(6)$ZnCl_2(浓) + H_2O \Longrightarrow$

(7)$ZnSO_4(aq) + BaS(aq) \Longrightarrow$

(8)$Hg + HI(aq) \Longrightarrow$

(9)$HgS + Na_2S \Longrightarrow$

(10)$HgCl_2 + H_2O \Longrightarrow$

25. Cu_2S、CuS、CuO 都是黑色固体,如何区分它们?

26. 试设计方案分离 Zn^{2+}、Ag^+、Cd^{2+}、Hg^{2+}、Hg_2^{2+}、Al^{3+}。

27. 某黑色固体 A 溶于热的浓硝酸,生成红棕色气体、某种沉淀物 B 和无色溶液 C,在溶液 C 中加入稀盐酸,生成白色沉淀 D,过滤洗涤后将白色沉淀 D 溶于 $Na_2S_2O_3$ 溶液得无色溶液 E。向溶液 C 中加入少量 $Na_2S_2O_3$ 溶液,立即生成白色沉淀 F,该沉淀最终转化为黑色固体 A。请写出 A、B、C、D、E、F 所代表物质的化学式。

28. 已知:$Hg^{2+} + 2e^- \Longrightarrow Hg \quad E^\ominus = 0.85\ V$

$\qquad Hg_2^{2+} + 2e^- \Longrightarrow 2Hg \quad E^\ominus = 0.80\ V$

(1)试判断反歧化反应 $Hg^{2+} + Hg \Longrightarrow Hg_2^{2+}$ 能否发生;

(2)求 298.15 K 下,$0.10\ mol \cdot L^{-1}\ Hg_2(NO_3)_2$ 溶液中 Hg^{2+} 的浓度。

29. 已知 $K_{a1}^\ominus(H_2S) = 8.9 \times 10^{-8}$,$K_{a2}^\ominus(H_2S) = 7.1 \times 10^{-19}$,$K^\ominus(HCN) = 5.8 \times 10^{-10}$,$K_f^\ominus\{[Cu(CN)_4]^{3-}\} = 2.03 \times 10^{30}$,$K_{sp}^\ominus(CuS) = 2.5 \times 10^{-48}$。向 $[Cu(CN)_4]^{3-}$ 溶液中通入 H_2S 至饱和,写出反应方程式,计算其标准平衡常数,并说明能否生成 Cu_2S 沉淀。

30. CuCl 可由 Cu^{2+} 和 Cu 反应制得,具体如下

$$Cu(s) + Cu^{2+} + 2Cl^- \Longrightarrow 2CuCl \downarrow$$

将 $0.2\ mol \cdot L^{-1}$ 的 $CuSO_4$ 和 $0.4\ mol \cdot L^{-1}$ 的 NaCl 溶液等体积混合,并加入过量的铜屑,求反应达到平衡时,Cu^{2+} 的转化率(已知:$K_{sp}^\ominus(CuCl) = 1.2 \times 10^{-6}$,$E^\ominus(Cu^{2+}/Cu^+) =$

$0.16 \mathrm{~V}, E^{\ominus}(\mathrm{Cu}^{+}/\mathrm{Cu})=0.52 \mathrm{~V})$。

习题参考答案

1. D　2. C　3. D　4. B　5. A　6. B　7. C

8. $2\mathrm{Cu}+\mathrm{O}_2+\mathrm{H}_2\mathrm{O}+\mathrm{CO}_2 =\!=\!= \mathrm{Cu(OH)}_2 \cdot \mathrm{CuCO}_3$

9. $\mathrm{ZnO}>\mathrm{CdO}>\mathrm{HgO}$；$\mathrm{AgI}<\mathrm{AgBr}<\mathrm{AgCl}$

10. $\mathrm{Cu(OH)}_2 \cdot \mathrm{CuCl}_2$；$\mathrm{HCl}$；$\mathrm{CuCl}$；$\mathrm{Cl}_2$

11. 晶粒大小发生变化；加热过程中晶体出现了缺陷

12. 离子；共价

13. 汞易挥发且有毒；硫粉；I_2

14. 铜、锌；铜、锡；铜、镍

15. 答：因为王水具有强氧化性和配合性，能够溶解金，反应方程式如下
$$\mathrm{Au}+\mathrm{HNO}_3+4\mathrm{HCl} =\!=\!= \mathrm{H[AuCl}_4]+\mathrm{NO}\uparrow+2\mathrm{H}_2\mathrm{O}$$

16. 答：Cu(Ⅱ)有 9 个 d 电子，3d 轨道没有被完全充满，其配离子可以发生 d-d 跃迁，吸收可见光而显色；而 Zn(Ⅱ)和 Cd(Ⅱ)有 10 个 d 电子，3d 轨道被完全充满，不能发生d-d跃迁，因此不显色。

17. 答：$\mathrm{Cu}_2\mathrm{O}$ 溶于氨水后生成无色的 $[\mathrm{Cu(NH}_3)_2]^+$，此时溶液呈无色；放置在空气中一段时间后，无色的 $[\mathrm{Cu(NH}_3)_2]^+$ 易被氧化成蓝色的 $[\mathrm{Cu(NH}_3)_4]^{2+}$，溶液变蓝。

18. 答：HgS 溶于王水的反应：
$$3\mathrm{HgS}+2\mathrm{HNO}_3+12\mathrm{HCl} =\!=\!= 3\mathrm{H}_2[\mathrm{HgCl}_4]+3\mathrm{S}+2\mathrm{NO}\uparrow+4\mathrm{H}_2\mathrm{O}$$
在反应过程中，若加入的王水过量，生成的 S 被继续氧化为 SO_4^{2-}，没有 S 析出；过量的 HNO_3 会分解成 NO_2，红棕色的 NO_2 气体溶于溶液中，因此有时溶液呈红棕色。

19. 答：在 HgCl_2 溶液中加入适量的 SnCl_2 溶液，有白色沉淀生成，反应如下：
$$2\mathrm{HgCl}_2+\mathrm{SnCl}_2 =\!=\!= \mathrm{Hg}_2\mathrm{Cl}_2\downarrow+\mathrm{SnCl}_4$$
若 SnCl_2 过量，生成的白色沉淀变黑，反应如下：
$$\mathrm{Hg}_2\mathrm{Cl}_2+\mathrm{SnCl}_2 =\!=\!= 2\mathrm{Hg}+\mathrm{SnCl}_4$$

20. 答：银盐与强碱在常温下生成白色的 AgOH 沉淀，但 AgOH 非常不稳定，很快脱水变成 $\mathrm{Ag}_2\mathrm{O}$，因此不可采取此法制备 AgOH。只有在 $-45\ ℃$ 以下，用强碱和硝酸银的 90% 乙醇溶液，才能制备得到白色的 AgOH。

21. 答：首先用氰化钠溶液浸取矿粉，将金溶出，反应如下：
$$4\mathrm{Au}+8\mathrm{NaCN}+2\mathrm{H}_2\mathrm{O}+\mathrm{O}_2 =\!=\!= 4\mathrm{Na[Au(CN)}_2]+4\mathrm{NaOH}$$
然后用锌还原 $[\mathrm{Au(CN)}_2]^-$ 得到单质金，反应如下：
$$\mathrm{Zn}+2[\mathrm{Au(CN)}_2]^- =\!=\!= [\mathrm{Zn(CN)}_4]^{2-}+2\mathrm{Au}$$
或者电解 $\mathrm{Na[Au(CN)}_2]$ 溶液，在阴极上得到单质金。
阴极主要反应为
$$[\mathrm{Au(CN)}_2]^-+\mathrm{e}^- =\!=\!= \mathrm{Au}+2\mathrm{CN}^-$$

22. 答：(1)以 Zn 为原材料：可以直接化合 Zn 和 Cl_2 来制备无水 ZnCl_2；也可在 700 ℃时，将干燥的 HCl 通过 Zn 制备。
以 $\mathrm{ZnCl}_2 \cdot \mathrm{H}_2\mathrm{O}$ 为原材料：用 $\mathrm{ZnCl}_2 \cdot \mathrm{H}_2\mathrm{O}$ 与 SOCl_2 共热可制备无水 ZnCl_2，反应如下：

$$ZnCl_2 \cdot H_2O + SOCl_2 \xrightarrow{\triangle} ZnCl_2 + 2HCl\uparrow + SO_2\uparrow$$

（2）首先加热焙烧 ZnS 将之转化为 ZnO：

$$2ZnS + 3O_2 \xrightarrow{焙烧} 2ZnO + 2SO_2$$

然后将 ZnO 和焦炭混合，在鼓风炉中加热至 1100～1300 ℃：

$$2C + O_2 \xrightarrow{高温} 2CO$$

$$ZnO + CO \xrightarrow{高温} Zn(g) + CO_2$$

将生成的 Zn 蒸馏出来，得到粗锌，通过精馏去除铅、镉、铜等杂质，得到纯度为 99.9% 的 Zn。

23. 答：（1）$2CuS + 10NaCN \!=\!=\! 2Na_3[Cu(CN)_4] + (CN)_2\uparrow + 2Na_2S$

（2）$Cu(OH)_2 + 2NH_3 + 2NH_4^+ \!=\!=\! [Cu(NH_3)_4]^{2+} + 2H_2O$

（3）$AgBr + 2Na_2S_2O_3 \!=\!=\! Na_3[Ag(S_2O_3)_2] + NaBr$

（4）$Cd(OH)_2 + 4NH_3 \xrightarrow{NH_4^+} [Cd(NH_3)_4]^{2+} + 2OH^-$

（5）$HgI_2 + 2I^- \!=\!=\! [HgI_4]^{2-}$

24. 答：（1）$2Cu + 8NaCN + 2H_2O \!=\!=\! 2Na_3[Cu(CN)_4] + 2NaOH + H_2\uparrow$

（2）$2CuS(s) \xrightarrow{\triangle} Cu_2S(s) + S$

（3）$4Ag + 2H_2S + O_2 \!=\!=\! 2Ag_2S + 2H_2O$

（4）$AuCl_3 \xrightarrow{\triangle} AuCl + Cl_2\uparrow$

（5）$Zn + 4NH_3 + 2H_2O \!=\!=\! [Zn(NH_3)_4]^{2+} + H_2\uparrow + 2OH^-$

（6）$ZnCl_2(浓) + H_2O \!=\!=\! H[ZnCl_2(OH)]$

（7）$ZnSO_4(aq) + BaS(aq) \!=\!=\! ZnS \cdot BaSO_4\downarrow$

（8）$Hg + 4HI(aq) \!=\!=\! H_2[HgI_4] + H_2\uparrow$

（9）$HgS + Na_2S \!=\!=\! Na_2[HgS_2]$

（10）$HgCl_2 + H_2O \!=\!=\! Hg(OH)Cl + HCl$

25. 答：首先加入稀盐酸，能够溶解的是 CuO；然后用 NaCN 溶液处理，溶解且产生气泡的是 CuS，溶解而无其他现象的是 Cu_2S。

26. 答：设计方案如下

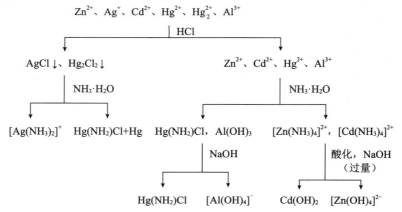

27. 答：A：Ag_2S；B：S；C：$AgNO_3$；D：AgCl；E：$Na_3[Ag(S_2O_3)_2]$；F：$Ag_2S_2O_3$。

28. 解：（1）$E^{\ominus}(Hg^{2+}/Hg_2^{2+}) = [(4 \times 0.85 - 2 \times 0.8) \div 2] V = 0.90 \ V$

$$Hg^{2+} + Hg \Longrightarrow Hg_2^{2+}$$

$$E^{\ominus} = E^{\ominus}(Hg^{2+}/Hg_2^{2+}) - E^{\ominus}(Hg^{2+}/Hg) = (0.90 - 0.80)\,V = 0.10\,V > 0$$

所以上述反歧化反应能发生。

（2）由 $E^{\ominus} = 0.0592 \lg K^{\ominus}$ 得：$K^{\ominus} = 49.0$

设平衡浓度为 x，则有

$$Hg^{2+} + Hg \Longrightarrow Hg_2^{2+}$$
$$x \qquad\qquad\qquad 0.10 - x$$

由 $(0.10 - x)/x = 49.0$ 得：$x = 2.0 \times 10^{-3}$。

故 298.15 K 下，0.10 mol·L^{-1} Hg$_2$(NO$_3$)$_2$ 溶液中 Hg^{2+} 的浓度为 2.0×10^{-3} mol·L^{-1}。

29. 解：$2[Cu(CN)_4]^{3-} + H_2S \Longrightarrow Cu_2S\downarrow + 2HCN + 6CN^-$

此时有

$$K^{\ominus} = \frac{K_{a1}^{\ominus}(H_2S) \cdot K_{a2}^{\ominus}(H_2S)}{K_{sp}^{\ominus}(Cu_2S) \cdot [K^{\ominus}(HCN)]^2 \cdot [K_1^{\ominus}(Cu(CN)_4^{3-})]^2}$$

$$= \frac{8.9 \times 10^{-8} \times 7.1 \times 10^{-19}}{2.5 \times 10^{-48} \times (5.8 \times 10^{-10})^2 \times (2.03 \times 10^{30})^2}$$

$$= 1.80 \times 10^{-20}$$

因此该反应较难发生。

30. 解：设 Cu^{2+} 的平衡浓度为 x。

$E^{\ominus}(Cu^{2+}/CuCl) = E^{\ominus}(Cu^{2+}/Cu^+) - 0.0592 \lg K_{sp}^{\ominus}(CuCl) = 0.51\,V$

$E^{\ominus}(CuCl/Cu) = E^{\ominus}(Cu^+/Cu) + 0.0592 \lg K_{sp}^{\ominus}(CuCl) = 0.17\,V$

$$Cu(s) + Cu^{2+} + 2Cl^- \Longrightarrow 2CuCl\downarrow$$

由 $\lg K^{\ominus} = nE^{\ominus}/0.0592$ 得：$K^{\ominus} = 5.6 \times 10^5$。

由 $K^{\ominus} = \dfrac{1}{c(Cu^{2+}) \cdot c(Cl^-)^2} = \dfrac{1}{(0.2 - x)(0.4 - 2x)^2} = 5.6 \times 10^5$ 得 $x = 0.192$。

所以 Cu^{2+} 的转化率为 $0.192/0.2 \times 100\% = 96\%$。

第 17 章　过渡金属(Ⅰ)

➲ 核心内容

一、d 区元素的通性

d 区元素的价电子构型为$(n-1)d^{1-8}ns^{1-2}$(Pd 和 Pt 例外)。根据电子结构的特点,可以将 d 区元素按周期分为第一到第四过渡元素,本部分重点介绍以 $3d^14s^2$ 开始的 Sc,以及随后第四周期的 Ti、V、Cr、Mn、Fe、Co、Ni 第一过渡元素。d 区元素通常具有如下特性:

(1)金属性。d 区元素的电负性和电离能都比较小,容易失去电子呈金属性。d 区元素有效核电荷较大,d 电子有一定的成键能力,所以它们一般有较小的原子半径、较大的密度、高熔点和良好的导电导热性能。此外由于核电荷数的增加和原子半径的减小,第一过渡元素从左到右金属还原性减弱。

(2)丰富的氧化价态。因为$(n-1)d$ 轨道和 ns 轨道的能量相近,$(n-1)d$ 电子可以全部或部分参与成键,使得元素的氧化态可呈现连续性变化,氧化态变化趋势是同一周期从左到右逐渐升高,然后降低(由于有效核电荷数的增加和电子成对能的存在);同一族从上到下高氧化态趋于稳定。

(3)配位性。从 d 区的电子结构特征可以看出,其离子具有$(n-1)d$、ns、np 等能量近似的 9 个轨道,大部分处于全空或者部分填充的状态,利于形成成键能力较强的杂化轨道。同时过渡金属元素离子的有效核电荷数较大,极化作用强,具有较大的变形性,都有利于配位化合物的形成。

(4)有色的配离子。d 区元素离子常具有未成对的 d 电子,其配离子容易吸收可见光发生 d-d 跃迁而显色。

(5)磁性及催化性。在 d 区元素及其化合物中,未成对的 d 轨道电子,由于电子自旋而产生顺磁性;而空的 d 轨道,由于能接受外来电子而表现出良好的催化性能。

二、钛

钛在酸性溶液中的电势图为

$$\varphi_A^{\ominus}/V \quad TiO_2^{2+} \underline{\quad 0.10 \quad} Ti^{3+} \underline{\quad -0.37 \quad} Ti^{2+} \underline{\quad -1.63 \quad} Ti$$

元素稳定的氧化态为+4 价,钛还可出现+2、+3 价氧化态,但+2、+3 价氧化态具有强还原性。Ti^{2+} 在水溶液中不存在,因为它可还原水而放出 H_2。

Ti 元素是相当活泼的金属,但因金属表面易生成致密的氧化膜,在室温下几乎都不溶于无机酸,只可溶于热的盐酸和硝酸。但它可与硬碱 F^- 结合形成稳定的配离子 $[TiF_6]^{2-}$,故易溶于含有 F^- 的酸中,包括氢氟酸。

TiO_2 是钛的主要氧化物,呈两性,可溶于热的浓硫酸和浓碱,反应如下:

$$TiO_2 + H_2SO_4 \overset{\triangle}{=\!=\!=} TiOSO_4 + H_2O$$

$$TiO_2 + 2NaOH =\!=\!= Na_2TiO_3 + H_2O$$

TiO_2 和 $BaCO_3$ 一起熔融可制备无水偏钛酸钡,它有较高的介电常数,是制造大容量电容器的极好材料。反应如下:

$$TiO_2 + BaCO_3 =\!=\!= BaTiO_3 + CO_2\uparrow$$

$TiCl_4$ 是钛的主要卤化物,是氯化法制备金属钛的中间产物,在水中和潮湿空气中容易发生水解,出现白烟现象,反应如下:

$$TiCl_4 + 3H_2O =\!=\!= H_2TiO_3 + 4HCl$$

Ti(Ⅳ)溶液在强还原剂(如 Zn、Al)作用下,可还原成紫色的 Ti^{3+},反应如下:

$$2TiO^{2+} + 4H^+ + Zn =\!=\!= Zn^{2+} + 2Ti^{3+} + 2H_2O$$

生成的 Ti^{3+} 是比 Sn^{2+} 略强的还原剂,可用于溶液中钛含量的测定。在含 Ti(Ⅳ)的酸性溶液中加入过氧化氢,可生成较稳定的橘黄色配合物,反应如下:

$$TiO^{2+} + H_2O_2 =\!=\!= [TiO(H_2O_2)]^{2+}$$

该反应可用于钛的定性检验和比色分析。

三、钒

钒的氧化态有 +2、+3、+4、+5,其稳定价态为 +5。在酸性溶液中钒的元素电势图为

$$\varphi_A^{\ominus}/V \qquad VO_2^+ \xrightarrow{\ 1.00\ } VO^{2+} \xrightarrow{\ 0.34\ } V^{3+} \xrightarrow{\ -0.26\ } V^{2+} \xrightarrow{\ -1.18\ } V$$

由此可见,在强酸性介质中,V(Ⅳ)比较稳定的,V(Ⅱ)、V(Ⅲ)有还原性,V(Ⅴ)有中等强度的氧化性。不同氧化态的钒呈现不同的颜色:VO_2^+ 呈黄色,VO^{2+} 呈蓝色,V^{3+} 呈绿色,V^{2+} 呈紫色。

V_2O_5 是重要的钒(Ⅴ)化合物,纯度较高的 V_2O_5 可加热偏钒酸铵至 427 ℃分解,反应如下:

$$2NH_4VO_3 \overset{\triangle}{=\!=\!=} V_2O_5 + 2NH_3 + H_2O$$

V_2O_5 是以酸性为主的两性氧化物,溶于冷的浓碱液生成正钒酸盐,在热碱液中生成偏钒酸盐,反应如下:

$$V_2O_5 + 6OH^- =\!=\!= 2VO_4^{3-} + 3H_2O$$

$$V_2O_5 + 2OH^- \overset{\triangle}{=\!=\!=} 2VO_3^- + H_2O$$

V_2O_5 是一种较强的氧化剂,溶于盐酸可生成 V(Ⅳ)化合物并放出 Cl_2,反应如下:
$$V_2O_5 + 6HCl =\!=\!= 2VOCl_2 + Cl_2\uparrow + 3H_2O$$

正钒酸根离子有类似磷酸根生成同多酸盐的性质。在 VO_3^{3-} 溶液中滴加酸,随 pH 逐渐下降,VO_4^{3-} 缩合成不同聚合度的多钒酸根,V 与 O 的原子比(V/O)也逐渐升高,当

pH<2时,溶液中主要是黄色的 VO_2^+。钒酸盐和过氧化氢的反应在分析化学中常用作钒的定性检验和比色测定,产物为黄色的二过氧钒酸离子和红棕色的过氧钒阳离子,反应如下:

$$[VO_2(O_2)_2]^{3-}+6H^+ \Longrightarrow [V(O_2)]^{3+}+H_2O_2+2H_2O$$

四、铬

铬常见的氧化态有+2、+3、+6。铬在酸性和碱性介质中的电势图分别为

$$\varphi_A^{\ominus}/V \qquad Cr_2O_7^{2-} \xrightarrow{1.33} Cr^{3+} \xrightarrow{-0.41} Cr^{2+} \xrightarrow{-0.91} Cr$$

$$\varphi_B^{\ominus}/V \qquad CrO_4^{2-} \xrightarrow{-0.13} Cr(OH)_3 \xrightarrow{-1.10} Cr(OH)_2 \xrightarrow{-1.40} Cr$$

由此可见,在酸性溶液中 Cr(Ⅲ)最稳定,Cr(Ⅵ)是强氧化剂,Cr(Ⅱ)是强还原剂;在碱性溶液中以 CrO_4^{2-} 稳定。

Cr(Ⅲ)最为常见,Cr_2O_3 和 $Cr(OH)_3$ 是 Cr(Ⅲ)的重要化合物。在实验室中 Cr_2O_3 可通过加热分解 $(NH_4)_2Cr_2O_7$ 制得:

$$(NH_4)_2Cr_2O_7 \xrightarrow{\triangle} Cr_2O_3+N_2 \uparrow +4H_2O$$

Cr_2O_3 是典型的两性氧化物,溶于酸,也溶于强碱,生成绿色的亚铬酸盐 CrO_2^-。Cr(Ⅲ)在碱性溶液中易被氧化为 CrO_4^{2-},反应如下:

$$2Cr^{3+}+3H_2O_2+10OH^- \Longrightarrow 2CrO_4^{2-}+8H_2O$$

向 Cr(Ⅲ)盐中加入氢氧化钠溶液,生成灰蓝色的 $Cr(OH)_3$ 胶状沉淀,$Cr(OH)_3$ 也具有两性,在溶液中存在如下平衡:

$$Cr^{3+}+3OH^- \longrightarrow Cr(OH)_3 \Longrightarrow CrO_2^- \text{ 或 } Cr(OH)_4^-$$
$$\text{蓝紫色} \qquad\qquad \text{灰蓝色} \qquad \text{绿色}$$

Cr(Ⅲ)易形成配合物,Cr(Ⅲ)一般以六水合铬(Ⅲ)离子 $Cr(H_2O)_6^{3+}$ 存在,在加入不同的浓度的氨水后,可生产一系列的氨配合物,过程如下:

$$[Cr(H_2O)_6]^{3+} \xrightarrow{3NH_3} [Cr(NH_3)_3(H_2O)_3]^{3+} \xrightarrow{6NH_3} [Cr(NH_3)_6]^{3+}$$

常见的 Cr(Ⅵ)化合物以 CrO_3、CrO_2^{2+} 和含氧酸盐 CrO_4^{2-}、$Cr_2O_7^{2-}$ 为主。$K_2Cr_2O_7$ 是实验室常用的氧化剂之一,在溶液中 $Cr_2O_7^{2-}$ 与 CrO_4^{2-} 存在着如下平衡:

$$Cr_2O_7^{2-}+H_2O \Longrightarrow 2CrO_4^{2-}+2H^+$$

由于铬酸盐的溶度积比较小,因此在铬酸盐和重铬酸盐溶液中分别加入 Ag^+、Ba^{2+}、Pb^{2+} 时,均生成相应的铬酸盐沉淀,反应可用来检验 $Cr_2O_7^{2-}$、CrO_4^{2-} 或 Ag^+、Ba^{2+}、Pb^{2+},分别生成难溶盐 Ag_2CrO_4(砖红色)、$BaCrO_4$(黄色)、$PbCrO_4$(黄色)。在酸性溶液中 $Cr_2O_7^{2-}$ 与 H_2O_2 反应生成蓝色 CrO_5,也可用来检验 CrO_4^{2-} 或 $Cr_2O_7^{2-}$,反应如下:

$$Cr_2O_7^{2-}+4H_2O_2+2H^+ \Longrightarrow 2CrO_5+5H_2O$$

五、锰

锰的价电子构型为 $3d^54s^2$,常见氧化态有+2、+3、+4、+6、+7。锰元素的酸碱元素电

势图分别为

$$\varphi_A^{\ominus}/V \quad MnO_4^- \xrightarrow{+0.56} MnO_4^{2-} \xrightarrow{+2.24} MnO_2 \xrightarrow{+0.91} Mn^{3+} \xrightarrow{+1.51} Mn^{2+} \xrightarrow{-1.18} Mn$$

$$\varphi_B^{\ominus}/V \quad MnO_4^- \xrightarrow{+0.56} MnO_4^{2-} \xrightarrow{+0.60} MnO_2 \xrightarrow{-0.20} Mn(OH)_3 \xrightarrow{+0.11} Mn(OH)_2 \xrightarrow{-1.55} Mn$$

由此可见,在酸性溶液中,Mn^{2+} 最稳定,MnO_4^-、MnO_2、Mn^{3+} 都是较强的氧化剂,MnO_4^{2-}、Mn^{3+} 不能稳定存在,会发生歧化反应。在酸性溶液中只有很强的氧化剂(如 $NaBiO_3$、$(NH_4)_2S_2O_8$、PbO_2 等)才能将 Mn^{2+} 氧化成 MnO_4^-。生成的 MnO_4^- 的紫色可以定性检验 Mn^{2+},例如:

$$2Mn^{2+}+5S_2O_8^{2-}+8H_2O \xrightarrow[\triangle]{Ag^+ 催化} 2MnO_4^-+10SO_4^{2-}+16H^+$$

$$2Mn^{2+}+5PbO_2+4H^+ \xrightarrow[\triangle]{Ag^+ 催化} 2MnO_4^-+5Pb^{2+}+2H_2O$$

在碱性介质中 Mn^{2+} 生成 $Mn(OH)_2$ 白色沉淀,但它在空气中不稳定,很快被 O_2 氧化为棕色的 $MnO(OH)_2$,反应如下:

$$MnSO_4+2NaOH =\!=\!= Mn(OH)_2 \downarrow +Na_2SO_4$$

$$2Mn(OH)_2+O_2 =\!=\!= 2MnO(OH)_2$$

$Mn(Ⅳ)$ 很重要,用途最广泛的是黑色的 MnO_2。中间价态的 MnO_2 在酸性溶液中具有氧化性,能与浓盐酸反应放出 Cl_2;在碱性介质中,MnO_2 易被氧化为 MnO_4^{2-},反应如下:

$$MnO_2+4HCl(浓) \xrightarrow{\triangle} MnCl_2+Cl_2 \uparrow +2H_2O$$

$$2MnO_2+4KOH+O_2 \xrightarrow{熔融} 2K_2MnO_4+2H_2O$$

$KMnO_4$ 是锰元素最高氧化态的化合物,主要用作氧化剂。其特征性质是强氧化性,氧化能力和还原产物随着溶液的酸度而有所不同。在酸性介质、弱碱性或中性介质、强碱性介质中,它的还原产物依次为 Mn^{2+}、MnO_2、MnO_4^{2-}。

$$2MnO_4^-+5SO_3^{2-}+6H^+ =\!=\!= 2Mn^{2+}+5SO_4^{2-}+3H_2O$$

$$2MnO_4^-+3SO_3^{2-}+H_2O =\!=\!= 2MnO_2 \downarrow +3SO_4^{2-}+2OH^-$$

$$2MnO_4^-+SO_3^{2-}+2OH^- =\!=\!= 2MnO_4^{2-}+SO_4^{2-}+H_2O$$

▶ 例题解析

例 1　试解释:

(1)为什么常用 $KMnO_4$ 和 $K_2Cr_2O_7$ 作试剂,而很少用 $NaMnO_4$ 和 $Na_2Cr_2O_7$ 作试剂?

(2)用钼酸铵生成磷钼酸铵的黄色沉淀来鉴定磷酸根离子存在时,为什么要用硝酸作介质而不能用盐酸?

(3)V^{3+} 为绿色,在酸性的 V^{3+} 溶液中滴加 $KMnO_4$ 时,为什么也可得到绿色溶液?

(4)为什么 $V(Ⅴ)$ 存在氟化物而 VCl_5 不存在? 对 Nb、Ta 来说,为什么既存在五氟化物也存在五氯化物?

(5)为什么打开装有 $TiCl_4$ 试剂的玻璃瓶时会冒白烟?

(6)为什么锆和铪元素及它们的化合物的物理性质、化学性质非常相似?

答:(1)$NaMnO_4$ 和 $Na_2Cr_2O_7$ 一般含有结晶水,易潮解,组成不固定,不如钾盐稳定、纯度高。

（2）盐酸会将 MoO_4^{2-} 还原成蓝色的低氧化态化合物。

（3）V^{3+} 被 MnO_4^- 氧化为 VO^{2+}（蓝色）、VO_2^+（黄色），当 VO^{2+} 和 VO_2^+ 的量相当时，就显两者的混合色（绿色）。

（4）$V(V)$ 有较强的氧化性，当它与 Cl^- 相遇时，可把 Cl^- 氧化成 Cl_2。$Nb(V)$、$Ta(V)$ 高氧化态稳定，不会氧化 Cl^-，所以 $NbCl_5$ 和 $TaCl_5$ 能存在。

（5）$TiCl_4$ 遇到潮湿的空气发生水解，生成 H_2TiO_3 和盐酸，盐酸遇水蒸气凝成酸雾。

（6）锆和铪为ⅣB第二和第三过渡元素，由于镧系收缩的原因，二者原子半径非常相近，所以表现出的物理性质、化学性质极为相似。

例2 设计方案将含有 Zn^{2+}、Mn^{2+}、Al^{3+}、Cr^{3+} 离子的溶液进行分离。

答：方案如下：

例3 写出下列反应的方程式：

（1）钛溶于氢氟酸中；

（2）在碱性溶液中，$VOSO_4$ 和 Na_2O_2 作用；

（3）V_2O_5 溶于热盐酸中；

（4）$NbCl_5$ 投入水中；

（5）$Cr_2(SO_4)_3$ 溶液中加入 Na_2S 溶液；

（6）将 Ag_2CrO_4 投入氨水溶液中；

（7）在碱性溶液中 Cl_2 与 CrI_3 作用；

（8）将 Na_2S 溶液加入 $(NH_4)_2MoO_4$ 溶液中；

（9）在稀硫酸中，MnO_2 和 H_2O_2 作用；

（10）Re 溶于 HNO_3 中。

答：（1）$Ti+6HF \!=\!=\! H_2[TiF_6]+2H_2\uparrow$

（2）$2VO^{2+}+Na_2O_2+8OH^- \!=\!=\! 2VO_4^{3-}+2Na^++4H_2O$

（3）$V_2O_5+6HCl \!=\!=\! 2VOCl_2+Cl_2\uparrow+3H_2O$

（4）$2NbCl_5+(n+5)H_2O \!=\!=\! Nb_2O_5\cdot nH_2O+10HCl$

（5）$Cr_2(SO_4)_3+3Na_2S+6H_2O \!=\!=\! 2Cr(OH)_3\downarrow+3H_2S+3Na_2SO_4$

（6）$Ag_2CrO_4+4NH_3 \!=\!=\! 2[Ag(NH_3)_2]^++CrO_4^{2-}$

（7）$2CrI_3+21Cl_2+52OH^- \!=\!=\! 2CrO_4^{2-}+6IO_3^-+42Cl^-+26H_2O$

（8）$MoO_4^{2-}+4S^{2-}+4H_2O \!=\!=\! MoS_4^{2-}+8OH^-$

（9）$MnO_2+H_2O_2+H_2SO_4 \!=\!=\! MnSO_4+2H_2O+O_2\uparrow$

（10）$3Re+7HNO_3 \!=\!=\! 3HReO_4+7NO+2H_2O$

例4 $K_2Cr_2O_7$ 溶液分别与 $BaCl_2$、KOH、浓 HCl（加热）和 H_2O_2（乙醚）作用，产物为何物？写出反应方程式。

答：$K_2Cr_2O_7+2BaCl_2+H_2O\xrightarrow{\quad}2BaCrO_4\downarrow+2KCl+2HCl$

$K_2Cr_2O_7+2KOH\xrightarrow{\quad}2K_2CrO_4+H_2O$

$K_2Cr_2O_7+14HCl(浓)\xrightarrow{\triangle}2KCl+2CrCl_3+3Cl_2\uparrow+7H_2O$

$K_2Cr_2O_7+4H_2O_2+H_2SO_4\xrightarrow{乙醚}2CrO_5+5H_2O+K_2SO_4$

$CrO_5+(C_2H_5)_2O\xrightarrow{\quad}CrO_5\cdot(C_2H_5)_2O$

例 5　在三份 $Cr_2(SO_4)_3$ 溶液中分别加入下列溶液,得到的沉淀是什么？写出反应方程式。

(1)Na_2S;(2)Na_2CO_3;(3)NaOH(适量),NaOH(过量)。

答：(1)$2Cr^{3+}+3S^{2-}+6H_2O\xrightarrow{\quad}2Cr(OH)_3\downarrow+3H_2S$

(2)$2Cr^{3+}+3CO_3^{2-}+3H_2O\xrightarrow{\quad}2Cr(OH)_3\downarrow+3CO_2$

(3)$Cr^{3+}+3OH^-(适量)\xrightarrow{\quad}Cr(OH)_3\downarrow$;$Cr^{3+}+4OH^-(过量)\xrightarrow{\quad}Cr(OH)_4^-$

例 6　暗红色晶体 A 受热剧烈反应,分解得到无色无味气体 B 和绿色固体 C。B 与 $KMnO_4$、KI 等均不发生反应。C 不溶于 NaOH 溶液和盐酸。将 C 与 NaOH 固体共熔后冷却得到绿色固体 D。D 可溶于水,加入 H_2O_2 得黄色溶液 E。将 A 溶于稀硫酸后加入 Na_2SO_3 得绿色溶液 F。向 F 加入溴水和过量 NaOH 溶液重新变成 E。请写出有关的反应方程式和各字母所代表的物质。

答：A：$(NH_4)_2Cr_2O_7$;B：Cr_2O_3;C：N_2;D：$NaCrO_2$;E：CrO_4^{2-},F：$Cr_2(SO_4)_3$。

相关的反应方程式如下：

$$(NH_4)_2Cr_2O_7\xrightarrow{\triangle}Cr_2O_3+N_2\uparrow+4H_2O$$
$$Cr_2O_3+2NaOH\xrightarrow{\quad}2NaCrO_2+H_2O$$
$$2CrO_2^-+3H_2O_2+2OH^-\xrightarrow{\quad}2CrO_4^{2-}+4H_2O$$
$$Cr_2O_7^{2-}+3SO_3^{2-}+8H^+\xrightarrow{\quad}2Cr^{3+}+3SO_4^{2-}+4H_2O$$
$$2Cr^{3+}+3Br_2+16OH^-\xrightarrow{\quad}2CrO_4^{2-}+6Br^-+8H_2O$$

例 7　在适量 HNO_3 酸化的 $MnCl_2$ 溶液中加入 $NaBiO_3$,溶液会出现紫红色后又消失,请写出有关反应的化学方程式并说明原因。

答：在酸性溶液中,$NaBiO_3$ 表现强氧化性,可以把 Mn^{2+} 氧化成 MnO_4^-,因此出现紫红色。但溶液中同时有 Cl^- 存在,MnO_4^-(紫红色)出现后可被 Cl^- 还原为 Mn^{2+}(肉红色),所以溶液出现紫红色又消失。有关反应的化学方程式如下：

$$2Mn^{2+}+5NaBiO_3+14H^+\xrightarrow{\quad}2MnO_4^-+5Bi^{3+}+5Na^++7H_2O$$
$$2MnO_4^-+10Cl^-+16H^+\xrightarrow{\quad}2Mn^{2+}+5Cl_2\uparrow+8H_2O$$

第一个反应是 Mn^{2+} 的特征反应,常用这一反应来鉴定溶液中的微量 Mn^{2+}。但还要注意,当 Mn^{2+} 过多或 $NaBiO_3$ 过少时,生成的 MnO_4^- 可能与 Mn^{2+} 反应生成 MnO_2 沉淀,紫红色也会消失。有关反应的化学方程式如下：

$$2MnO_4^-+3Mn^{2+}+2H_2O\xrightarrow{\quad}5MnO_2\downarrow+4H^+$$

例 8　某不溶于水的棕黑色固体 A,溶于浓盐酸后生成黄绿色气体 B 和近乎无色的溶液 C。在少量 C 中加入硝酸和少量 $NaBiO_3$(s),生成紫红色溶液 D。在 D 中加入一淡绿色溶液 E,紫红色褪去得到的溶液 F;F 加入 KSCN 溶液得到血红色溶液 G。G 中加入足量的 NaF 后血红色又褪去。在 E 中加入 $BaCl_2$ 溶液则生成白色沉淀 H,H 不溶于硝酸。试写出有关反应的离子方程式,并确定各字母所代表的物质。

答:根据 $NaBiO_3$、HNO_3 可用来检查 Mn^{2+} 生成紫色溶液 MnO_4^- 这一特征反应,可推知 A 是锰的化合物。再根据 A 的颜色及其与浓盐酸的反应,可确定 A 是 MnO_2,B 是 $Cl_2(g)$,C 是 $Mn^{2+}(MnCl_2)$,D 是 MnO_4^-。根据 F 与 KSCN 反应生成血红色 G,加 NaF,血红色褪去,可确定 F 为 Fe^{3+},G 为 $[Fe(SCN)_6]^{3-}$。E 能使 MnO_4^- 褪色,生成 Fe^{3+},又能与 $BaCl_2$ 反应生成不溶于 HNO_3 的白色沉淀 H,则 E 为 $FeSO_4$,H 为 $BaSO_4$。

相关反应方程式为

$$MnO_2 + 4HCl(浓) \xrightarrow{\triangle} MnCl_2 + Cl_2\uparrow + 2H_2O$$

$$2Mn^{2+} + 5NaBiO_3 + 14H^+ = 2MnO_4^- + 5Bi^{3+} + 5Na^+ + 7H_2O$$

$$MnO_4^- + 5Fe^{2+} + 8H^+ = Mn^{2+} + 5Fe^{3+} + 4H_2O$$

$$Fe^{3+} + 6SCN^- = [Fe(SCN)_6]^{3-}$$

$$[Fe(SCN)_6]^{3-} + 6F^- = [FeF_6]^{3-} + 6SCN^-$$

$$Ba^{2+} + SO_4^{2-} = BaSO_4(s)$$

例 9 写出以软锰矿为原料制备高锰酸钾的各步反应的反应方程式。

答:软锰矿即二氧化锰。将氧化剂 $KClO_3$(或 KNO_3、O_2)和 MnO_2、KOH 按一定比例混合,用固相熔融法制备 K_2MnO_4:

$$3MnO_2 + KClO_3 + 6KOH = 3K_2MnO_4 + KCl + 3H_2O$$

电解 MnO_4^{2-},得到 MnO_4^-:

$$2MnO_4^{2-} + 2H_2O = 2MnO_4^- + 2OH^- + H_2\uparrow$$

习题

1. 下列元素在地壳中含量最高的是(   )。

A. Ti　　　　　　B. V　　　　　　C. Cu　　　　　　D. Zn

2. 下列有关副族元素氧化态的说法中,不正确的是(   )。

A. 副族元素在化合物中也可能出现负氧化态

B. 副族元素的最高氧化态在数值上不一定等于该元素所在的族数

C. 所有副族元素都有两种或两种以上的氧化态

D. 有些副族元素的最高氧化态可以超过其族数

3. 下列试剂能溶解金属钛的是(   )。

A. 室温下的稀盐酸　　　　　　B. 室温下的浓硝酸

C. 室温下的氢氟酸　　　　　　D. 热碱溶液

4. 下列化合物中最不稳定的是(   )。

A. TiF_2　　　　　B. $TiCl_2$　　　　　C. $TiBr_2$　　　　　D. TiI_2

5. 下列有关 $TiCl_4$ 的说法,错误的是(   )。

A. 可由 TiO_2 通 Cl_2 来制得

B. 是共价化合物

C. 常温下呈液态,易挥发

D. 遇 O_2 和 N_2 不冒烟,但暴露在空气中会冒烟

6. Ti 与热的浓盐酸反应,主要产物是(　　)。

A. $TiCl_2$　　　　　　B. $TiCl_3$　　　　　　C. $TiCl_4$　　　　　　D. $TiOCl_2$

7. 下列有关 V_2O_5 的说法,错误的是(　　)。

A. 既溶于强酸也溶于强碱　　　　　　B. 是强氧化剂

C. 易溶于水　　　　　　D. 可作催化剂

8. 以下列物质为主的水溶液中,pH 最低的是(　　)。

A. VO_2^+　　　　　　B. VO_3^-　　　　　　C. VO_4^{3-}　　　　　　D. $V_3O_9^{3-}$

9. 下列化合物的颜色是由电荷迁移引起的是(　　)。

A. VO_2Cl　　　　　　B. $CrCl_3$　　　　　　C. $MnCl_2$　　　　　　D. $CoCl_2$

10. V_2O_5 分别溶于较浓的强碱和强酸溶液中,下列给出的反应产物(前者为强碱,后者为强酸)全部正确的是(　　)。

A. VO_4^{3-},H_3VO_4　　　　　　B. VO_3^{3-},V^{5+}

C. VO_2^+,VO_4^-　　　　　　D. VO_4^{3-},VO_2^+

11. 在 $CrCl_3$ 溶液和 $K_2Cr_2O_7$ 溶液中加入过量 NaOH 溶液,两者存在的主要形式分别是(　　)。

A. $Cr(OH)_3$ 和 $Cr_2O_7^{2-}$　　　　　　B. $Cr(OH)_4^-$ 和 $Cr_2O_7^{2-}$

C. $Cr(OH)_3$ 和 CrO_4^{2-}　　　　　　D. $Cr(OH)_4^-$ 和 CrO_4^{2-}

12. 下列铬的各种物质中,还原性最弱的是(　　)。

A. Cr^{2+}　　　　　　B. Cr^{3+}　　　　　　C. $Cr(OH)_3$　　　　　　D. $Cr(OH)_4^-$

13. 氯化铬酰(CrO_2Cl_2)外观似(　　)。

A. 水　　　　　　B. 绿矾

C. 溴　　　　　　D. 铜氨溶液

14. 下列有关锰的说法,错误的是(　　)。

A. Mn^{2+} 在酸性溶液中是稳定的

B. Mn^{3+} 在酸性或碱性溶液中都不稳定

C. MnO_4^- 在碱性溶液中也是强氧化剂

D. K_2MnO_4 在中性溶液中也会发生歧化反应

15. 要洗净长期盛放过 $KMnO_4$ 的试剂瓶,应选用(　　)。

A. 浓 H_2SO_4　　　　　　B. HNO_3

C. 稀 HCl　　　　　　D. 酸性 $FeSO_4$ 溶液

16. 给出下列物质的化学成分:

铅白＿＿＿＿＿,钛白＿＿＿＿＿,锌白＿＿＿＿＿,铬黄＿＿＿＿＿,铬绿＿＿＿＿＿,铁红＿＿＿＿＿。

17. Ti(Ⅳ)在酸性溶液中的存在形式为＿＿＿＿＿,V(Ⅳ)在酸性溶液中的存在形式为＿＿＿＿＿,Cr(Ⅵ)在碱性溶液中的存在形式为＿＿＿＿＿。

18. 钒(Ⅴ)在酸性介质中,与 Fe^{2+} 作用时,钒的还原产物为＿＿＿＿＿,呈＿＿＿＿＿色;与 I^- 作用时,钒的还原产物为＿＿＿＿＿,呈＿＿＿＿＿色;与 Zn 作用时,钒的还原产物为＿＿＿＿＿,呈＿＿＿＿＿色。

19. H_2O_2 常用来作 Ti、V、Cr 的鉴定和比色测定。在 TiO^{2+} 的稀酸溶液(pH<1)中,加入 H_2O_2 可生成＿＿＿＿＿色的＿＿＿＿＿;在近中性的钒酸盐溶液中,加入 H_2O_2 可生

成_____色的_____;在 $Cr_2O_7^{2-}$ 的酸性溶液中,加入 H_2O_2 和乙醚可生成_____色的_____。

20.有一黄色固体化合物 A,不溶于热水,而溶于热的稀盐酸,生成橙红色的溶液 B。当溶液冷却时,有白色晶体 C 析出,加热溶液,沉淀 C 又溶解,则 A 为_____,B 为_____,C 为_____。

21.写出下列反应的化学方程式或离子方程式。

(1)用 NaH 还原 $TiCl_4$;

(2)锆英石($ZrSiO_4$)与六氟硅酸钾烧结;

(3)在酸性(VO_2)$_2SO_4$ 溶液中分别加入 $H_2C_2O_4$ 溶液、$SnCl_2$ 溶液和投入 Mg 片;

(4)Na_3VO_4 溶液和(NH_4)$_2S$ 溶液作用;

(5)将氨水加入 $CrCl_3$ 溶液中;

(6)将烧结的 Cr_2O_3 变成可溶于水的铬盐;

(7)将 H_2S 通入(NH_4)$_2MoO_4$ 酸性溶液中;

(8)在酸性(NH_4)$_2MoO_4$ 溶液中加入 Na_2HPO_4 溶液;

(9)在酸性 $KMnO_4$ 溶液中加入 Cr_2(SO_4)$_3$ 溶液;

(10)将 $KMnO_4$ 溶液加入 Na_2SO_3 溶液中。

22.写出 $KMnO_4$ 在下列条件下发生反应的化学方程式或离子方程式:(1)灼烧;(2)光照;(3)在酸性溶液中长期放置;(4)与浓 KOH 溶液共煮;(5)在有 Mn^{2+} 存在的溶液中长期放置。

23.完成下列物质热分解反应方程式:(1)CrO_3;(2)$K_2Cr_2O_7$;(3)(NH_4)$_2Cr_2O_7$;(4)(NH_4)$_2MoO_4$;(5)$MnCO_3$;(6)$Mn(NO_3)_2$;(7)MnC_2O_4;(8)NH_4VO_3;(9)(NH_4)$_2[ZrF_6]$。

24.解释下列实验现象:

(1)$TiCl_3 \cdot 6H_2O$ 晶体一般呈紫色,但也存在少数绿色的 $TiCl_3 \cdot 6H_2O$ 晶体;

(2)向 H_2SO_4 酸化的 $K_2Cr_2O_7$ 溶液中加入 H_2O_2,再加入乙醚振荡,乙醚层呈现蓝色,而水层逐渐变绿;

(3)将 $AgNO_3$ 溶液加入 $K_2Cr_2O_7$ 溶液中,析出砖红色沉淀,若再加入一定量的 $NaCl$ 溶液并煮沸,沉淀变为白色;

(4)将 SO_2 通入酸性钒酸盐溶液中可获得蓝色溶液,而等量的钒酸盐溶液用锌汞齐还原得到的溶液为紫色,若混合两种溶液,则得绿色溶液。

25.如何除去 $MnSO_4$ 溶液中所含的 Fe^{3+}、Fe^{2+}、Cu^{2+} 杂质?

26.如何鉴定溶液中有 MoO_4^{2-} 或 WO_4^{2-} 存在?

27.分离下列各组离子或沉淀:

(1)Al^{3+} 和 Cr^{3+};(2)Zn^{2+} 和 Cr^{3+};(3)Fe^{3+} 和 Cr^{3+};(4)Pb^{2+} 和 Zn^{2+};(5)$Al(OH)_3$ 和 $Zn(OH)_2$;(6)$Fe(OH)_3$ 和 $Mn(OH)_2$。

28.用 6 种试液将 ZnS、PbS、$AgCl$、HgC_2O_4、$PbSO_4$、$Cr(OH)_3$ 6 种固态物质从混合物中逐一溶解,每种试液只能溶解一种物质。试设计溶解的顺序,并写出相应反应的离子方程式。

29.将下列制备过程用反应式表示出来。

(1)由 MnO_2 为主要原料制备 $KMnO_4$;

（2）由 MnO_2 为主要原料制备 $Mn(Ac)_2$；

（3）由 TiO_2 为主要原料制备 $TiCl_3$；

（4）由 $K_2Cr_2O_7$ 先制取 CrO_3，然后由 CrO_3 再制取 CrO_2Cl_2。

30. 白色化合物 A 在煤气灯上加热转化为橙色固体 B 并有无色气体 C 生成。B 溶于硫酸得黄色溶液 D。向 D 中滴加适量 $NaOH$ 溶液又析出橙色固体 B，$NaOH$ 溶液过量时 B 溶解得无色溶液 E。向 D 中通入 SO_2 得蓝色溶液 F，F 可使酸性 $KMnO_4$ 溶液褪色。将少量 C 通入 $AgNO_3$ 溶液，有棕褐色沉淀 G 生成，通入过量 C 后沉淀 G 溶解，得无色溶液 H。试写出有关的反应方程式，并指出各字母所代表的物质。

31. 某不溶于水的棕黑色粉末 A，将其与稀硫酸混合后加入 H_2O_2 并微热得无色溶液 B。在 B 溶液中加入少许 $NaBiO_3$ 粉末后生成紫红色溶液 C。C 用 $NaOH$ 溶液调节至碱性后可与 Na_2SO_3 溶液反应生成绿色溶液 D。向 D 中滴加稀硫酸可重新生成 A 和 C。在室温下浓盐酸与少量 A 作用生成暗黄色溶液 E，加热 E 后释放出黄绿色气体 F 和近无色的溶液 G。向 B 中滴加 $NaOH$ 溶液有白色沉淀 H 生成，H 暴露在空气中逐渐变为棕黑色，但 H 不溶于过量的 $NaOH$。试写出有关的反应方程式并指出各字母所代表的物质。

32. 某一氧化物矿含有金属 A、B、C、D。A 是此矿的主要金属元素。

（1）将矿料投入浓盐酸并加热处理，有 Cl_2 放出，得各金属氯化物，溶液呈蓝色。其中 B 的氯化物溶解度较小，加热后溶解度显著增加。

（2）在（1）溶液中通 H_2S，B、C 产生硫化物沉淀，A、D 仍在溶液中。B、C 硫化物可溶于硝酸，但加硫酸后得到 B 的硫酸盐沉淀。

（3）将矿料加 KOH 高温熔融，并通入空气，有绿色化合物生成，酸化后得紫色溶液。

（4）金属 D 的氯化物加 $NaOH$ 溶液产生白色沉淀，再加过量 $NaOH$ 溶液沉淀溶解；用氨水代替 $NaOH$ 溶液也会出现同样现象。问：A、B、C、D 为何金属？此矿是什么矿？

习题参考答案

1. A　2. C　3. C　4. A　5. A　6. B　7. C　8. A　9. A

10. D　11. D　12. B　13. C　14. C　15. D

16. $Pb(OH)_2 \cdot 2PbCO_3$；TiO_2；ZnO；$PbCrO_4$；Cr_2O_3；Fe_2O_3

17. TiO^{2+}；VO^{2+}；CrO_4^{2-}

18. VO^{2+}；蓝；V^{3+}；绿；V^{2+}；紫

19. 橙黄；$[Ti(OH)(O_2)]^+$；红棕；$[VO_2(O_2)_2]^{3-}$；蓝；CrO_5

20. $PbCrO_4$；$Cr_2O_7^{2-}$；$PbCl_2$

21. 答：(1) $TiCl_4 + 2NaH == Ti + 2NaCl + 2HCl$

(2) $ZrSiO_4 + K_2[SiF_6] \xrightarrow{\triangle} K_2[ZrF_6] + 2SiO_2$

(3) $2VO_2^+ + H_2C_2O_4 + 2H^+ == 2VO^{2+} + 2CO_2\uparrow + 2H_2O$

$VO_2^+ + Sn^{2+} + 4H^+ == V^{3+} + Sn^{4+} + 2H_2O$

$2VO_2^+ + 3Mg + 8H^+ == 2V^{2+} + 3Mg^{2+} + 4H_2O$

(4) $2Na_3VO_4 + 8(NH_4)_2S == 2(NH_4)_3VS_4 + 10NH_3 + 6NaOH + 2H_2O$

(5) $Cr^{3+} + 3NH_3 \cdot H_2O == Cr(OH)_3\downarrow + 3NH_4^+$

$(6)\ Cr_2O_3 + 3K_2S_2O_7 \xrightarrow{\triangle} Cr_2(SO_4)_3 + 3K_2SO_4$

$(7)\ (NH_4)_2MoO_4 + 3H_2S + 2HCl \xrightarrow{} MoS_3 + 2NH_4Cl + 4H_2O$

$(8)\ 12MoO_4^{2-} + 3NH_4^+ + HPO_4^{2-} + 23H^+ \xrightarrow{} (NH_4)_3[P(Mo_{12}O_{40})] \cdot 6H_2O + 6H_2O$

$(9)\ 6MnO_4^- + 10Cr^{3+} + 11H_2O \xrightarrow{} 6Mn^{2+} + 5Cr_2O_7^{2-} + 22H^+$

$(10)\ 2MnO_4^- + 3SO_3^{2-} + H_2O \xrightarrow{} 2MnO_2 + 3SO_4^{2-} + 2OH^-$

22.答: $(1)\ 2KMnO_4(s) \xrightarrow{\triangle} K_2MnO_4 + MnO_2 + O_2\uparrow$

$(2)\ 4KMnO_4(s) \xrightarrow{h\nu} 4MnO_2 + 3O_2\uparrow + 2K_2O$

$(3)\ 4MnO_4^- + 4H^+ \xrightarrow{} MnO_2\downarrow + O_2\uparrow + 2H_2O$

$(4)\ 4MnO_4^- + 4OH^- \xrightarrow{\triangle} 4MnO_4^{2-} + O_2\uparrow + 2H_2O$

$(5)\ 2MnO_4^- + 3Mn^{2+} + 2H_2O \xrightarrow{} 5MnO_2\downarrow + 4H^+$

23.答: $(1)\ 4CrO_3 \xrightarrow{\triangle} 2Cr_2O_3 + 3O_2\uparrow$

$(2)\ 4K_2Cr_2O_7 \xrightarrow{\triangle} 4K_2CrO_4 + 2Cr_2O_3 + 3O_2\uparrow$

$(3)\ (NH_4)_2Cr_2O_7 \xrightarrow{\triangle} Cr_2O_3 + N_2\uparrow + 4H_2O$

$(4)\ (NH_4)_2MoO_4 \xrightarrow{\triangle} MoO_3 + 2NH_3\uparrow + H_2O$

$(5)\ 3MnCO_3 \xrightarrow{\triangle} Mn_3O_4 + 2CO_2\uparrow + CO\uparrow$

$(6)\ Mn(NO_3)_2 \xrightarrow{\triangle} MnO_2 + 2NO_2\uparrow$

$(7)\ MnC_2O_4 \xrightarrow{\triangle} MnO + CO_2\uparrow + CO\uparrow$

$(8)\ 2NH_4VO_3 \xrightarrow{\triangle} 2NH_3\uparrow + V_2O_5 + H_2O$

$(9)\ (NH_4)_2[ZrF_6] \xrightarrow{\triangle} ZrF_4 + 2NH_3\uparrow + 2HF\uparrow$

24.答: $(1)\ [Ti(H_2O)_6]Cl_3$ 呈紫色,但 $[Ti(H_2O)_5Cl]Cl_2 \cdot H_2O$ 呈绿色。

$(2)\ K_2Cr_2O_7 + 4H_2O_2 + H_2SO_4 \xrightarrow{\text{乙醚}} 2CrO_5 + 5H_2O + K_2SO_4$

CrO_5 呈蓝色,在乙醚中较稳定,在水中不稳定,分解为 Cr^{3+} 而呈绿色。

$4CrO_5 + 12H^+ \xrightarrow{} 4Cr^{3+} + 6H_2O + 7O_2\uparrow$

$(3)\ Cr_2O_7^{2-} + 4Ag^+ + H_2O \xrightarrow{} 2Ag_2CrO_4(\text{砖红色})\downarrow + 2H^+$

$Ag_2CrO_4 + 2Cl^- \xrightarrow{} 2AgCl(\text{白色})\downarrow + CrO_4^{2-}$

$(4)\ 2VO_2^+ + SO_2 \xrightarrow{} 2VO^{2+}(\text{蓝色}) + SO_4^{2-}$

$2VO_2^+ + 3Zn + 8H^+ \xrightarrow{} 2V^{2+}(\text{紫色}) + 3Zn^{2+} + 4H_2O$

$VO^{2+} + V^{2+} + 2H^+ \xrightarrow{} 2V^{3+}(\text{绿色}) + H_2O$

25. (1)加铁粉将 Cu^{2+} 还原成 Cu,过滤除去;(2)滤液中加 H_2O_2,使 Fe^{2+} 氧化为 Fe^{3+};(3)加热滤液,使多余的 H_2O_2 分解;(4)加 $MnCO_3$ 把溶液 pH 调至 $4\sim5$,使 $Fe(OH)_3$ 沉淀完全,过滤除去 $Fe(OH)_3$ 及过剩的 $MnCO_3$。

26. (1)鉴定 MoO_4^{2-},方法 1:溶液用 HCl 酸化后加入 Zn(或 $SnCl_2$),如存在 MoO_4^{2-},它被还原为 Mo^{3+},溶液的颜色变化为无色→蓝色→绿色→棕色(Mo^{3+}),反应如下:

$$2MoO_4^{2-} + 3Zn + 16H^+ \xrightarrow{} 2Mo^{3+} + 3Zn^{2+} + 8H_2O$$

再加入 SCN^-，生成 $[Mo(SCN)_6]^{3-}$ 而呈红色。

方法 2：溶液用 HNO_3 酸化后加热至 $50\ ℃$，再加入 Na_2HPO_4 溶液，如有 MoO_4^{2-}，则生成黄色沉淀，反应如下：

$$12MoO_4^{2-}+3NH_4^++HPO_4^{2-}+23H^+ =\!=\!=(NH_4)_3[P(Mo_{12}O_{40})] \cdot 6H_2O+6H_2O$$

（2）鉴定 WO_4^{2-}：

溶液用 HCl 酸化后加入 Zn 或 $SnCl_2$，如存在 WO_4^{2-}，溶液呈蓝色（钨蓝）。

27.答：

(1) $\left.\begin{matrix}Al^{3+}\\Cr^{3+}\end{matrix}\right\}$ $\xrightarrow{OH^-,H_2O_2}$ $\left\{\begin{matrix}AlO_2^-\\2CrO_4^{2-}\end{matrix}\right.$ $\xrightarrow{NH_4Cl}$ $\left\{\begin{matrix}Al(OH)_3 \downarrow\\CrO_4^{2-}\end{matrix}\right.$

(2) $\left.\begin{matrix}Zn^{2+}\\Cr^{3+}\end{matrix}\right\}$ $\xrightarrow{过量 NH_3}$ $\left\{\begin{matrix}Zn(NH_3)_4^{2+}\\Cr(OH)_3 \downarrow\end{matrix}\right.$

(3) $\left.\begin{matrix}Fe^{3+}\\Cr^{3+}\end{matrix}\right\}$ $\xrightarrow{过量 OH^-}$ $\left\{\begin{matrix}Fe(OH)_3 \downarrow\\Cr(OH)_4^-\end{matrix}\right.$

(4) $\left.\begin{matrix}Pb^{2+}\\Zn^{2+}\end{matrix}\right\}$ $\xrightarrow{H_2S,c(H^+)=0.3\ mol \cdot L^{-1}}$ $\left\{\begin{matrix}PbS\\Zn^{2+}\end{matrix}\right.$

(5) $\left.\begin{matrix}Al(OH)_3\\Zn(OH)_2\end{matrix}\right\}$ $\xrightarrow{NH_3-NH_4Cl}$ $\left\{\begin{matrix}Al(OH)_3 \downarrow\\[Zn(NH_3)_4]^{2+}\end{matrix}\right.$

(6) $\left.\begin{matrix}Fe(OH)_3\\Mn(OH)_2\end{matrix}\right\}$ $\xrightarrow{H_2O_2}$ $\left\{\begin{matrix}Fe(OH)_3\\MnO(OH)_2\end{matrix}\right.$ $\xrightarrow{稀 H_2SO_4}$ $\left\{\begin{matrix}Fe^{3+}\\MnO(OH)_2 \downarrow\end{matrix}\right.$

28.答：设计方案如下

步骤	加入试剂	被溶解物质	相应反应的离子方程式
1	NH_4Ac	$PbSO_4$	$PbSO_4+3Ac^- =\!=\!=[Pb(Ac)_3]^-+SO_4^{2-}$
2	$NaCl$	HgC_2O_4	$HgC_2O_4+4Cl^- =\!=\!=[HgCl_4]^{2-}+C_2O_4^{2-}$
3	$NaOH$	$Cr(OH)_3$	$Cr(OH)_3+OH^- =\!=\!=Cr(OH)_4^-$
4	NH_3	$AgCl$	$AgCl+2NH_3 =\!=\!=[Ag(NH_3)_2]^++Cl^-$
5	稀盐酸	ZnS	$ZnS+2HCl =\!=\!=Zn^{2+}+H_2S+2Cl^-$
6	浓盐酸	PbS	$PbS+4HCl =\!=\!=PbCl_4^{2-}+H_2S+2H^+$

29.答：(1) $2MnO_2+4KOH+O_2 =\!=\!=2K_2MnO_4+2H_2O$

$3MnO_4^{2-}+4H^+ =\!=\!=2MnO_4^-+MnO_2 \downarrow+2H_2O$

(2) $MnO_2+4HCl(浓) \xrightarrow{\triangle} MnCl_2+Cl_2 \uparrow+2H_2O$

$MnCl_2+Na_2CO_3 =\!=\!=MnCO_3+2NaCl$

$MnCO_3+2HAc =\!=\!=Mn(Ac)_2+CO_2 \uparrow+H_2O$

(3) $TiO_2+2Cl_2+2C \xrightarrow{\triangle} TiCl_4+2CO$

$2TiCl_4+H_2 \xrightarrow{\triangle} 2TiCl_3+2HCl$

(4) $K_2Cr_2O_7+2H_2SO_4 =\!=\!=2CrO_3+2KHSO_4+H_2O$

$CrO_3+2HCl =\!=\!=CrO_2Cl_2+H_2O$

30.答：A：NH_4VO_3；B：V_2O_5；C：NH_3；D：$(VO_2)_2SO_4$；E：$NaVO_3$；F：$VOSO_4$；G：Ag_2O；H：$[Ag(NH_3)_2]^+$。

相关的反应方程式如下：

$$2NH_4VO_3 \xrightarrow{\triangle} V_2O_5 + 2NH_3 + H_2O$$
$$V_2O_5 + H_2SO_4 = (VO_2)_2SO_4 + H_2O$$
$$(VO_2)_2SO_4 + 2NaOH = V_2O_5\downarrow + Na_2SO_4 + H_2O$$
$$V_2O_5 + 6NaOH = 2Na_3VO_4 + 3H_2O$$
$$(VO_2)_2SO_4 + SO_2 = 2VOSO_4$$
$$10VOSO_4 + 2KMnO_4 + 2H_2O = 5(VO_2)_2SO_4 + 2MnSO_4 + K_2SO_4 + 2H_2SO_4$$
$$2AgNO_3 + 2NH_3\cdot H_2O = Ag_2O\downarrow + 2NH_4NO_3 + H_2O$$
$$Ag_2O + 4NH_3\cdot H_2O = 2[Ag(NH_3)_2]^+ + 2OH^- + 3H_2O$$

31.答：A：MnO_2；B：$MnSO_4$；C：$NaMnO_4$；D：Na_2MnO_4；E：$MnCl_4$；F：Cl_2；G：$MnCl_2$；H：$Mn(OH)_2$。

相关的反应方程式如下：

$$MnO_2 + H_2O_2 + H_2SO_4 = MnSO_4 + 2H_2O + O_2\uparrow$$
$$4MnSO_4 + 10NaBiO_3 + 14H_2SO_4 = 4NaMnO_4 + 5Bi_2(SO_4)_3 + 3Na_2SO_4 + 14H_2O$$
$$2NaMnO_4 + Na_2SO_3 + 2NaOH = 2Na_2MnO_4 + Na_2SO_4 + H_2O$$
$$3Na_2MnO_4 + 2H_2SO_4 = 2NaMnO_4 + MnO_2\downarrow + 2Na_2SO_4 + 2H_2O$$
$$MnO_2 + 4HCl(浓) = MnCl_4 + 2H_2O$$
$$MnCl_4 \xrightarrow{\triangle} MnCl_2 + Cl_2\uparrow$$
$$MnSO_4 + 2NaOH = Mn(OH)_2\downarrow + Na_2SO_4$$
$$2Mn(OH)_2 + O_2 = 2MnO(OH)_2$$

32.答：A：Mn；B：Pb；C：Cu；D：Zn；该矿是软锰矿。

第 18 章　过渡金属(Ⅱ)

核心内容

一、铁系元素

铁、钴、镍 3 种元素原子的价电子构型分别为 $3d^6 4s^2$、$3d^7 4s^2$、$3d^8 4s^2$，最外层都有 2 个电子，仅次外层的 3d 电子数不同，相互间的原子半径很接近，性质很相似，被统称为 ⅧB 族。由于在第四周期 d 区元素中，从铁开始，3d 电子已超过 5 个，其一般状态下价电子全部参加成键的可能性逐渐降低，因而铁系元素的最高氧化态已不再与族数相对应。通常，铁仅表现 +2 价和 +3 价氧化态，钴和镍为 +2 价氧化态。在强氧化剂作用下，铁才出现不稳定的 +6 价氧化态(高铁酸盐)。钴有稳定的 +3 价氧化态，而镍的 +3 价氧化态很少见。在某些特殊化合物中还会出现更低的氧化态。

从元素电势来看，铁、钴、镍都是中等活泼的金属，常温下较稳定但在高温等条件下容易与各种非金属氧、硫、氮、氯等反应。同时高氧化值的铁、钴、镍化合物有较强或很强的氧化性。浓碱溶液中，必须用 $NaClO$、Cl_2 等强氧化剂才能将 $Fe(OH)_3$ 氧化为高铁(Ⅵ)酸根 FeO_4^{2-}，FeO_4^{2-} 是很强的氧化剂，制取 FeO_4^{2-} 的反应如下：

$$2Fe(OH)_3 + 3ClO^- + 4OH^- \Longrightarrow 2FeO_4^{2-}(紫色) + 3Cl^- + 5H_2O$$

其他常见的高氧化值的钴、镍化合物为相关的氧化物，如 Co_2O_3、NiO_2、$NiO(OH)$ 等有强氧化性，它们可与 HCl 反应生成氯气。例如

$$Co_2O_3 + 6HCl \Longrightarrow 2CoCl_2 + Cl_2 + 3H_2O$$

在酸性溶液中，Fe^{3+} 是中等强度的氧化剂，能够与 I^-、S^{2-}、Sn^{2+}、Fe 等反应生成 Fe^{2+}。氧化性按 Fe(Ⅲ)、Co(Ⅲ)、Ni(Ⅲ) 依次增强，还原性按 Fe(Ⅱ)、Co(Ⅱ)、Ni(Ⅱ) 依次减弱。Fe^{2+} 是常用的还原剂，水溶液中，Fe^{2+} 能被空气中的 O_2 氧化；Co^{3+}、Ni^{3+} 在水溶液中不能存在。若将 Co^{2+}、Ni^{2+} 氧化，必须在碱性条件下，使用较强的氧化剂，发生如下反应：

$$2Co(OH)_2 + \frac{1}{2}O_2 + (x-2)H_2O \Longrightarrow Co_2O_3 \cdot xH_2O$$

$$2Ni(OH)_2 + ClO^- \Longrightarrow 2NiO(OH) + Cl^- + H_2O$$

Fe^{3+} 很容易水解，以致最后生成 $Fe(OH)_3$ 沉淀；在 Fe^{2+}、Fe^{3+}、Co^{2+}、Ni^{2+} 溶液中分别加入强碱时，生成相应的氢氧化物沉淀 $Fe(OH)_2$(白色，但很快被 O_2 氧化为 $Fe(OH)_3$)、$Fe(OH)_3$(棕色)、$Co(OH)_2$(先为蓝色，再变为粉红色)、$Ni(OH)_2$(绿色)。当 Fe^{3+}、Co^{2+}、Ni^{2+} 与氨水作用时，发生如下反应(注意相互间的差别)：

$$Fe^{3+}+3NH_3 \cdot H_2O \xrightarrow{NH_4^+} Fe(OH)_3(s)+3NH_4^+$$

$$Co^{2+}+6NH_3 \xrightarrow{NH_4^+} [Co(NH_3)_6]^{2+}（土黄色）\xrightarrow{O_2} [Co(NH_3)_6]^{3+}（红色）$$

$$Ni^{2+}+6NH_3 == [Ni(NH_3)_6]^{2+}（蓝色）$$

除前已述及的钴氨、镍氨配合物外,铁的重要配合物有黄血盐 $K_4[Fe(CN)_6]$、赤血盐 $K_3[Fe(CN)_6]$。

$$Fe^{2+} \xrightarrow{CN^-} Fe(CN)_2 \downarrow （白色）\xrightarrow{CN^-} [Fe(CN)_6]^{4-} \xrightarrow{Cl_2} [Fe(CN)_6]^{3-}$$

鉴定 Fe^{2+}、Fe^{3+} 时,可分别用赤血盐、黄血盐,生成组成相同的滕氏蓝(Turnbull's blue)和普鲁士蓝(Prussian blue)沉淀,即六氰合亚铁酸铁 $Fe_4^{III}[Fe^{II}(CN)_6]_3 \cdot xH_2O(x=14\sim16)$沉淀。鉴定 Fe^{3+} 的另一配位反应是

$$Fe^{3+}+nSCN^- == [Fe(SCN)_n]^{3-n}（血红色,n=1\sim6）$$

Co^{2+} 常见的配合反应有

$$[Co(H_2O)_6]^{2+}（粉红色）+4Cl^-（浓盐酸）== [CoCl_4]^{2-}（淡蓝色）+6H_2O$$

$CoCl_2 \cdot 6H_2O$ 在受热过程中,伴随着颜色变化

$$CrCl_2 \cdot 6H_2O \xrightarrow{90\ ℃} CrCl_2 \cdot H_2O \xrightarrow{120\ ℃} CoCl_2$$
$$\text{粉红色} \qquad\qquad \text{蓝紫色} \qquad\qquad \text{蓝色}$$

因此,氯化钴常掺入硅胶干燥剂作为吸水饱和度的指示剂。

鉴定 Co^{2+} 的配合反应为

$$Co^{2+}+4SCN^- \xrightarrow{丙酮} [Co(SCN)_4]^{2-}（淡蓝色）$$

Ni^{2+} 的鉴定是在氨碱性条件下,与丁二肟(DMG)反应生成二丁二肟合镍鲜红色沉淀:

$$Ni^{2+}+2 \begin{matrix} CH-C=NOH \\ | \\ CH-C=NOH \end{matrix} (DMG)+2NH_3 \longrightarrow Ni(DMG)_2(s)+2NH_4^+$$
$$\text{鲜红色}$$

二、铂系元素

铂系元素是指Ⅷ族中的钌、铑、钯和锇、铱、铂 6 种元素,它们和铁系元素(铁、钴、镍)一起组成元素周期表中的Ⅷ族。但是铂系元素的性质与铁系元素相差很大,而铂系元素彼此之间的性质却非常相似。铂系金属单质都是惰性金属,化学稳定性很高,常温下一般不与氧、硫、氟、氯等非金属作用,只有在高温下才与氧化性很强的 F_2、Cl_2 反应。抗腐蚀性强,Pd 不与非氧化性酸作用,缓慢溶于硝酸。Pt 不溶于硝酸,但溶于王水。

$$Pd+Cl_2 == PdCl_2$$

$$3Pd+8HNO_3 == 3Pd(NO_3)_2+2NO+4H_2O$$

$$3Pt+4HNO_3+18HCl == 3H_2[PtCl_6]+4NO+8H_2O$$

铂系元素化合物的氧化态比铁系元素更加丰富,如钌和锇化合物的氧化态有+2、+3、+4、+5、+6、+8。铂系元素形成高价氧化态的能力比铁系元素强,如铁系元素中,铁的最稳定氧化态为+2 和+3,钴和镍的最稳定氧化态为+2;铂系元素中,钯的最稳定氧化态为+2,铑的最稳定氧化态为+3,钌的最稳定氧化态为+3 和+4,铱、铂的最稳定氧化态都是+4。铁系元素只有铁形成不稳定的+6 氧化态的 FeO_4^{2-},而铂系的钌和锇形成较稳定的

＋8氧化态化合物 RuO_4 和 OsO_4；铑、铱和铂都能形成＋6 氧化态的化合物 MF_6。

$$Os + 2O_2 \xrightarrow{\triangle} OsO_4$$
$$2PtF_5 \Longrightarrow PtF_6 + PtF_4$$

铂系金属的主要用途是作催化剂，Ru 和 Os 常应用于催化加氢反应中，铑作为高效催化剂应用于汽车工业的废气净化领域。由于铂系金属离子是富 d 电子离子，所以铂系元素的重要特性是能形成多种类型的配合物，如卤配合物、含氮配合物和含氧配合物、含磷配合物，与 CO 形成羰基配合物，与不饱和的烯、炔形成有机金属化合物等。这六种元素以生成氯配合物最为常见，将这些金属与碱金属的氯化物在氯气流中加热即可生成氯配合物。其中尤为重要的是 H_2PtCl_6 及其盐，棕红色的氯铂酸 H_2PtCl_6 是 Pt（Ⅳ）化学中最常用的起始物料，将海绵状金属铂溶于王水或氯化铂溶于盐酸都可生成氯铂酸。

🔎 例题解析

例 1 回答下列问题：

（1）为什么在 $FeCl_3$ 的浓盐酸中加入醚，可把 $FeCl_3$ 萃取出来？

（2）$Ni(CO)_4$ 可稳定存在，为什么 $Pt(CO)_4$ 和 $Pd(CO)_4$ 却不稳定？ 与此相反，Pt^{2+} 和 Pd^{2+} 的羰基卤化物可稳定存在，为什么 Ni^{2+} 的羰基卤化物却不稳定？

（3）d 区元素除 Sc、Y、La、Mn、Fe、Co、Ni 外，为什么一般不能形成碳酸盐？

（4）$K_4[Fe(CN)_6]$ 可由 $FeSO_4$ 与 KCN 直接在溶液中制备，为什么 $K_3[Fe(CN)_6]$ 却不能由 $Fe_2(SO_4)_3$ 和 KCN 直接在溶液中制得纯产品？ 并说明应如何制备 $K_3[Fe(CN)_6]$。

答：（1）$FeCl_3$ 在浓盐酸中生成 $[FeCl_4]^-$，$FeCl_3 + HCl \Longrightarrow H[FeCl_4]$。

$$\begin{matrix} R \\ R \end{matrix}\text{O} + H[FeCl_4] \longrightarrow \left[\begin{matrix} R \\ R \end{matrix}\text{OH} \right]^+ + FeCl_4^-$$

可被有机溶剂萃取是因为：①有机盐离子体积大，表面电荷密度低，水化作用弱；②外围基团是碳氢化合物，易溶于有机溶剂而难溶于水。

（2）在零氧化态下，Pd 的 4d 轨道和 Pt 的 5d 轨道太分散，以至于不能与 CO 配体发生有效的 π 型重叠，因此 $Pd(CO)_4$ 和 $Pt(CO)_4$ 不稳定。但是在＋2 氧化态下 d 轨道要收缩，此时 4d 轨道和 5d 轨道收缩到能与 CO 发生有效的 π 型键合的程度，而 Ni^{2+} 的 3d 轨道却变得太紧缩，以至于不能与 CO 发生有效的 π 重叠。

（3）碳酸盐热稳定性较差，而且随金属离子极化力增大，热分解温度越来越低。d 区元素的特征是随周期数增大，高价趋于稳定，这就造成第五、第六周期 d 区元素一般不能形成碳酸盐。第四周期 Ti、V、Cr 稳定价态都超过＋3，而且这些离子半径都较小，因而它们的极化力也大。所以，d 区元素除少数可形成低价离子的以外，一般都不能形成碳酸盐（Sc、Y、La 虽是＋3 价，但它们的离子半径大）。

（4）Fe^{3+} 有一定的氧化性，可氧化 CN^-，反应如下：

$$2Fe^{3+} + 2CN^- \Longrightarrow 2Fe^{2+} + (CN)_2$$

因而在制得的 $K_3[Fe(CN)_6]$ 中含有杂质 $K_4[Fe(CN)_6]$。正确的制备方法是将 $K_4[Fe(CN)_6]$ 氧化，反应如下：

$$2K_4[Fe(CN)_6] + H_2O_2 \Longrightarrow 2K_3[Fe(CN)_6] + 2KOH$$

例 2 设计方案分离 Al^{3+}、Cr^{3+}、Fe^{3+}、Co^{2+}、Ni^{2+}。

答：分离方案设计如下：

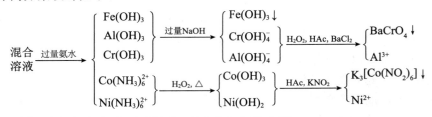

例3 选择适当方法实现下列转化而不引入杂质离子：

(1)将 $FeCl_3$ 溶液转变为 $FeCl_2$ 溶液；

(2)将 $FeCl_2$ 溶液转变为 $FeCl_3$ 溶液。

答：(1)向 $FeCl_3$ 溶液中加入纯净的铁粉，充分反应后过滤。反应如下：

$$2FeCl_3 + Fe \stackrel{}{=\!=\!=} 3FeCl_2$$

(2)向 $FeCl_2$ 溶液中加入 H_2O_2 和盐酸，充分反应后加热除去过量的 H_2O_2 即可。反应如下：

$$2FeCl_2 + H_2O_2 + 2HCl \stackrel{}{=\!=\!=} 2FeCl_3 + 2H_2O$$

例4 请解释下列问题：

(1)向 $Fe(Ⅲ)$ 溶液加入 KSCN 溶液，溶液变红，继续加入适量 $SnCl_2$ 后溶液褪成无色。

(2)向碘水溶液加入 $FeSO_4$，碘水不褪色，再加入 $NaHCO_3$ 后，碘水褪色。

(3)向 $FeCl_3$ 溶液中通入 H_2S，并没有硫化物沉淀生成。

答：(1)向 $FeCl_3$ 溶液加入 KSCN 溶液，生成红色的 $[Fe(SCN)_n]^{3-n}$，反应如下：

$$Fe^{3+} + nSCN^- \stackrel{}{=\!=\!=} [Fe(SCN)_n]^{3-n}(\text{血红色}, n=1\sim6)$$

加入 $SnCl_2$ 使 $[Fe(SCN)_n]^{3-n}$ 中 Fe^{3+} 还原为 Fe^{2+}，故红色消失，因为较稀的 Fe^{2+} 溶液近于无色，反应如下：

$$2[Fe(SCN)_n]^{3-n} + Sn^{2+} \stackrel{}{=\!=\!=} 2Fe^{2+} + Sn^{4+} + 2nSCN^-$$

(2)酸性条件下，电对 Fe^{3+}/Fe^{2+} 的标准电极电势为 0.77 V，用碘水不能将 $Fe(Ⅱ)$ 氧化，因为 I_2/I^- 的标准电极电势为 0.54 V。所以向碘水溶液中加入 $FeSO_4$，碘水不会褪色。体系中加入 $NaHCO_3$ 后，涉及的电对变成了 $Fe(OH)_3/Fe(OH)_2$，由于 $Fe(OH)_3$ 的溶度积小于 $Fe(OH)_2$，电极电势变得很低，为 -0.52 V。因此碘水很容易将 $Fe(Ⅱ)$ 氧化为 $Fe(Ⅲ)$，碘水褪色。反应如下：

$$2Fe(OH)_2 + I_2 + 2OH^- \stackrel{}{=\!=\!=} 2Fe(OH)_3 + 2I^-$$

(3) $FeCl_3$ 可以将 H_2S 氧化，生成单质硫。反应如下：

$$2FeCl_3 + H_2S \stackrel{}{=\!=\!=} 2FeCl_2 + S + 2HCl$$

$FeCl_3$ 溶液的酸性较强，上述反应过程中又生成 HCl，而 FeS 在酸中的溶解度较大，无法生成沉淀，所以向 $FeCl_3$ 溶液中通入 H_2S，不会有硫化物沉淀生成。

例5 氧化钴溶液与过量的浓氨水作用，并将空气通入该溶液。描述可能观察到的现象，写出相关化学反应方程式。

答：向氧化钴溶液中滴加浓氨水，先有蓝绿色沉淀生成，反应如下：

$$CoCl_2 + NH_3 + H_2O \stackrel{}{=\!=\!=} Co(OH)Cl \downarrow + NH_4Cl$$

氨水过量时，沉淀溶解，生成棕黄色的溶液，反应如下：

$$Co(OH)Cl + 6NH_3 \stackrel{}{=\!=\!=} [Co(NH_3)_6]^{2+} + OH^- + Cl^-$$

通入空气 $[Co(NH_3)_6]^{2+}$ 被氧化为 $Co[(NH_3)_6]^{3+}$，颜色略加深，反应如下：
$$4[Co(NH_3)_6]^{2+}+2H_2O+O_2 =\!=\!= 4[Co(NH_3)_6]^{3+}+4OH^-$$

例 6　给出下列过程的实验现象及反应方程式。

(1)向 $NiSO_4$ 溶液中缓慢滴加稀氨水；

(2)向 $[Co(NH_3)_6]^{2+}$ 溶液中缓慢滴加稀盐酸。

答：(1)向 $NiSO_4$ 溶液中缓慢滴加稀氨水，先有绿色沉淀生成，反应如下：
$$NiSO_4+2NH_3+2H_2O =\!=\!= Ni(OH)_2\downarrow+(NH_4)_2SO_4$$

氨水过量则绿色沉淀溶解，生成蓝色 $[Ni(NH_3)_6]^{2+}$ 溶液，反应如下：
$$Ni(OH)_2+6NH_3 =\!=\!= [Ni(NH_3)_6]^{2+}+2OH^-$$

(2)向 $[Co(NH_3)_6]^{2+}$ 溶液中缓慢滴加稀盐酸，先有蓝绿色沉淀生成，反应如下：
$$[Co(NH_3)_6]^{2+}+HCl+H_2O =\!=\!= Co(OH)Cl\downarrow+4NH_3+2NH_4^+$$

盐酸过量则蓝绿色沉淀溶解，生成粉红色 $[Co(H_2O)_6]^{2+}$ 溶液，反应如下：
$$Co(OH)Cl+HCl+5H_2O =\!=\!= [Co(H_2O)_6]^{2+}+2Cl^-$$

例 7　Ni^{2+} 和 Pt^{2+} 的电子构型均为 d^8，为什么 $NiCl_4^{2-}$ 的稳定性远不如 $PtCl_4^{2-}$？

答：根据配位化合物价键理论，对于 Ni^{2+} 而言，Cl^- 为弱配体，不能使 Ni^{2+} 的 d 轨道电子重排。Ni^{2+} 只能采取 sp^3 杂化，与 Cl^- 形成外轨型配位化合物，稳定性较差，如图(a)所示。而 Pt 为高周期元素，d 轨道伸展较远，与配体 Cl^- 形成较强的配位键；结果 Cl^- 可以起到强配体的作用，使 Pt^{2+} 的 d 轨道电子重排，Pt^{2+} 采取 dsp^2 杂化，与 Cl^- 形成内轨型配合物，稳定性较高，如图(b)所示。

根据晶体场理论，Ni^{2+} 在 Cl^- 的四面体场中分裂能小，晶体场稳定化能较小，故 $NiCl_4^{2-}$ 稳定性较差；而 Pt^{2+} 在 Cl^- 的正方形场中分裂能大，在高能量 $d_{x^2-y^2}$ 轨道未填充电子，晶体场稳定化能大，故 $PtCl_4^{2-}$ 稳定性较高。

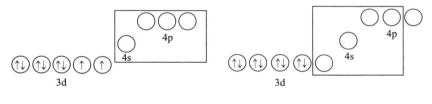

图(a)　　　　　　　　图(b)

例 8　绿色水合晶体 A 溶于水后加入碱和双氧水有沉淀 B 生成。B 溶于草酸氢钾溶液得到黄绿色溶液 C，将 C 蒸发浓缩后缓慢冷却，析出绿色晶体 D。光照 D 分解为白色固体 E，E 受热分解最后得到黑色粉末 F。请给出 A、B、C、D、E、F 的化学式或离子及其相关的反应方程式。

答：A：$FeSO_4\cdot 7H_2O$；B：$Fe(OH)_3$；C：$[Fe(C_2O_4)_3]^{3-}$；D：$K_3[Fe(C_2O_4)_3]\cdot 3H_2O$；E：$FeC_2O_4$；F：$FeO$。

相关的反应方程式如下：
$$2FeSO_4+4NaOH+H_2O_2 =\!=\!= 2Fe(OH)_3+2Na_2SO_4$$
$$Fe(OH)_3+3KHC_2O_4 =\!=\!= K_3[Fe(C_2O_4)_3]+3H_2O$$
$$2K_3[Fe(C_2O_4)_3]\cdot 3H_2O \xrightarrow{h\nu} 2FeC_2O_4+3K_2C_2O_4+2CO_2\uparrow+3H_2O$$
$$FeC_2O_4 \xrightarrow{\triangle} FeO+CO_2\uparrow+CO\uparrow$$

⏩ 习题

1. 下列配离子中,还原能力最强的是(　　)。

A. $[Fe(H_2O)_6]^{2+}$　　　　　　　　　　　　B. $[Fe(CN)_6]^{4-}$

C. $[Co(NH_3)_6]^{2+}$　　　　　　　　　　　　D. $[Co(H_2O)_6]^{2+}$

2. 向 $FeCl_3$ 溶液中加入氨水生成的产物主要是(　　)。

A. $[Fe(NH_3)_6]^{3+}$　　　　　　　　　　　　B. $Fe(OH)Cl_2$

C. $Fe(OH)_2Cl$　　　　　　　　　　　　　　D. $Fe(OH)_3$

3. 下列水合晶体中,加热脱水不生成碱式盐的是(　　)。

A. $MgCl_2 \cdot 6H_2O$　　　　　　　　　　　B. $NiCl_2 \cdot 6H_2O$

C. $CoCl_2 \cdot 6H_2O$　　　　　　　　　　　D. $CuCl_2 \cdot 2H_2O$

4. 下列气体中能由 $PdCl_2$ 溶液检出的是(　　)。

A. CO_2　　　　　　B. CO　　　　　　C. O_3　　　　　　D. NO_2

5. 下列各组元素中,不属于铂系元素的是(　　)。

A. Ta、Re　　　　B. Pd、Pt　　　　C. Ru、Ir　　　　D. Rh、Os

6. 鉴别 Fe^{2+} 和 Fe^{3+} 可用下列试剂中的(　　)。

①$NaOH$ 溶液;②稀硫酸;③$KSCN$ 溶液;④铜片;⑤KI-淀粉溶液

A. ①②③　　　　B. ①③④⑤　　　　C. ③④⑤　　　　D. ②③④

7. $FeCl_3$ 遇 $KSCN$ 溶液变红,若想要红色褪去,可加入试剂(　　)。

①Fe 粉;②$SnCl_2$;③$CoCl_3$;④NH_4F

A. ①②③　　　　B. ①②④　　　　C. ②③④　　　　D. ①②③④

8. 下列金属中,吸收 H_2 能力最强的金属元素为(　　)。

A. Rh　　　　B. Pd　　　　C. Os　　　　D. Pt

9. 下列物质不能被空气中的 O_2 氧化的是(　　)。

A. $Mn(OH)_2$　　　　B. Ti^{3+}　　　　C. $Ni(OH)_2$　　　　D. $[Co(NH_3)_6]^{2+}$

10. 下列叙述不正确的是(　　)。

A. 鉴定 NO_3^-、NO_2^- 的反应中生成了棕色的 $[Fe(NO)(H_2O)_5]^{2+}$

B. $[Co(H_2O)_6]^{2+}$ 的分裂能小于 $[Co(en)_3]^{2+}$ 的分裂能

C. FeO_4^{2-} 不能与 HCl 反应生成 Cl_2

D. OsO_4 能够稳定存在,但 OsF_8 不能稳定存在的理由是 Os 周围无法容纳 8 个 F 原子

11. 铂系元素包括_____,铂系元素由于_____,因而在自然界中往往以_____态形式共生在一起。

12. $FeCl_3$ 蒸气中含有的聚合分子的化学式是_____,其结构与金属_____的氯化物相似。$FeCl_3$ 可溶于有机试剂的原因为_____。

13. 既可以用于鉴定 Fe^{3+},又可以用于鉴定 Co^{2+} 的试剂为_____;Fe^{3+} 的存在会干扰其对 Co^{2+} 的鉴定,在实际操作中可以加入_____消除 Fe^{3+} 的影响。

14. 给出下列物质的化学式:

绿矾_____;铁红_____;莫尔盐_____;

赤血盐_____;黄血盐_____;普鲁士蓝_____。

15.具有抗癌作用的顺铂,其分子构型为_____,化学组成为_____。

16.已知 $Ni(CO)_4$、$Fe(CO)_5$、$Cr(CO)_6$ 均为反磁性的羰基化合物,其中心离子的杂化类型依次为_____。

17.$NiCl_4^{2-}$ 的构型为_____,中心离子的未成对电子数为_____;$Ni(CN)_4^{2-}$ 的构型为_____,中心离子的未成对电子数为_____。

18.按价键理论,$[Co(NH_3)_6]^{2+}$ 是_____型配离子,其中心离子价电子组态为_____;$[Co(NH_3)_6]^{3+}$ 是_____型配离子,其中心离子价电子组态为_____。

19.写出下列反应对应的化学方程式或离子方程式:

(1)Pd 溶于硝酸中;

(2)SO_2 通入 $FeCl_3$ 溶液中;

(3)CO 通入 $PdCl_2$ 溶液中;

(4)往 $CoCl_2$ 溶液中加入溴水和 NaOH;

(5)取少量 $K_4[Co(CN)_6]$ 晶体加入水中。

20.写出与下列实验现象相符合的化学反应方程式。

将 NaOH 通入煮沸后的 $FeCl_2$ 溶液中,生成白绿色沉淀;在空气中静置一段时间之后,沉淀变为棕褐色;将沉淀过滤用盐酸溶解,得到黄色溶液;黄色溶液同 KSCN 溶液反应后变成血红色;血红色溶液在通入 SO_2 后红色褪去。将褪色的溶液滴入高锰酸钾溶液中,高锰酸钾溶液紫色消失。高锰酸钾溶液褪色后往溶液中加入黄血盐,生成蓝色沉淀。

21.回答下列问题:

(1)在 Fe(Ⅲ)离子的溶液中加入 KSCN 溶液时立即出现血红色,继续加入少量铁粉后血红色消失,分析其原因。

(2)为什么 Fe(Ⅲ)盐是稳定的,而 Ni(Ⅲ)盐尚未制得?

(3)在水溶液中由 Fe(Ⅲ)盐和 KI 为什么不能制得 FeI_3?

(4)$FeCl_3$ 溶液中加入 Na_2CO_3 溶液,为什么得不到 $Fe_2(CO_3)_3$ 而是 $Fe(OH)_3$ 沉淀?

(5)变色硅胶为什么干燥时呈蓝色,吸水后变粉红色?它含有什么成分?

22.设计方案分离 Fe^{2+}、Al^{3+}、Cr^{3+} 和 Ni^{2+}。

23.某种金属 M 溶于稀硫酸时生成 MSO_4,在无氧操作条件下,MSO_4 溶液中滴加 NaOH 溶液,可生成白色 A 沉淀。A 接触空气会很快变绿,并在放置一段时间后变成棕色 B 沉淀。B 加热灼烧后得到棕色粉末 C,C 可以被部分还原得到黑色铁磁性产物 D。D 可以溶解于稀盐酸获得溶液 E,E 可以将 KI 氧化生成 I_2,但 NaF 提前加入可以避免 KI 被 E 氧化。将 Cl_2 气通入 B 的浓 NaOH 悬浊液中可以得到紫红色 F 溶液,该溶液滴加 $BaCl_2$ 会产生红棕色固体 G,G 具有极强的氧化性。请分析 A～G 的化合物组成,并写出对应的化学反应方程式。

24.有一配合物,是由 Co^{3+}、NH_3 和 Cl^- 构成的。该配合物用硝酸银沉淀其中的游离氯离子,需要 8.5 g。利用强碱分解该配合物可以获得 4.49 L 氨气(标准状态下)。已知该配合物的相对分子质量为 233.3,可能用到的相对原子质量:Co 58.9,N 14.0,Cl 35.5,Ag 107.9,利用已知信息求该配合物的化学式,指出其内外界的组成。

25.铂系元素的主要矿物是什么?怎样从中提取金属铂?

习题参考答案

1. C 2. D 3. C 4. B 5. A 6. B 7. B 8. B 9. C 10. C

11. Ru、Rh、Pd、Os、Ir、Pt；稳定性高；单质

12. Fe_2Cl_6；Al；$Fe—Cl$ 化学键共价成分高

13. $KSCN$；F^-

14. $FeSO_4 \cdot 7H_2O$；Fe_2O_3；$(NH_4)_2Fe(SO_4)_2 \cdot 6H_2O$；$K_3[Fe(CN)_6]$；$K_4[Fe(CN)_6]$；$KFe[Fe(CN)_6]$

15. 正方形；$Pt(NH_3)_2Cl_2$

16. sp^3、dsp^3、d^2sp^3

17. 四面体；2；正方形；0

18. 外轨；$t_{2g}^5 e_g^2$；内轨；$t_{2g}^6 e_g^0$

19. 答：(1) $3Pd + 8HNO_3 = 3Pd(NO_3)_2 + 2NO\uparrow + 4H_2O$

(2) $2Fe^{3+} + SO_2 + 2H_2O = 2Fe^{2+} + SO_4^{2-} + 4H^+$

(3) $PdCl_2 + CO + H_2O = Pd\downarrow + CO_2 + 2HCl$

(4) $2CoCl_2 + Br_2 + 6NaOH = 2Co(OH)_3\downarrow + 4NaCl + 2NaBr$

(5) $2K_4[Co(CN)_6] + 2H_2O = 2K_3[Co(CN)_6] + 2KOH + H_2\uparrow$

20. 答：实验现象对应的反应方程式如下：

$$Fe^{2+} + 2OH^- = Fe(OH)_2\downarrow（因部分生成碱式盐而呈白绿色）$$
$$4Fe(OH)_2 + O_2 + 2H_2O = 4Fe(OH)_3（棕色）$$
$$Fe(OH)_3 + 3H^+ = Fe^{3+}（黄色） + 3H_2O$$
$$Fe^{3+} + nSCN^- = [Fe(SCN)_n]^{3-n}（血红色）$$
$$2[Fe(SCN)_n]^{3-n} + SO_2 + 2H_2O = 2Fe^{2+} + SO_4^{2-} + 2nSCN^- + 4H^+$$
$$5Fe^{2+} + MnO_4^- + 8H^+ = 5Fe^{3+} + Mn^{2+} + 4H_2O$$
$$10SCN^- + 2MnO_4^- + 16H^+ = 5(SCN)_2 + 2Mn^{2+} + 8H_2O$$
$$4Fe^{3+} + 3[Fe(CN)_6]^{4-} = Fe_4[Fe(CN)_6]_3\downarrow（蓝色）$$

21. 答：(1) $Fe^{3+} + nSCN^- = [Fe(SCN)_n]^{3-n}（血红色）$；$2Fe^{3+} + Fe = 3Fe^{2+}$

加入 $KSCN$ 后由于生成了 $[Fe(SCN)_n]^{3-n}$ 而使溶液呈红色，该配合物稳定性较差，平衡时存在有一定浓度的 Fe^{3+}，当加入 Fe 粉后，由于 Fe^{3+} 与铁粉反应生成了 Fe^{2+}，使平衡向左移动而导致 $[Fe(SCN)_n]^{3-n}$ 离解，溶液红色消失。

(2) Fe^{3+} 是中强氧化剂，可以在水溶液中稳定存在，Ni^{3+} 是极强氧化剂，它不能在溶液中存在，与水激烈反应放出氧气，所以 $Ni(Ⅲ)$ 盐很难制备。

(3) I^- 是较强的还原剂，水溶液中能与 Fe^{3+} 发生氧化还原反应，因此水溶液中得不到 FeI_3。

(4) CO_3^{2-} 在溶液中水解生成 OH^-，而 Fe^{3+} 水解生成 H^+，结果 H^+ 与 OH^- 中和生成水，因此相互促进了水解的进行，最终结果是生成了 $Fe(OH)_3$ 和 CO_2。

(5) 变色硅胶是由硅胶浸泡在 $CoCl_2$ 溶液中干燥而成的，它的颜色是由 $CoCl_2$ 的颜色所致，干燥时无水 $CoCl_2$ 为蓝色，吸水时生成 $CoCl_2 \cdot 6H_2O$ 而呈粉红色。

22.答:以下两种方案皆可(或其他任意合理方案)

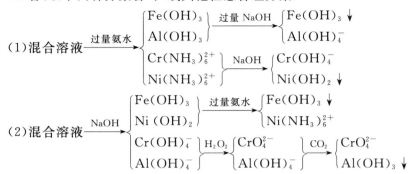

23.答:A:$Fe(OH)_2$,B:$Fe(OH)_3$,C:Fe_2O_3,D:Fe_3O_4,E:$Fe^{3+}+Fe^{2+}$;F:FeO_4^{2-};G:$BaFeO_4$。

有关的化学反应式如下:

$$Fe+H_2SO_4 = FeSO_4+H_2\uparrow$$

$$FeSO_4+2NaOH = Fe(OH)_2\downarrow(A)+Na_2SO_4$$

$$4Fe(OH)_2+O_2+2H_2O = 4Fe(OH)_3(B)$$

$$2Fe(OH)_3 \xrightarrow{\triangle} Fe_2O_3(C)+3H_2O$$

$$3Fe_2O_3+C \xrightarrow{\triangle} 2Fe_3O_4(D)+CO\uparrow$$

$$Fe_3O_4+8HCl = 2FeCl_3+FeCl_2+4H_2O(E)$$

$$2Fe^{3+}+2I^- = 2Fe^{2+}+I_2$$

$$Fe^{3+}+6F^- = [FeF_6]^{3-}$$

$$FeCl_2+2Cl_2+8NaOH = Na_2FeO_4\downarrow(F)+6NaCl+4H_2O$$

$$Ba^{2+}+FeO_4^{2-} = BaFeO_4(G)$$

24.解:假定配合物的组成为 $Co(NH_3)_xCl_3$,则

$58.9+17x+35.5\times3=233$,解得 $x=4$。

4.49 L NH_3 的物质的量为 $4.49\div22.4=0.200$ mol。

8.5 g $AgNO_3$ 的物质的量为 $8.5\div169.9=0.050$ mol。

Ag^+ 和 Cl^- 为 1∶1,因此,外界的 Cl^- 的物质的量为 NH_3 的 $\frac{1}{4}$,外界 Cl^- 系数为 1。综合所有信息,该配位化合物的结构是 $[Co(NH_3)_6Cl_2]Cl$。

25.答:铂系元素均为不活泼元素,它们一般以单质游离态的形式存在于其他矿物中,主要矿物是原铂矿。提取金属铂的基本流程:

原矿粉碎富集 $\longrightarrow$ 精铂矿 $\longrightarrow$ 王水溶解 $\xrightarrow{NH_4Cl}$ $(NH_4)_2PtCl_6$ $\xrightarrow{加热}$ Pt

有关的化学反应式如下:

$$3Pt+4HNO_3+18HCl = 3H_2[PtCl_6]+4NO+8H_2O$$

$$[PtCl_6]^{2-}+2NH_4^+ = (NH_4)_2[PtCl_6]\downarrow$$

$$(NH_4)_2[PtCl_6] \xrightarrow{\triangle} Pt+2NH_4Cl+2Cl_2$$